U0184956

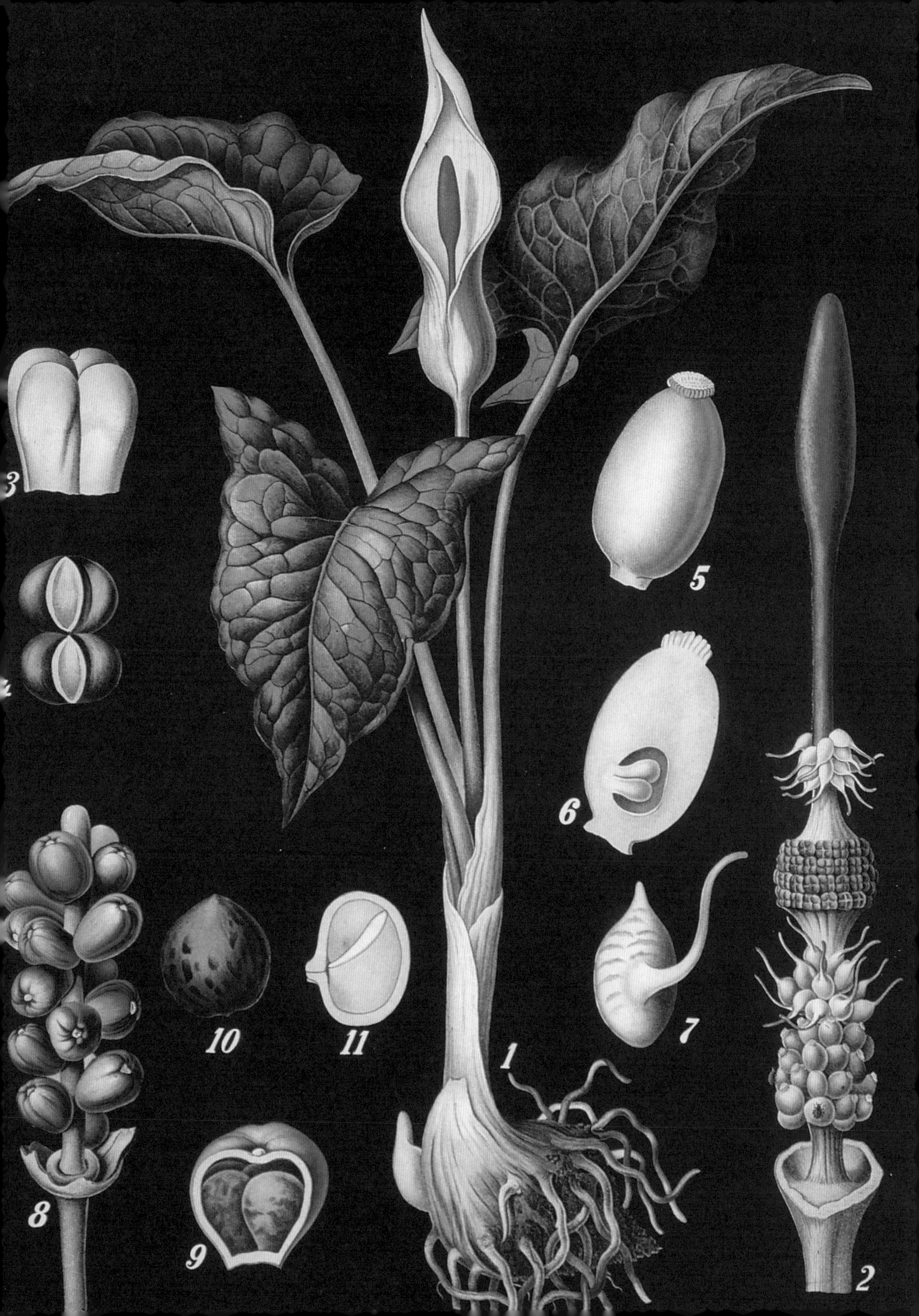
3
5
6
7
10
11
1
8
9
2

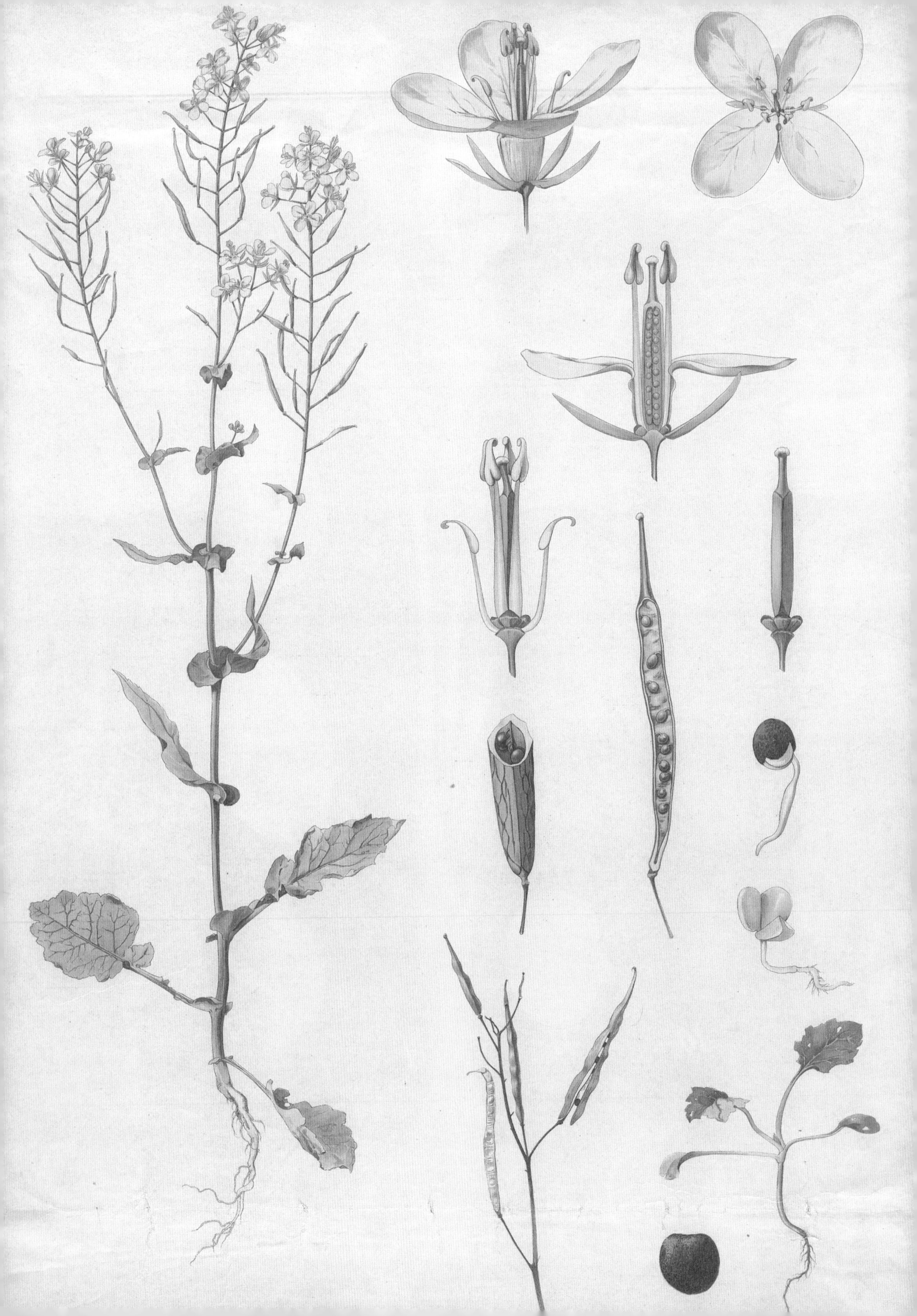

植物挂图

科学发展黄金阶段的艺术

[英] 安娜·劳伦特 著
Anna Laurent
高凤 译

THE BOTANICAL WALL CHART

Art from the golden age of scientific discovery

北京时代华文书局

图书在版编目（CIP）数据

植物挂图 / (英) 安娜 · 劳伦特著 ; 高凤译 . — 北京 : 北京时代华文书局 , 2023.7
ISBN 978-7-5699-4980-3

Ⅰ. ①植… Ⅱ. ①安… ②高… Ⅲ. ①植物 – 图集 Ⅳ. ① Q94-64

中国国家版本馆 CIP 数据核字 (2023) 第 105775 号

First published in Great Britain in 2016 by ILEX, an imprint of Octopus Publishing Group Ltd.
Carmelite House 50 Victoria Embankment London, EC4Y 0DZ.

北京市版权局著作权合同登记号 图字：01-2018-8382

拼音书名 | ZHIWU GUATU

出 版 人 | 陈 涛
策划编辑 | 周 磊
责任编辑 | 周 磊
责任校对 | 张彦翔
装帧设计 | 程 慧 迟 稳
责任印制 | 訾 敬

出版发行 | 北京时代华文书局 http://www.bjsdsj.com.cn
北京市东城区安定门外大街 138 号皇城国际大厦 A 座 8 层
邮编：100011 电话：010-64263661 64261528
印 刷 | 北京盛通印刷股份有限公司 010-52249888
(如发现印装质量问题，请与印刷厂联系调换)
开 本 | 880 mm × 1230 mm 1/16 印 张 | 16 字 数 | 287 千字
版 次 | 2023 年 8 月第 1 版 印 次 | 2023 年 8 月第 1 次印刷
成品尺寸 | 210 mm × 285 mm
定 价 | 138.00 元

目录

科学家、插画家与教育家

“自然、科学而翔实的挂图，可以在室内教学和演讲中取代实物的地位。它们比语言描述更具有启发性。”

——杜贝尔－伯特（Dodel-Port）

本书不仅是一部供读者查阅植物学相关挂图的工具书，还是一份在 19 世纪末及 20 世纪初蓬勃发展的与植物相关的学科的记录。那一时期是欧洲科学发展的黄金阶段。博物学家正致力于在全球探索自然，而人们渴求了解更多的自然知识。彼时，在欧洲的课堂里，教育已被视为一种人人可享的权利，知识不再局限于精英沙龙和研究之中。因此，植物挂图——这一艺术、科学与教育学的综合产物应运而生。

18 世纪 20 年代，最早的一批用于教学的挂图出现在德国。其囊括的科目不仅限于科学类课程，还包括了历史类和宗教类课程。但植物挂图在这批挂图中显得格外突出，因为它的作者队伍里云集了一批业内翘楚：生物学家、插画家、作家，当然还有植物学家。当时，义务教育在社会各阶层越发普及，印刷技术也有了长足进步。新兴社会潮流相互交融，借由那些对花药、花瓣、根状茎、雄蕊、种子进行细致描摹的挂图广为传播，四处播撒科学教育的火种。理想的植物挂图有两方面特点：①尺寸较大，在大教室里也能看得清；②能够综合地呈现植物组织的全貌。制图者对花粉粒的细致描绘和对植物子房结构的精心说明，使得植物挂图替代了解剖实验室和显微镜。植物挂图通常是没有描述性文字的（即使有，也是在挂图底部或者背面的简洁叙述），这能促使学生自己对挂图进行科学解读。教育家珍视学生的求知欲，并将其视为促进学习的最好途径。植物挂图能够帮助学生发现更多细节，从而利用自己的知识描述出授粉步骤、形态图或者对闭果果实进行考察。当然，这不意味着只要有植物挂图就够了。在肯定这些植物挂图的作用的同时，教育家也深知研究活体样本的必要性。有人这样评价奥托·施密尔（Otto Schmeil）的系列挂图：“该系列挂图在笔法与色彩的运用上非常出色，挂图本身很大，让人在远处也能清晰地看到每一个细节，因此它才如此为人称道。然而，这也带来了一定的风险，因为有些低水平或者爱偷懒的老师，会把植物挂图当作全部教学内容。但在研究植物时，自然才是真正的老师。这就是说，学生应该亲手接触并解剖新鲜的样本。只有完成了这个过程，植物挂图才可以被拿到课堂中展示其真正的效用。”

本书收录的挂图有些出自非常著名的系列植物挂图，包括：生态学奠基人奥托·施密尔绘制的《植物学挂图》（1913）；赫尔曼·齐佩尔（Hermann Zippel）和卡尔·波尔曼（Carl Bollmann）合作创作的《彩色异域作物》（1897）；海因里希·荣格（Heinrich Jung）、戈特利布·冯·科赫（Gottlieb von Koch）和弗里德里希·奎恩泰尔（Friedrich Quentell）合作创作的以标志性黑色为背景的《新植物挂图》（1902—1903）；瑞士的植物学家阿诺尔德·杜贝尔－伯特（Arnold Dodel-Port）和卡洛琳娜·杜贝尔－伯特（Carolina Dodel-

Jung-Koch-Quentell
Equisetum arvense / Ackerschachtelhalm
Lehrmittelverlag Hagemann, Düsseldorf

左图
名称：问荆
作者：海因里希·荣格和弗里德里希·奎恩泰尔
绘制者：戈特利布·冯·科赫
语言：不详
国家：德国
系列/书目：《新植物挂图》
图序号：42
出版者：弗洛曼和莫里安（德国达姆施塔特）；
哈格曼（德国杜塞尔多夫）
时间：1928年；1951—1963年

荣格、科赫和奎恩泰尔创作的挂图，因植物与标志性黑色背景形成鲜明对比的大胆用色方法，以及其组成的动态性，在设计界拥有了二次生命，成为不可多得的珍宝。本书囊括了多种不同的精美的艺术表现形式，包括《植物解剖学和植物生理学图集》呈现出的微观世界、亨丽埃特·席尔图斯（Henriette Schilthuis）附带手写签名的呈现精巧艺术性的水彩挂图，这些挂图无不传达了插画家创作这门独特艺术的风格与视角。

Port）的挂图，他们非常细心地标记了每幅挂图绘制的时间；安德烈·罗西诺（André Rossignol）和玛德琳娜·罗西诺（Madeleine Rossignol）创作的挂图则更加简洁。

此外，本书还收录了来自其他国家的植物挂图范例。它们为人们对比植物挂图间的异同提供了宝贵的素材，也证明了植物挂图恒久的影响力。当我们发现这些挂图时，其上已有很多磨损的痕迹，这是它们作为教学用具的证明。无论是现在还是未来，这些由最出色的插画家和石版画家绘制的挂图都可算是精美的艺术作品。同时，我们也不应该忽略它们的实用性及预期的使用场景。我们可以不时地看到一些订书钉、胶带、挂绳、手写笔记、折痕、翻译标记，这些是它们在教育史上拥有一席之地的佐证。

本书主要按照植物的属、科来划分挂图。在不同国度和教育背景下，这样既方便读者对比植物挂图的绘制者如何呈现同品种植物或其属、科，也能帮助读者了解植物分类学的基本知识（本书在每一部分的开头都会对该科植物的特征进行总体介绍）。在大部分情况下，19 世纪的植物学家用于给不同品种植物分类的系统在今天依然行之有效。但在个别情况下，某个植物品种的名称或分类有了变化。植物分类学是一个长期困扰植物学家的课题，他们一直设法把植物归类到能准确反映其形态特征和演变情况的群体中。尽管卡尔·林奈（Carl Linnaeus）早已建立了行之有效的双命名法框架，但这仅仅是一个开始。直到今天，植物学家仍在不断更迭植物分类，考量其形态学特征。就像物种进化一样，科学也在进化。本书依照植物属、科划分，将植物挂图归类，希望借此为读者提供一些更为深入的视角，帮助读者了解植物分类学的过去与现在。有些植物群体确实令人感到惊奇，比如天南星科里既有最小的开花植物微萍属植物，也有最大的单花序植物巨魔芋。为什么番茄、马铃薯会与颠茄这样以花闻名的有毒植物同属一科，这也是一个有趣的问题。对于同属一科的不同物种，植物挂图的绘制者的

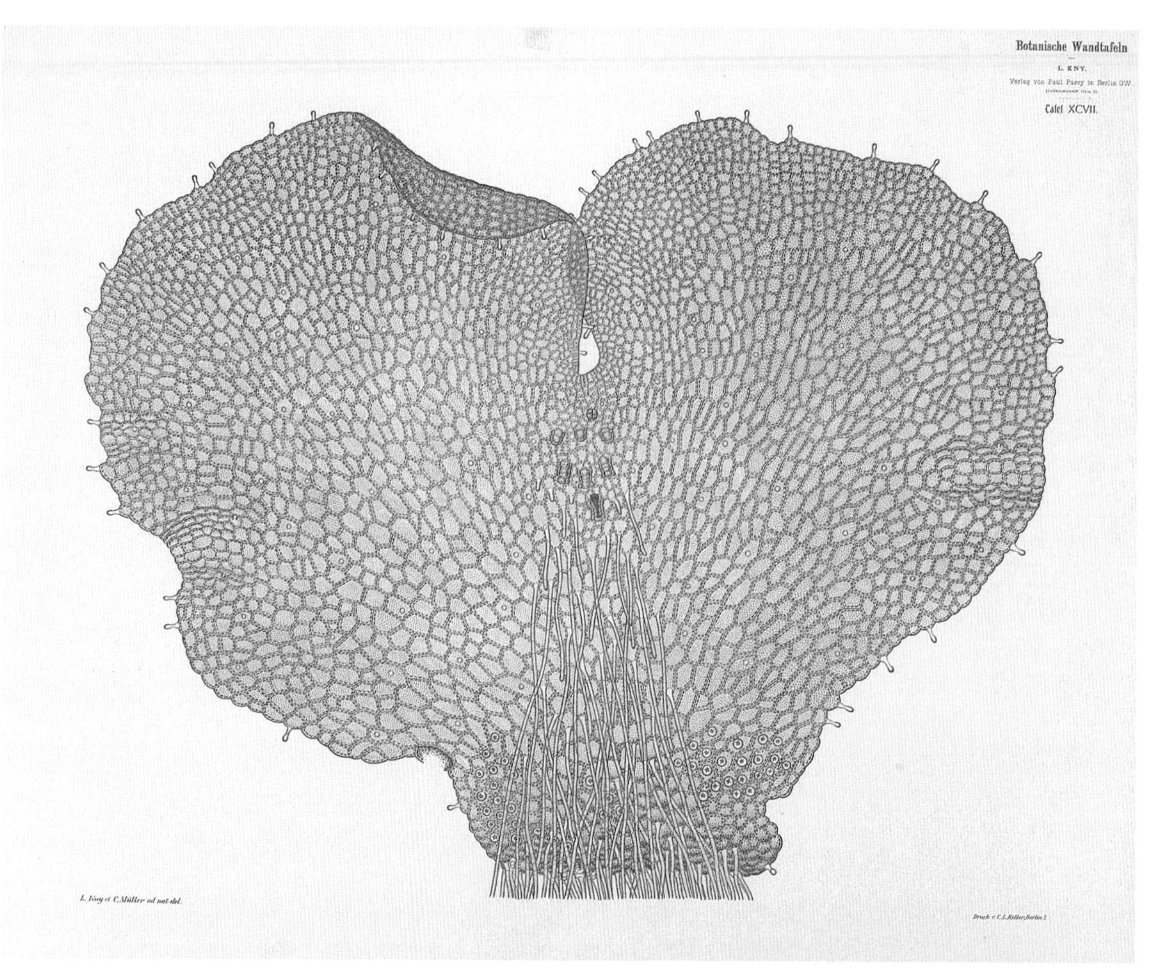
Botanische Wandtafeln
L. KNY.
Verlag von Paul Parey in Berlin SW.
Tafel XCVII.
L. Kny et C. Müller ad nat. del.
Druck v. C. L. Keller, Berlin S.

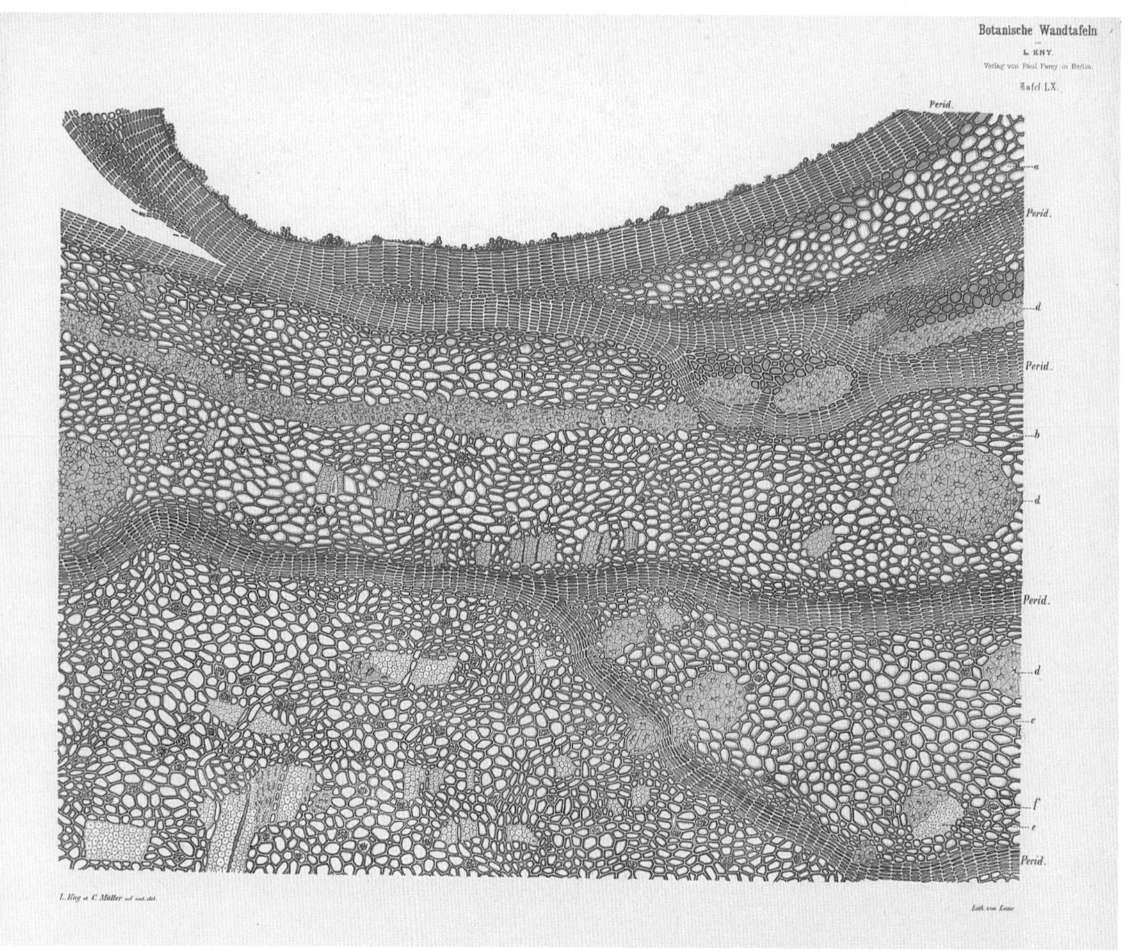
Botanische Wandtafeln
L. KNY.
Verlag von Paul Parey in Berlin.
Tafel LX.
Perid.
a
Perid.
d
Perid.
b
d
Perid.
d
e
f
e
Perid.
L. Kny et C. Müller ad nat. del.
Lith. von Laue

处理也迥然各异。比如齐佩尔和波尔曼似乎会尽可能多地将符合条件的物种纳入挂图中；安德烈·罗西诺和玛德琳娜·罗西诺则专注于单一物种，对其同科植物置之不理。

当我开始为写这本书做调研时，我期待着能以一些现有的学术成果为基础。我想，这本书总不会前无来者，毕竟植物挂图与许多相关学科——园艺学、美术学、历史、教育、农业、政治有着剪不断的交集……但这本书真就是一根独苗。在为本书撰写大纲时，我感到自己的研究是开拓性的：零星的学术论文给出的都是推测性的结论；有些大学展示了很有价值的植物挂图，但对其绘制者和创作者的历史却表述甚少；仅有的一门囊括了植物挂图的课程也只是将其作为教学工具，其认可植物挂图作为一门潜在学科的地位，却缺乏研究此类作品的资金。我花费了很多时间调研，得到的答案却很少。

当我在位于布拉格的捷克农业大学访问时，助理教授米兰·斯卡利茨基（Milan Skalicky）带我去了一间教室，里面挂满了植物挂图，旁边还放着超大的蜡像模型和植物标本。那时我开展这项研究已经很长时间了，我轻抚着这些作品，难抑激动之情。齐佩尔和波尔曼、艾尔伯特·彼得（Ailbert Peter）、利奥波德克·尼（Leopold Kny）……这些挂图的边缘已磨损，图上的字迹也有些模糊了，这种保存状态令我忧心忡忡；但同时，画作上的粉笔痕迹和一些速写的笔记又使我雀跃。“你们学校现在还在使用这些挂图吗？”我问斯卡利茨基，“我看有些挂图已经褪色、磨损了，为什么你们不换些更耐用的新教具呢？”令我惊讶的是，斯卡利茨基对我的问题毫无准备，他反问我：“我们为什么要换呢？还有比这些挂图更好的作品吗？”确实，这些作品质量之高至今也难以企及。

通过严谨的研究和细致的创作，这些植物挂图为人与自然的关系何去何从提供了一个全新的思路。本书囊括了这些植物挂图的注释性说明，从而再现了19世纪学生们的学习经历。此外，本书也因其对植物挂图风格、信息的综合性盘点而格外独特。在那段植物挂图或多或少被束之高阁的时代，仍有形形色色的教育家和插画家创作了一批风格迥异但精妙绝伦的植物挂图，其目的都只有一个：使植物学更为易懂、切实，令人回味无穷。

左图
名称：欧洲鳞毛蕨（上）/欧洲赤松（下）
作者：利奥波德克·尼
语言：德语
国家：德国
系列/书目：《植物学挂图》
图序号：97（上）；60（下）
出版者：保罗·帕雷（德国柏林）
时间：1874年

显微镜技术的发展为科学家及相关的学生提供了全新的精彩视角。但在当时，这些器材很贵，并且一次只能供一人观察。植物挂图提供了一个更简便的方式，将显微镜下呈现出的知识在大课堂里完整地传达出来。通过艺术家和绘制者之手，科学与艺术融为一体，正如利奥波德克·尼在《植物学挂图》中展示的那样，欧洲鳞毛蕨（上）和欧洲赤松（下）在显微镜下的形态被展示了出来。

01

石蒜科

石蒜科有 80 个属，包括 2 258 种植物，在囊括了百子莲科和葱科后，石蒜科变得更加“人丁兴旺”了。石蒜科植物主要分布于热带和亚热带地区，也包括南非，在全球范围内的其他地区也有分布，特别是在安第斯山脉。它们多为多年生草本植物，通常有鳞茎，有些石蒜科植物有根状茎或块茎。许多热门的园艺植物都是这一科的，比如百子莲属、文殊兰属、雪滴花属、花韭属、雪片莲属、水仙属、尼润属和黄花石蒜属。在英国部分地区，黄水仙在野外也有分布，它正是威廉·华兹华斯著名的《水仙花》一诗的主角。

在易受霜冻的地区，部分娇弱而花色艳丽的植物更适合在花盆或温室中种植，比如孤挺花属、朱顶红属、石蒜属、全能花属、白杯水仙属、龙头花属、紫娇花属和葱莲属。葱属植物包括了很多热门的观赏性植物品种，还有野生大蒜，以及一些蔬菜园里的常见作物，如洋葱、香葱、韭菜和大蒜。葱属植物的刺激性气味源于二硫化物，其具有一定的抗菌性。

石蒜科植物的特征包括：直立茎，通常有基生叶；有 6 枚被片，通常融合形成被丝托，有些具有副花冠；有 6 枚雄蕊；花朵生长于花茎或无叶花杆上，多为单生或排列形成伞形花序；结蒴果或浆果。

右图
名称：雪滴花
作者：奎林·哈斯林格（Quirin Haslinger）
绘制者：汉斯·佩特维尔（Hans Pertlwieser）
语言：德语
国家：奥地利
系列 / 书目：《学校用途：哈斯林格植物学挂图》
图序号：1
出版者：泰纳斯公司（德国肯彭）
时间：1950年

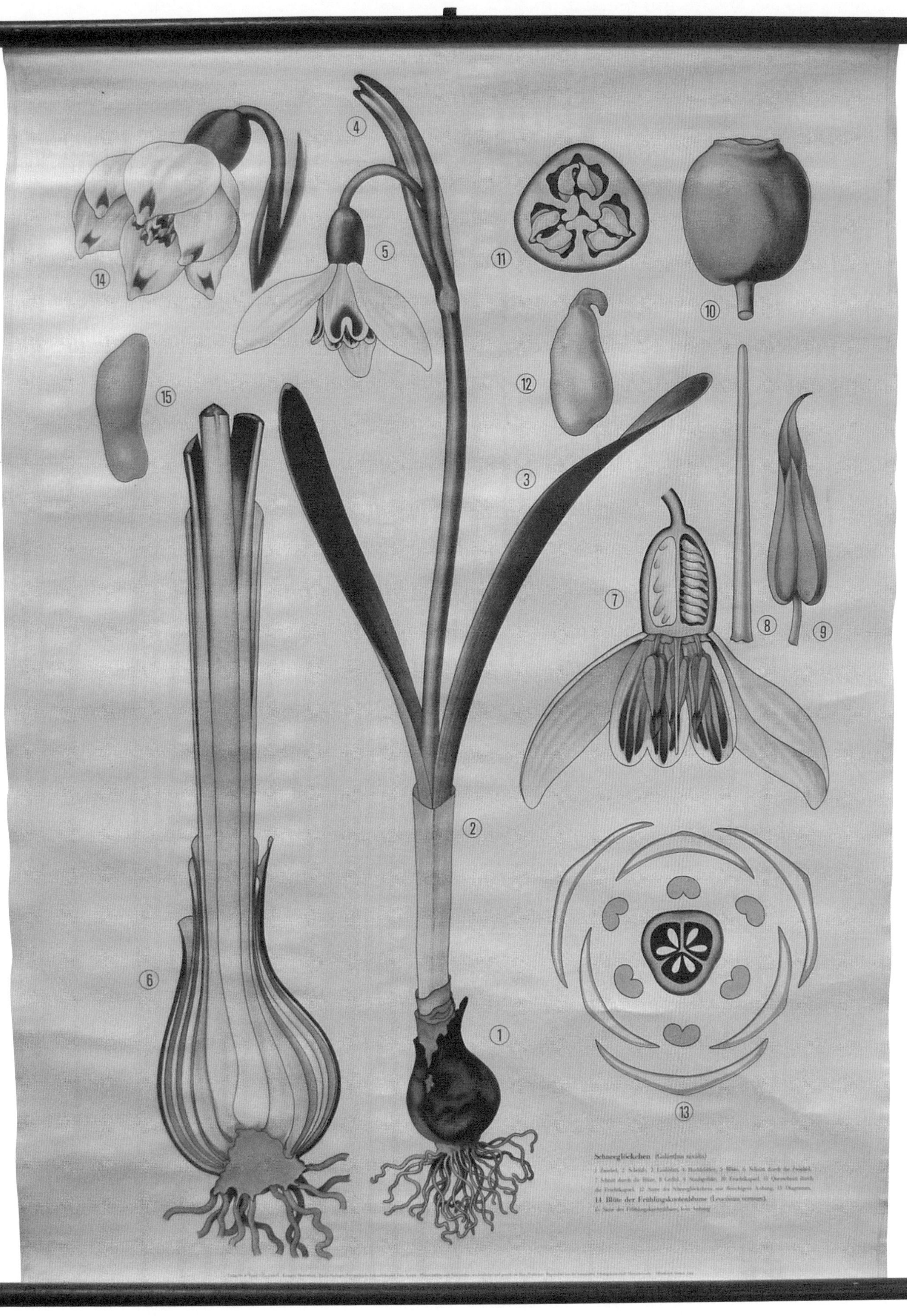
4
5
11
10
14
12
15
3
7
8
9
2
6
1
13
Schneeglöckchen
14 Blüte der Frühlingsknotenblume

前页

带着一份植物学的准确性与一丝恰如其分的诗意，一朵娴静的雪滴花微微低头，仿佛在向春色拂过的绿地问好。在早春一月的积雪之下，时而会有一朵雪滴花探头探脑，那正预示着冬天即将结束。哈斯林格的画作描绘了雪滴花的15处细节，并将其按顺序编号。雪滴花是一种典型的石蒜科植物，从鳞茎（①）到花葶（③），再到花朵（⑤）。雪滴花的花朵是垂向地面的，这既能保护花粉，又能形成一个弯曲的无毛花序梗以防止有害昆虫侵害花朵。内轮花瓣上的绿色标记可以引导雪滴花需要的传粉者，如蜜蜂，找到花蜜与蜜腺。放大的花药（⑨）展示了传粉者能够成功采到花粉的裂缝。哈斯林格没有选择一个敞开的形式，而是使用两个截面（⑦和⑪）简略展示一个多子房的三室合心果实。由此，学生可以预测到其成熟果实的形态。与许多石蒜科相似，雪滴花的种子也产生在其蒴果果实中。

对页

卡洛琳娜·杜贝尔－伯特和阿诺尔德·杜贝尔－伯特在他们的整个植物挂图系列中或多或少把描绘的重点放在了植物繁殖方面，尤其是精卵结合的受精过程。

他们选择了红口水仙作为代表来说明这一问题。对此，他们在挂图的说明文字中解释道："这些条件可能被视为绝大多数开花植物的典型情况，而且红口水仙很容易获得。"在挂图的左上角，他们对红口水仙美丽的花朵只做了一个粗略展示（图1），并简单描绘了雌蕊、花瓣、柱头等（图3），这是因为他们想"至少给学生留下一点关于植物全貌的概念"。事实上，他们想重点强调的是胚珠。

图4及图5是子房解剖图，分别从纵向和横向让我们看到了花朵奇妙的内部世界。从花柱基部开始，子房的子房壁排列着等待花粉的胎座。文本的结束语一如既往，

"所有图像均取材于自然"。

右图

名称：红口水仙

作者：卡洛琳娜·杜贝尔–伯特，阿诺尔德·杜贝尔–伯特

语言：德语

国家：瑞士

系列/书目：《植物解剖学与植物生理学图谱》

图序号：35

出版者：J. F. 施赖伯（德国埃斯林根）

时间：1878—1893年

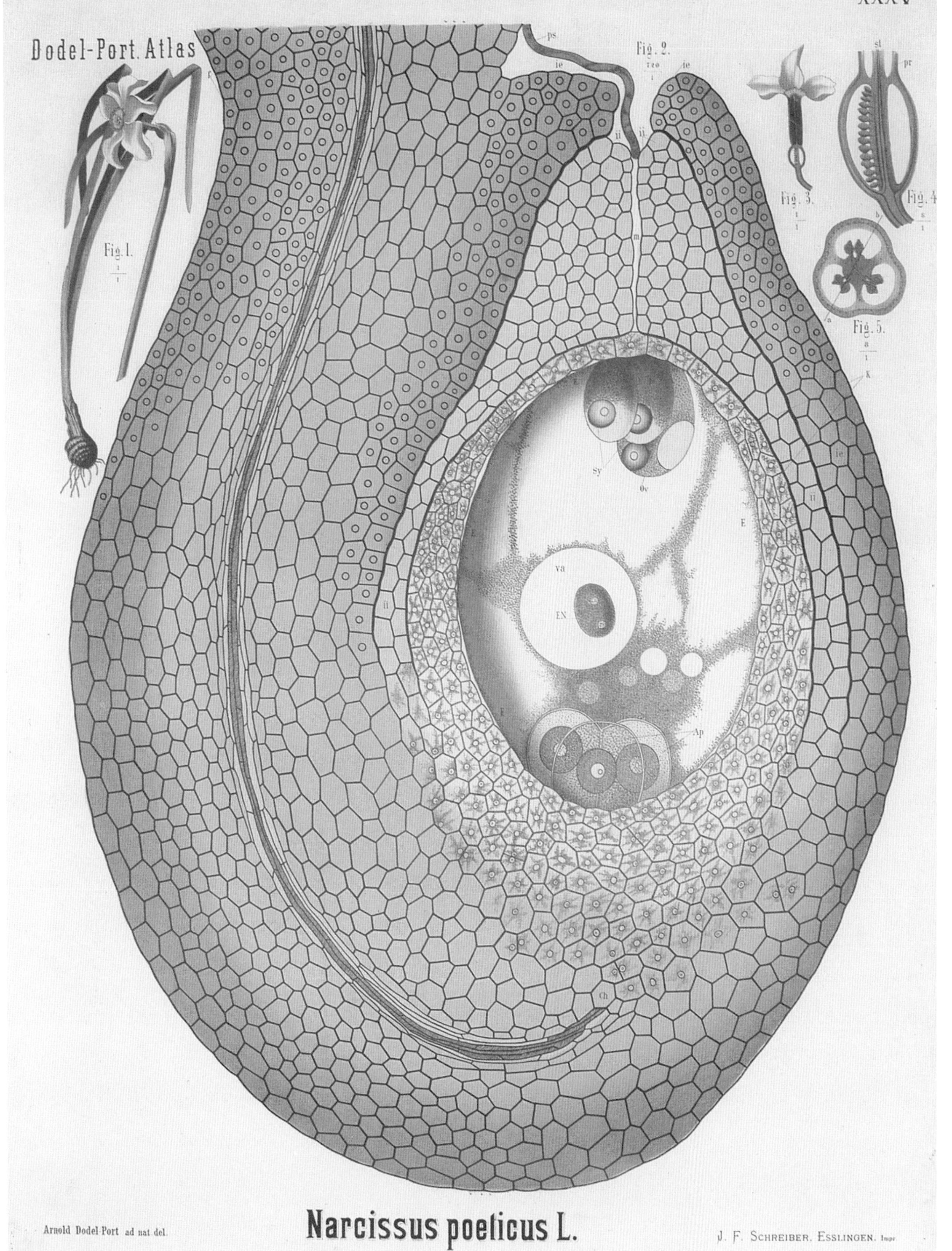
XXXV
Dodel-Port. Atlas
Fig. 1.
Fig. 2.
Fig. 3.
Fig. 4
Fig. 5.
Narcissus poeticus L.
Arnold Dodel-Port ad nat del.
J. F. Schreiber, Esslingen. Impr

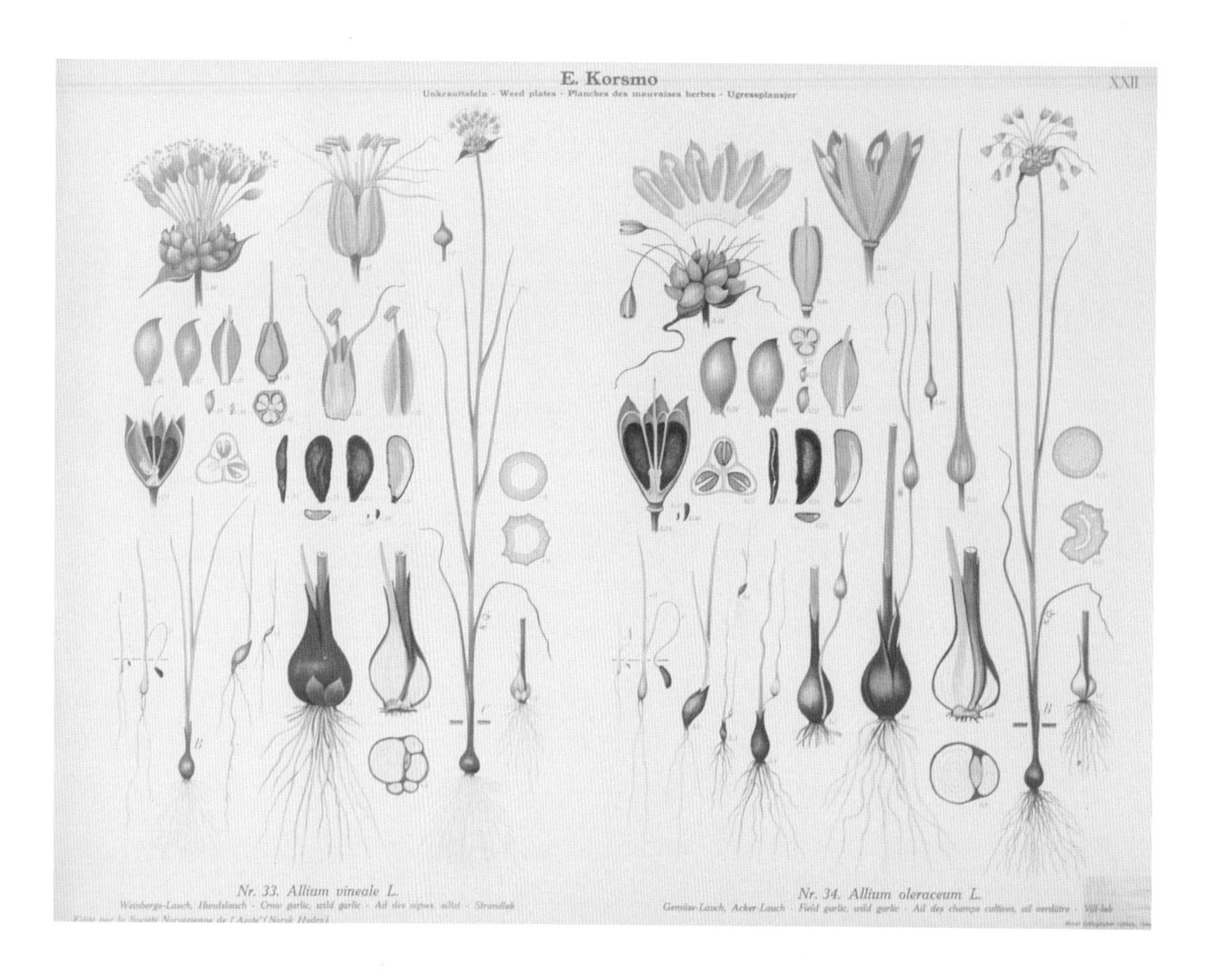

埃米尔·科尔斯莫展示了 4 种葱属植物，但遗漏了洋葱、大蒜、韭葱和青葱，如果这让你觉得很奇怪的话，你不妨考虑一下这个系列挂图的标题：杂草图。在 19 世纪初的欧洲，人们认为埃米尔·科尔斯莫研究的对象都是杂草，它们或多或少是野生植物，没有一种经过人工培育。虽然有一些作者似乎没有坚持内容选取规则，模糊地命名自己的画作系列（例如荣格、科赫和奎恩泰尔的《新植物挂图》），但有些作者已经在系列的标题中对主要内容予以说明，比如彼得·埃塞尔（Peter Esser）的《德国有毒植物》、齐佩尔和波尔曼的《德国本土植物》。

上图

名称：33号葱属植物野蒜；34号葱属植物菜圆葱

作者：埃米尔·科尔斯莫（Emil Korsmo）

绘制者：克努特·奎尔普鲁德（Knut Quelprud）

语言：德语、英语、法语、挪威语

国家：挪威

系列/书目：《杂草图》

图序号：22

出版者：挪威海德鲁公司（挪威奥斯陆）

时间：1934年

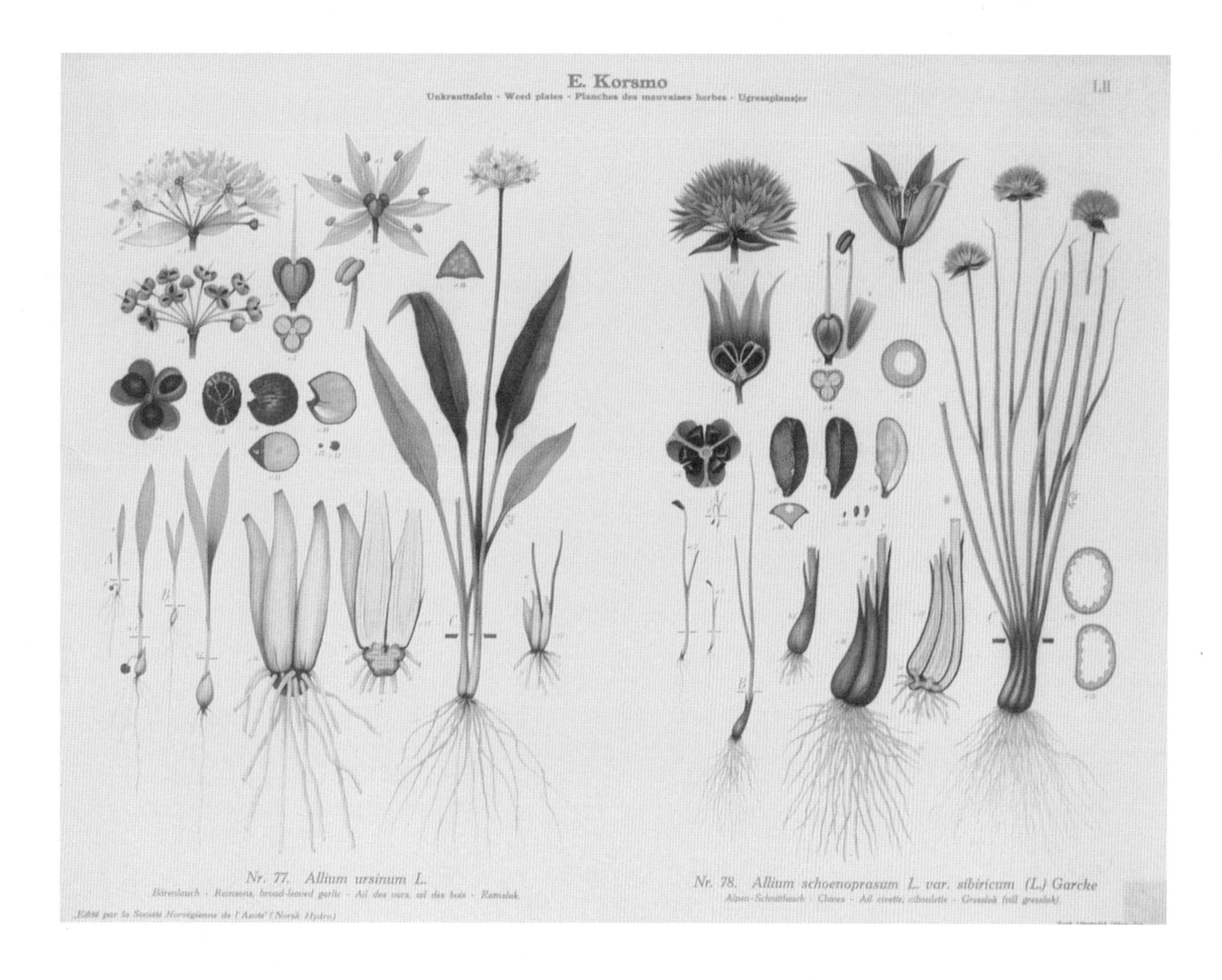

上图

名称： 77号葱属植物熊葱；78号葱属植物北葱

作者： 埃米尔·科尔斯莫

绘制者： 克努特·奎尔普鲁德

语言： 德语、英语、法语、挪威语

国家： 挪威

系列/书目： 《杂草图》

图序号： 52

出版者： 挪威海德鲁公司（挪威奥斯陆）

时间： 1934年

在这 2 幅挂图上，科尔斯莫展示了 4 种可能会出现在欧洲平原、路边或阳光明媚的河岸的葱属植物：对页图重点展示了野蒜和菜圆葱的雌蕊；本页图详细展示了熊葱和北葱。这 2 幅挂图可以充分说明科尔斯莫为全面覆盖这个属所做的不懈努力，展示了他具有方法论指导意义的比较方式，以及他对“杂草”这个经常被忽略的植物类别进行的细致的解剖实践。不过，这个名为杂草的类别是建立在社会意义上的而非植物学意义上的。

02

伞形科

伞形科有 418 个属，包括 3 257 种植物。其典型的平坦的花序顶端是传粉昆虫理想的着陆平台。伞形科植物多为一年生、二年生或多年生草本植物，很少有灌木，主要分布在北温带地区。其中有用作调味料和香料的植物，比如莳萝、有喙欧芹、藏茴香、芫荽、孜然、茴香、欧当归、欧芹和茴芹，其余的物种包括一些蔬菜，比如胡萝卜、芹菜和欧防风。

伞形科植物中的星芹属、刺芹属、糙果芹属和丝葵属是常见的园艺植物。丝葵属原产于美国加利福尼亚州东南部、亚利桑那州西部和墨西哥，并被广泛种植，但它们在野外濒临灭绝。伞形科植物还包括一些花园杂草，如长势旺盛的羊草芹和欧亚独活。伞形科植物中有些还含有毒性，古希腊哲学家苏格拉底在被判死刑时，就选择毒参制成的毒药来结束生命。

伞形科植物的特征包括：许多植物都带有十分浓烈的茴香或芹菜的气味；叶片掌状或回羽状分裂，有些品种具刺；伞形花序上的小花被苞片或小苞片包围；萼片退化或缺失；有 5 枚离生花瓣，有些品种的花瓣互相叠盖或向内弯曲；有 5 枚细小的雄蕊；果实为干燥的分果，有的品种有棱，有的品种有翅。

右图
名称：毒芹
作者：彼得・埃塞尔
绘制者：卡尔・波尔曼
语言：德语
国家：德国
系列/书目：《德国有毒植物》
图序号：13
出版者：弗里德里希・维耶格和佐恩（德国布伦瑞克）
时间：1910年

5
4
3
1
6
2

Unsere verbreit

dargestellt von

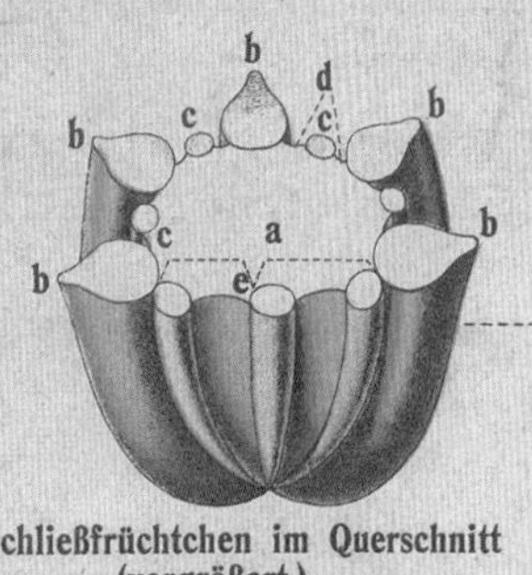

Ein Schließfrüchtchen im Querschnitt (vergrößert.)
a Eiweißkörper
b die 5 Hauptrippen
c die 4 Nebenrippen
d Thälchen, worunter die Oelkanälchen oder Striemen liegen
e gerippte Fugenfläche.

Blüte, vergrößert.
a Blütenblätter mit eingebogenen Läppchen
b Staubblätter
c Stempelpolster mit 2 Griffeln.

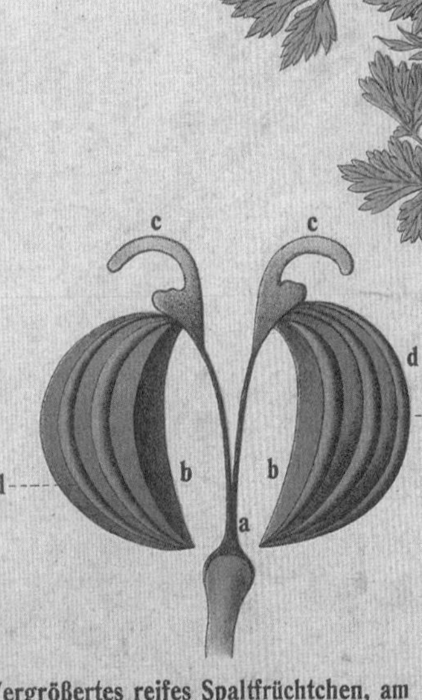

Vergrößertes reifes Spaltfrüchtchen, am gespaltenen Fruchtträger (a) hängend.
b Fugenfläche
c seitlichgebogene Griffel
d die 5 Hauptrippen.

Gartengleisse oder Hundspetersilie. Aethusa Cynapium L.

Amthor'sche V

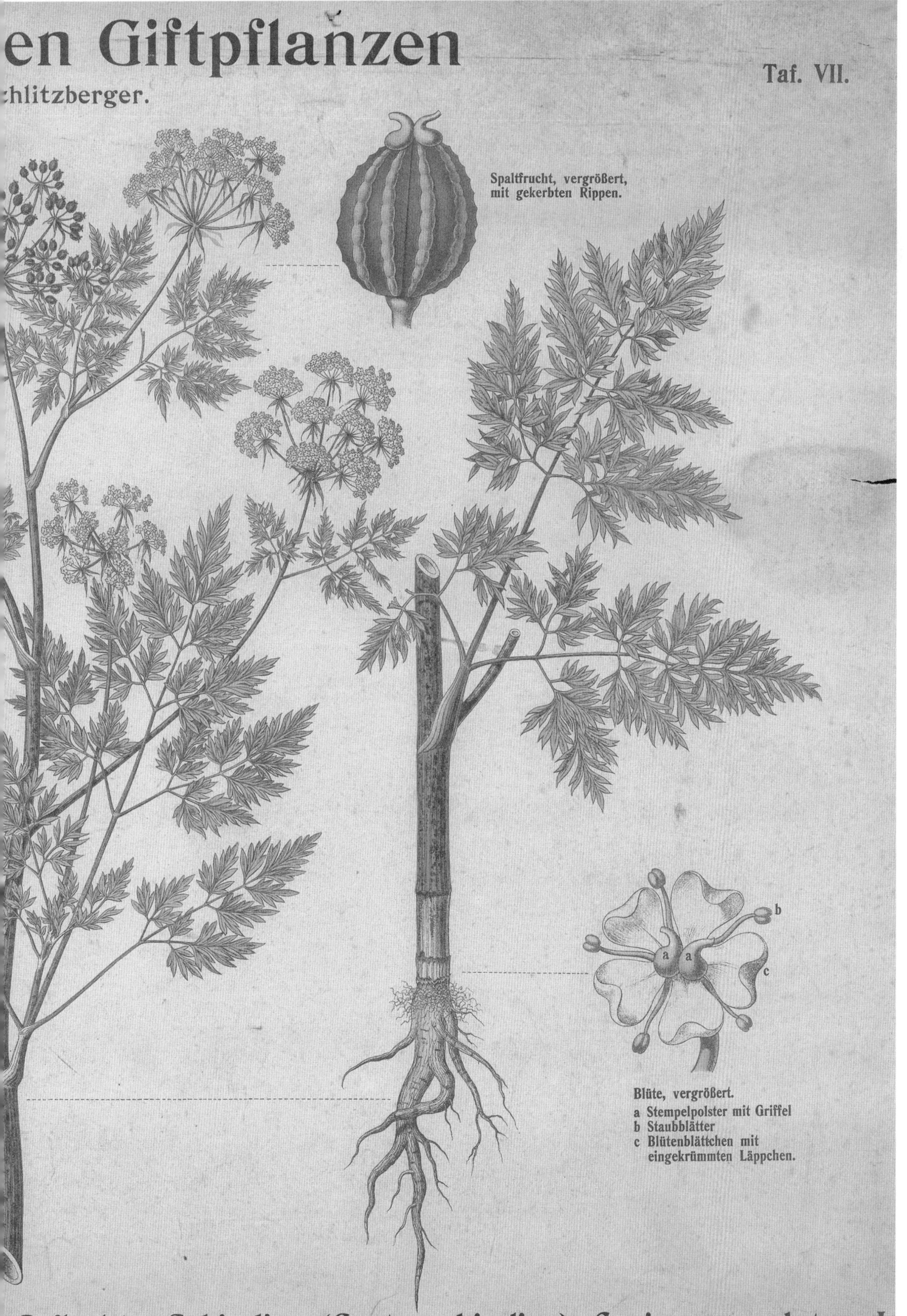
en Giftpflanzen
:hlitzberger.
Taf. VII.
Spaltfrucht, vergrößert, mit gekerbten Rippen.
b
a
a
c
Blüte, vergrößert.
a Stempelpolster mit Griffel
b Staubblätter
c Blütenblättchen mit eingekrümmten Läppchen.
Gefleckter Schierling (Gartenschierling). Conium maculatum L
dlung, Braunschweig.

前页

19 世纪晚期，欧洲陷入了一种特殊的植物学方面的困境：当外来物种越来越多时，人们担心鉴别本地植物是有益的还是有害或是有毒的田园传统，会受到战争和工业化的影响。有两位作者十分关注有毒植物，他们是西格蒙德·施利茨伯格（Siegmund Schlitzberger）和彼得·埃塞尔。西格蒙德·施利茨伯格的代表作为《常见有毒植物》系列中的《愚人欧芹和毒参》；彼得·埃塞尔细致地解构了毒芹。彼得·埃塞尔是科隆植物园的园长，他十分担忧德国国民对一些毒草一无所知的状况。他在《德国有毒植物》系列中专门介绍了一些对人们的健康有潜在危害的有毒植物，无论是德国本地的还是外来的。

埃塞尔这样写道："在这些有毒植物中，我们应特别关注毒芹属植物，因为它们可能是生长在温带地区的所有植物中毒性最剧烈的，其中的毒芹是我们本地的伞形科植物中毒性最强的。"他在挂图中提示学生了解毒芹的以下特征：披针形叶、伞形花序、向下的苞片、小小的酒杯状果实，但最重要的是，记住根状茎的样子。"大多数意外中毒事件都是因为没有仔细分辨普通芹菜和毒芹的根状茎造成的。这类毒芹的根状茎对孩子尤为危险，因为它尝起来是甜的。"不过，毒芹的根状茎很容易辨认，"如果纵向切开毒芹的根状茎，可以清晰地看到其中或多或少有一些气室"。

与大多数出版的系列挂图一样，施利茨伯格创作的挂图中也有一些说明性文字。对科学家、教授或学者而言，说明性文字就跟小故事差不多。带有说明性文字的图画可以帮助老师在向学生展示挂图之前就能理解相关的内容。它们也使这些挂图只要在恰当场合展示就可以取得理想的教学效果，而不会受到其他教具或教学语言的影响。施利茨伯格的挂图可用于普通小学课堂、较高级别的植物分类学课程，或者农业专业学校的课程中。

前页图

名称：愚人欧芹和毒参

作者：西格蒙德·施利茨伯格

语言：德语

国家：德国

系列/书目：《常见有毒植物》

图序号：7

出版者：西奥多·菲舍尔（德国柏林）

时间：1892年

后页

随着新型探索式教学方式的出现，教学挂图的设计也得到了改良以适应这一变化。这种教学方式培养出来的学生具备辨别问题和找出答案的能力，而不是简单地背诵课堂内容。

艾尔伯特·彼得创作的挂图可以说是理想的教具。它们只提供了少量的说明性信息，通常只阐述针对一个物种的一些观点。与此同时，图中提供了大量信息供那些好奇心满满的学生去刨根问底、追本溯源。这张挂图中展示的是部分伞形科植物的繁殖器官。

欧亚独活是一种典型的伞形科植物，它的花序呈圆顶状，且开有小花。彼得选择将花序减少到四个花梗，分别展示出它们在不同阶段的状态（图 1）。欧亚独活花序中的花由外向内逐渐开放，以吸引路过的传粉者。在这幅图里，我们可以看到，中下方的花靠近中心的位置，它处于开花始期，花药向内弯曲，而其上面的花已经到了开花末期，且雄蕊脱落。在这幅图中部偏下的位置，一个成熟的分果将借助风的力量散播种子（图 2）。

彼得在这幅图中描绘了野胡萝卜的繁殖器官。图中展示了一朵花的侧视图（图 4）和故意画得很稀疏的花序（图 3）。彼得调整了伞状花序的放大倍数，放大了位于中心的花朵。这朵由花青素着色的小红花，担当着吸引传粉昆虫的重任。

这幅图的右下角是毛刺欧芹的果实（图 5），覆有毛刺的果实看起来极具侵略性。当然，这也是在提醒人们：伞形科植物的双心皮果实早已不再依赖风来散播种子，而是随机附着在路过的生物身上进行传播。

后页图

名称：伞形科植物

作者：艾尔伯特·彼得

语言：德语

国家：德国

系列/书目：《植物挂图》

图序号：36

出版者：保罗·帕雷（德国柏林）

时间：1901年

A. Peter, Botanische Wandtafeln. Tafel 36.
1,2.
Heracleum Sphondylium L.
Bärenklau.
3,4.
Daucus Ca
Möhre, Ge
1.
Ein Döldchen;
die Blüthen sind bis auf 4
abgeschnitten.
20/1
R
die
auf de
Umbelliferae.

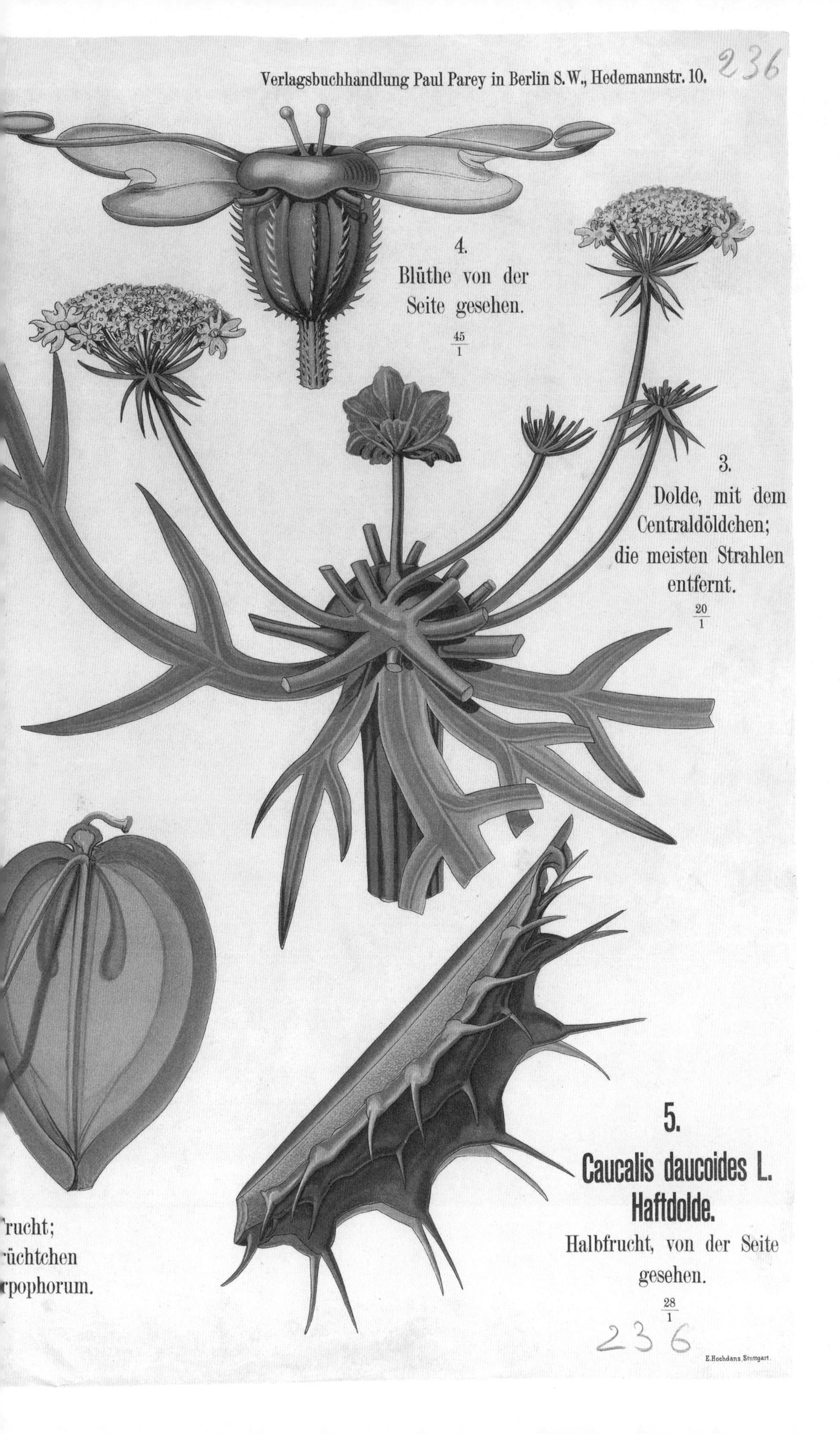

Verlagsbuchhandlung Paul Parey in Berlin S.W., Hedemannstr. 10.
236
4.
Blüthe von der
Seite gesehen.
45/1
3.
Dolde, mit dem
Centraldöldchen;
die meisten Strahlen
entfernt.
20/1
'rucht;
'üchtchen
'rpophorum.
5.
Caucalis daucoides L.
Haftdolde.
Halbfrucht, von der Seite
gesehen.
28/1
236
E.Hochdanz.Stuttgart.

上图

名称：野胡萝卜

作者：海因里希・荣格和弗里德里希・奎恩泰尔

绘制者：戈特利布・冯・科赫

语言：不详

国家：德国

系列/书目：《新植物挂图》

图序号：19

出版者：弗洛曼和莫里安（德国达姆施塔特）

时间：1902—1903年

彼得选择用单株植物或单个器官的严谨的剖面介绍植物，而荣格、科赫和奎恩泰尔则更乐意在挂图上呈现出植株放大后的样子，他们精心渲染整个画面，不放过每一处细节。他们在这幅挂图中展示野胡萝卜作为伞形科植物的典型特征。读者可以在图中明显看到典型的羽状叶片、像点彩的小花花序以及分果分裂后的种子，种子外皮有着细长而整齐的毛刺。在一轮精致的格栅状苞片上，5 枚花瓣在 5 枚雄蕊和 2 枚花柱周围略微向内弯曲，旁边是一个双子房和带有柔软毛刺的未成熟的种子。这些毛刺变硬后可以让种子散播到远处。

这幅挂图展示了野胡萝卜开花周期的每个阶段，包括授粉后的球状伞形花序。在授粉时，伞形的花序反转并向内卷曲，就像鸟巢一样。这恰如其分地说明，在该植物未成熟时，它的花序是簇拥在一起的，当花朵由外而内成熟时，它的花序才变成伞状。它的子房被放射状的小花梗均衡地包裹，随着子房不断长大，花朵最终会变成淡绿色，然后伞形花序逐渐张开，露出其中未成熟的果实。

荣格、科赫和奎恩泰尔在这幅挂图的中上位置，从侧面视角展示了簇拥在一起的花序，它就像是一个被绿色圆环围绕的尊贵小球。野胡萝卜的形态结构不会因为成熟度变化而改变，这也是它区别于其他伞形科植物的标志。任何一个科，都会有形态类似无毒植物的有毒物种，伞形科也不例外。如果有人误把毒芹当作是野胡萝卜，后果将不堪设想。因此，区分植物特征从而准确地辨别植物种类是非常重要的。

然而，这幅图的内容并不完整。它忽略了野胡萝卜的一个非常重要的特征——彼得在前面的图中放大展示的小红花。这朵长在中心位置的花是不结果实的，它的作用是吸引传粉昆虫来到伞形花序。令人感到奇怪的是，荣格、科赫和奎恩泰尔忽略了这朵红色的小花。野胡萝卜正是因为这朵小红花，才在北美洲有一个广为流传的名称——安妮女王的蕾丝，因为据说这朵小红花象征的是安妮女王在缝制蕾丝时刺伤了手指，滴在蕾丝上的一滴血。

03

天南星科

天南星科共有 117 个属，包括 3 368 种植物，主要生长在潮湿的热带地区。它们是多年生草本或木本植物，通常为根状茎或块茎。它们有的生在山间，如龟背竹属和藤芋属；有的是附生植物，如花烛属；有些是水生植物或沼泽植物，如箭南星属。天南星科多通过蝇类昆虫传粉，因为该科中的很多植物都有令人不快的气味，例如弯棒芋属和龙木芋属。一些天南星科植物还有很强的刺激性。

天南星科的一些植物为人工栽种，因为它们拥有引人注目的花朵或美丽的叶片。该科中的赏花类植物包括天南星属、海芋属、水芋属、沼芋属、马蹄莲属；赏叶类植物包括花叶芋属、黛粉芋属、喜林芋属。芋又被称为芋头，因其块茎可作为粮食而为人们所种植。这个属的植物中还有一些非常迷人的野花，如意大利疆南星、别名为“领主与夫人”的斑叶疆南星。

这一科中个头最大的当数濒临灭绝的巨魔芋，它形体巨大，但在种植过程中极少开花，因此被列入吉尼斯世界纪录。它开花时会散发极其难闻的气味，巨大的花序高达 3 米，叶片直径可达 6 米，因此它每次开花都会引起轰动。

天南星科植物的特征包括：叶宽大，通常基生，叶脉为网状，具有明显的叶柄；茎内多有苦味、乳白色汁液；肉穗花序上生长着微小的无梗花；常长有花瓣状或叶状的佛焰苞；果实通常为浆果。

右图
标题：斑叶疆南星
作者：彼得・埃塞尔
绘制者：卡尔・波尔曼
语言：德语
国家：德国
系列/书目：《德国有毒植物》
板块：13
出版者：弗里德里希・维耶格和佐恩（德国布伦瑞克）
时间：1910年

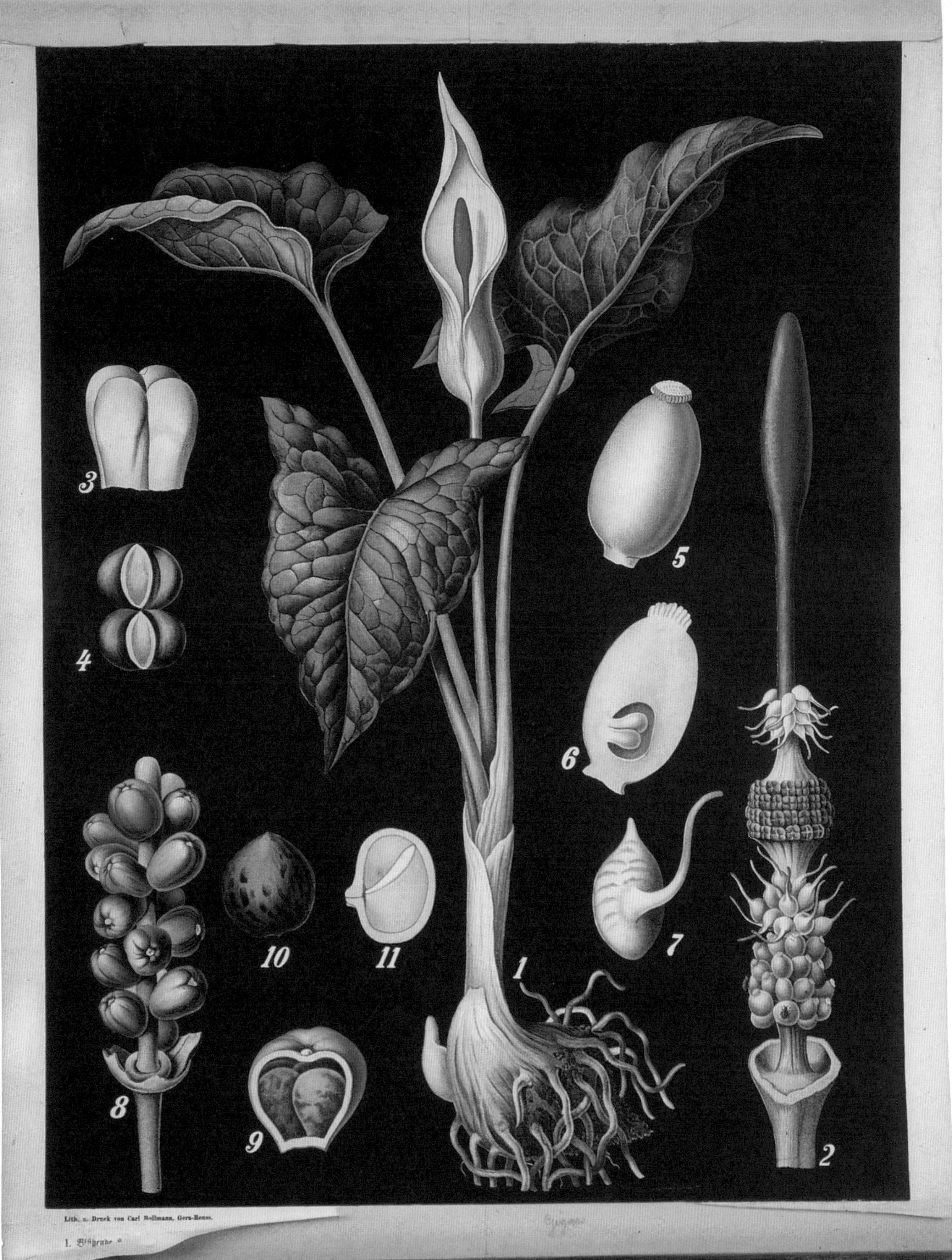
3
4
5
6
7
8
9
10
11
1
2
Lith. u. Druck von Carl Bollmann, Gera-Reuss.

前页

在对《德国有毒植物》的简介中，科隆植物园的园长彼得·埃塞尔阐述了他创作该系列挂图的原因："现今仍然经常有因错食有毒植物而丧生的事件，其中绝大多数是由于人们缺乏相关知识……这证明了出版一部让大家了解有毒植物的作品是合理且必要的。"埃塞尔与卡尔·波尔曼达成了合作。此前，波尔曼还与赫尔曼·齐佩尔合作创作了《彩色异域作物》及《本土植物典例》。埃塞尔与波尔曼合作创作了一批覆盖面广、全面介绍植物解剖与发育特征的综合性作品，这使得读者可以在任意季节辨认植物。以人们避讳的黑色为背景，荣格、科赫和奎恩泰尔以适当的放大倍率来强调植物的某些形态细节（这也很像波尔曼的风格）。

在天南星科的所有物种中，斑叶疆南星是一个在19世纪植物挂图中特别常见的展示对象。这与其毒性剧烈、分布普遍（广泛分布于北欧温带地区）和结构独特（在天南星科里十分特别）的特征不可分割。

在这幅描绘斑叶疆南星的图中，埃塞尔着重强调了它高大的穗状花序、隐约可见的叶脉，以及紧密簇生的鲜红色浆果，这些浆果使这种植物在结果时能够被一眼发现。在图的中心，一株成熟的斑叶疆南星（图1）包括了根状茎、箭头状叶片和肉穗花序。肉穗花序隐藏在一个被称为"佛焰苞"的苞片中，保持了其解剖学意义上的隐藏性。肉穗花序的下部为一圈雌花（图5，放大），雌花序中的每一朵雌花都有一个单室子房，其中含有多个胚珠；肉穗花序的上方有一圈雄花（图3，放大）。这两个圈的上方都有毛发状结构（图7），这对授粉至关重要。

对页

荣格、科赫和奎恩泰尔绘制的斑叶疆南星挂图强调其大而有光泽的叶子，以及暗紫色斑点。这些斑点向那些被图中有着鲜艳的红色的有毒浆果吸引来的觅食者发出警告。尽管斑叶疆南星的花朵不起眼，但它依然是靠昆虫传粉的。它的花序散发出一种奇特的气味，能吸引小型蝇类飞到毛发状结构下，并让它们被暂时困住。在雄花成熟前，斑叶疆南星的子房就会成熟，这可以避免自花传粉。因此，任何到达柱头的花粉，都是由小型蝇类从其他植株那里带来的。然后，柱头会枯萎并分泌花蜜给被困住的小型蝇类食用。

花药成熟后会释放出花粉，花粉会沾到被困住的小型蝇类身上，这些小型蝇类只有在毛发状结构枯萎后才能重获自由，它们将飞去另一株斑叶疆南星的花序，重复上述过程。斑叶疆南星的整个花序已经进化，以确保异花传粉，这能帮助它们生成自己独一无二的果实：带籽的鲜红色浆果。这幅图中还展示了作为传粉者的小型蝇类被困在肉穗花序的腔室中传播花粉，帮助植物完成受精过程的场景。

右图

标题：斑叶疆南星

作者：海因里希·荣格、弗里德里希·奎恩泰尔

绘制者：戈特利布·冯·科赫

语言：不详

国家：德国

系列/书目：《新植物挂图》

图序号：32

出版者：弗洛曼和莫里安（德国达姆施塔特）；
哈格曼（德国杜塞尔多夫）

时间：1928年；1951—1963年

Jung-Koch-Quentell
Lehrmittelverlag Hagemann, Düsseldorf

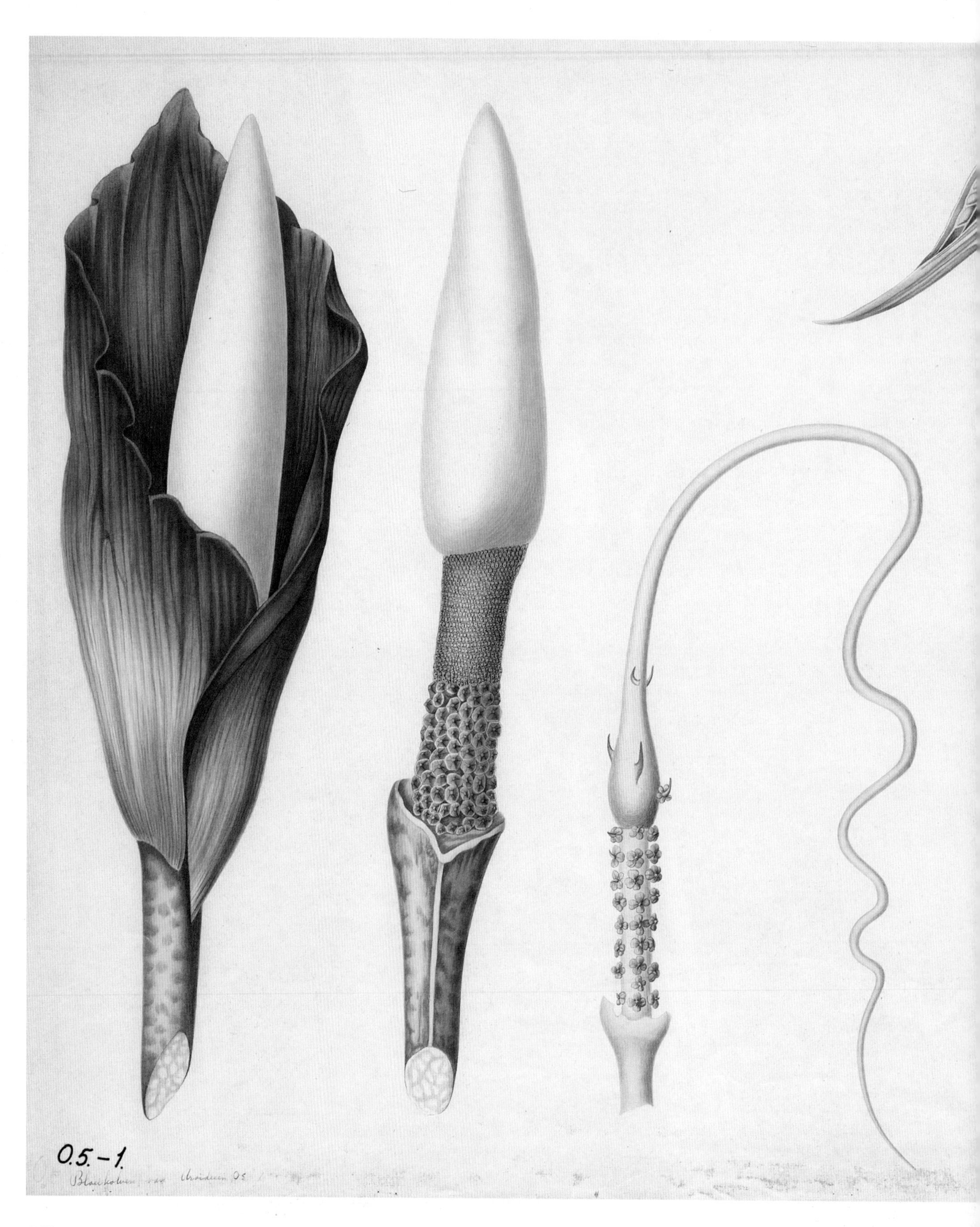

上图

标题：天南星科植物的花朵和佛焰苞

作者：亨丽埃特·席尔图斯

语言：不详

国家：荷兰

系列/书目：不详

图序号：不详

出版者：女青年工业学校（荷兰阿姆斯特丹）

时间：约1880年

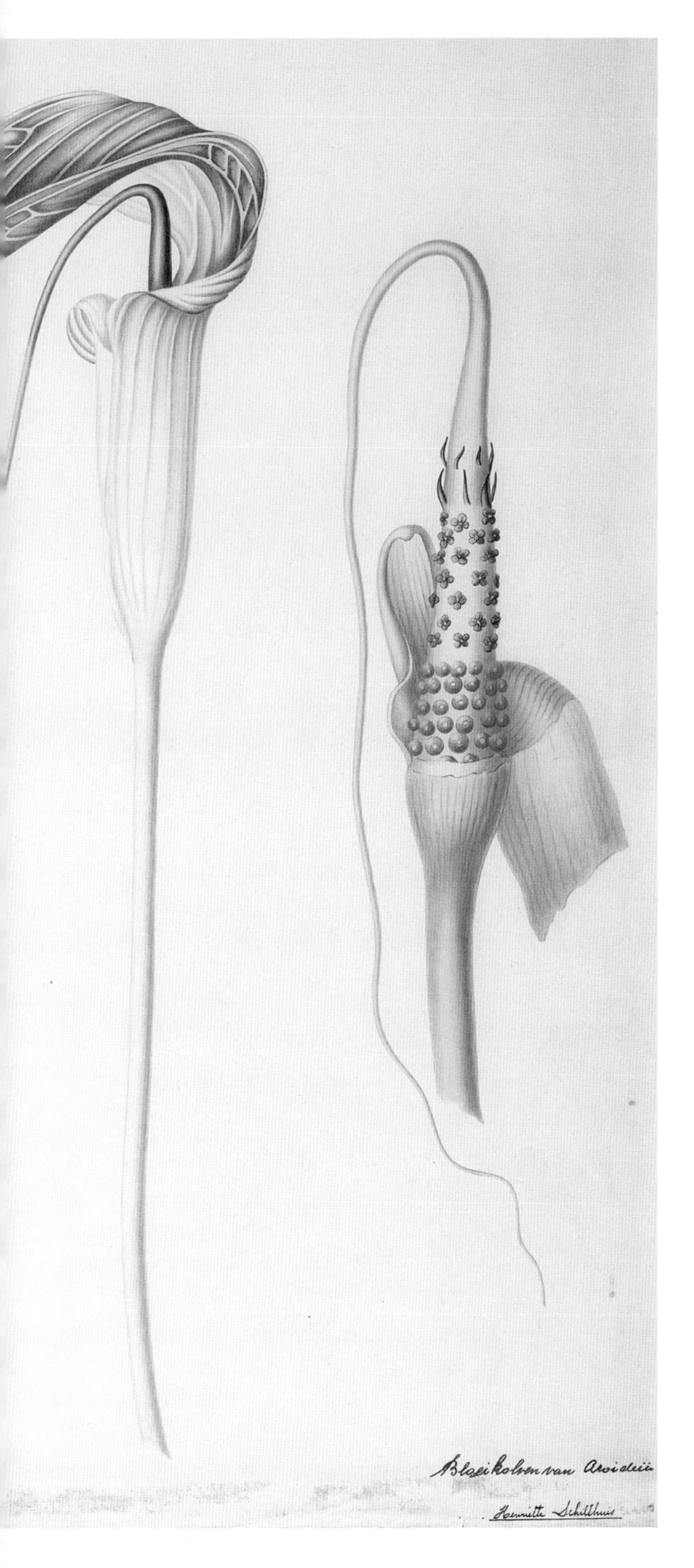

因为天南星科植物通常既缺乏经济价值又不常见，所以天南星科在今天不算特别受欢迎。但在 19 世纪后期，当时植物学家仔细研究它们的分类，再加上这一科植物所呈现出的异国情调，它们为当时的公众所关注。天南星科在 1858 年首次获得了一个正式的分类，杰出的德国植物分类学家阿道夫·恩格勒（Adolf Engler）在 1876 年又对其分类进行修订。对当时的大众而言，天南星科植物具有浓郁的异国情调；对教育工作者来说，天南星科植物提供了一个向学生教授植物适应性特征的机会，例如模仿腐肉的气味并引诱传粉者。

比起展示单个物种的生命周期和形态，亨丽埃特·席尔图斯描绘了天南星科中的多个品种。她选择用标志性的肉穗花序和佛焰苞来描述它们的特征。

巨魔芋有天南星科中十分典型的佛焰苞和肉穗花序，它的肉穗花序也是天南星科植物中“最高级”的。它能长出所有植物中最大的花序之一，通常高达 3 米。在奶油色的肉穗花序的底部，深紫色佛焰苞（左一）形成腔室，一圈微小的雄花位于一圈较大的粉红色雌花上方（左二）。当花朵准备好授粉时，肉穗花序的温度会升高，并散发出令人作呕的气味。如果根据气味给植物进行命名的话，巨魔芋可以被称为“腐肉花”或“尸花”，它们散发恶臭气味的目的是吸引传粉昆虫。

第二个物种（中间）说明了天南星科植物之间的形态差异。这是一株没有佛焰苞的雌性岩生南星，它仅有雌花，因为岩生南星是雌雄异株植物。许多天南星科植物都长有长长的淡绿色肉穗花序。与其他品种不同，岩生南星会散发令人愉快的柠檬香气。

翼檐南星（右二）长得很引人注目，它的佛焰苞是深紫色的，有着绿色的网状脉。

高原南星（右一）是雌雄同株植物，它也长有一个非常长的肉穗花序附属物。

长期以来，植物分类学都让植物学家头疼，也使大众感到困惑。对于为什么植物分类会是一个艰巨的问题，包括了形态差异巨大的不同种类植物的天南星科给出了非常好的解释。从各种形态学方面的证据来看，浮萍属和大薸属与典型的天南星科植物完全不同。但天南星科是一个强大的植物科，它有着极端的形态结构和复杂的生殖方式。浮萍属和大薸属均为淡水水生植物，它们有着世界上最简单、最小的花（1 ~ 20 毫米）。在首次确定分类时，它们被分别归入与自己外观组织类似的科中。直到 20 世纪末，随着分子系统发育学出现，它们才被重新归入天南星科中。因此，这些挂图也是记录了植物分类学发展的历史资料。

艾尔伯特·彼得在这幅图中描绘了浮萍和品萍的无性繁殖主体优雅地漂浮着的状态。它们的叶子和茎未分化；叶状体通常是扁平的，下面有一条根须蔓生。随着叶状体生长，它们会分裂繁殖出新的植株。与浮萍不同（图 2），品萍（图 1）的叶状体边缘是锯齿状的。它浸没在水中，分枝会缠结成团。

最后，连同大薸的花朵（图 3、图 4）一起，我们来看看这 3 种植物与其他天南星科植物的共同特征——佛焰苞和肉穗花序，但是这 3 种植物的佛焰苞和肉穗花序的尺寸非常小。像其他天南星科植物的结构一样，它们的佛焰苞包裹着雌蕊和雄蕊，组成一个肉穗花序。其外部长满微小的茸毛，而内部是光洁的。

彼得选择不呈现植物的基生莲座（像一棵莴苣），最有可能的原因是考虑到绘制空间，因为如果按花的大小等比绘制，叶子画出来图片大小可能需要占据本书大量的空间！我们知道这种植物的通俗名称就足够了，就让那些与通俗名称相符的形态特征为了这几朵放大的花而牺牲吧！

右图

名称：浮萍属和大薸属

作者：艾尔伯特·彼得

语言：德语

国家：德国

系列/书目：《植物挂图》

图序号：66

出版者：保罗·帕雷（德国柏林）

时间：1901年

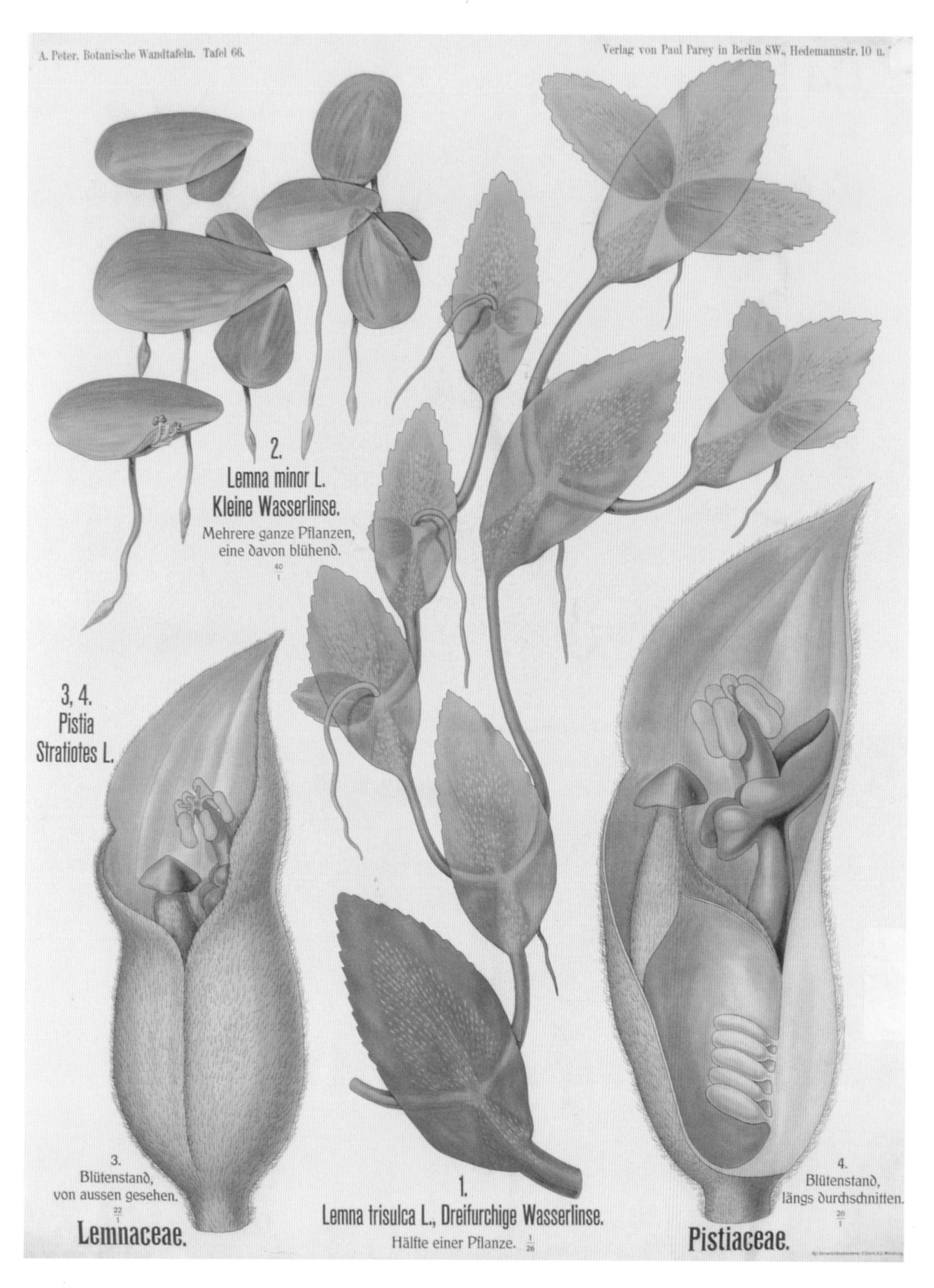
A. Peter, Botanische Wandtafeln. Tafel 66.
Verlag von Paul Parey in Berlin SW., Hedemannstr. 10 u.
2.
Lemna minor L.
Kleine Wasserlinse.
Mehrere ganze Pflanzen,
eine davon blühend.
40/1
3, 4.
Pistia
Stratiotes L.
3.
Blütenstand,
von aussen gesehen.
22/1
Lemnaceae.
1.
Lemna trisulca L., Dreifurchige Wasserlinse.
Hälfte einer Pflanze. 1/26
4.
Blütenstand,
längs durchschnitten.
26/1
Pistiaceae.

04

菊 科

菊科植物共有 1 911 个属，包括 32 913 种植物，可能是被子植物中最大的科。它们遍布全球不同类型的栖息地，各式各样，而且通常闻起来有芳香气味。这一科主要为一年生、二年生或多年生草本植物，也包括了一些灌木和小树。

这一科有很多植物是园林植物。其中既有田园式花园的宠儿，如紫菀属、鹅河菊属、金盏花属、矢车菊属、秋英属、大丽花属、蓝刺头属、万寿菊属和百日菊属，也有牧场风格的植物，如松果菊属、堆心菊属、赛菊芋属、一枝黄花属和腹水草属。其他的观赏植物包括蓍属、香青属、木茼蒿属、鬼针草属、瓜叶菊属、金鸡菊属、多榔菊属、飞蓬属、勋章菊属、堆心菊属、旋覆花属、蛇鞭菊属、橐吾属和千里光属。许多菊科植物是花店的明星，例如雏菊、非洲菊、蜡菊和蓝眼菊。菊科的灌木包括蒿属、榄叶菊属和厚冠菊属。

菊科植物中包含普通雏菊和西洋蒲公英这样的野草。在菜园里，你可能会种植洋蓟、欧洲菊苣、莴苣或鸦葱。向日葵的种子可做成葵花籽油，而甜叶菊是一种天然的甜味剂。

菊科植物的特征包括：叶基生或互生；汁液通常是乳白色的；由多种排列方式的舌状小花（边花）和/或管状小花（心花）组成的头状花序通常极似一朵花，被苞片组成的总苞所围绕，有些品种中央有圆盘。它们的萼片通常退化为鳞片状、刺状或毛状，以帮助种子随风传播；它们的果实为单一种子连萼瘦果。如果不检查花药、柱头、冠毛和果实等细节，你很难将众多的菊科植物区分开来。

右图

标题：西洋蒲公英

作者：海因里希·荣格，弗里德里希·奎恩泰尔

绘制者：戈特利布·冯·科赫

语言：不详

国家：德国

系列/书目：《新植物挂图》

图序号：30

出版者：弗洛曼和莫里安（德国达姆施塔特）；哈格曼（德国杜塞尔多夫）

时间：1928年；1951—1963年

Jung-Koch-Quentell
Lehrmittelverlag Hagemann, Düsseldorf
© 1957 · Printed in Germany

前页

到了 20 世纪，荣格、科赫和奎恩泰尔开始打破在他们早期的合作中建立的规则。网格和主体周围的空间消失了，平面维度和结构也随之不见了。虽然没有展现植物的生长环境，但他们设法表现了超现实而又精确的细节。

在这幅图中，常见的西洋蒲公英的花朵呈现出狂欢节常见的明黄色，西洋蒲公英拥有降落伞状的种子，以及锯齿状的叶片莲座。它是一种极其耐寒且分布广泛的植物，通过四处传播大量种子和强有力的主根在各地扎根。在这幅图中，作者创造了一个世界，微风轻拂，天空中飘满了西洋蒲公英的种子，它们把强大的根系深深地扎入土地中。任何一位园丁都可以证明，西洋蒲公英的根极其顽固，就是用最好的铲子也挖不尽。蒲公英的根不会被完全清除，而是会分裂成碎片，继而会长成一株株新的植物。

在这幅图右侧偏下的位置，作者展示了一截断根及其上长出的嫩叶。这幅图的其余组成部分包括了花和茎的截面（左下），一朵粗壮的舌状小花和一朵细长的管状小花（右），以及经过两次放大的生命力顽强的根部。

对页

在《弗兰克和茨奇植物生理学挂图》中，阿尔伯特·伯纳德·弗兰克（Albert Bernhard Frank）和亚历山大·茨奇（Alexander Tschirch）展示了常见向日葵，但他们为学生提供了一个前所未有的新视角。在 19 世纪末，对科学家来说，显微镜越来越普及，且功能越来越强大，但对学校来说，使用显微镜的费用仍然高得惊人。因此，像弗兰克和茨奇这样的植物学家会解剖、放大和展示常见植物的细胞结构。这是挂图在教学方面的一项重要贡献。虽然当时的学生可以收集植物标本并进行基础解剖研究，但是只有在研究实验室中的科学家才能够使用高倍率显微镜开展研究。

在这幅图中，弗兰克和茨奇展示了一株向日葵成体的茎的放大了的横截面，它由初生韧皮部、木质部、髓射线、皮层和形成层组成。在这幅图的底部有一个方形注释，它注明了放大倍数："实物直径为 11 毫米"，这种注释是《弗兰克和茨奇植物生理学挂图》的特色。

右图

名称：向日葵成体的茎的横截面

作者：阿尔伯特·伯纳德·弗兰克，亚历山大·茨奇

语言：德语

国家：德国

系列/书目：《弗兰克和茨奇植物生理学挂图》

图序号：19

出版者：保罗·帕雷（德国柏林）

时间：1889年

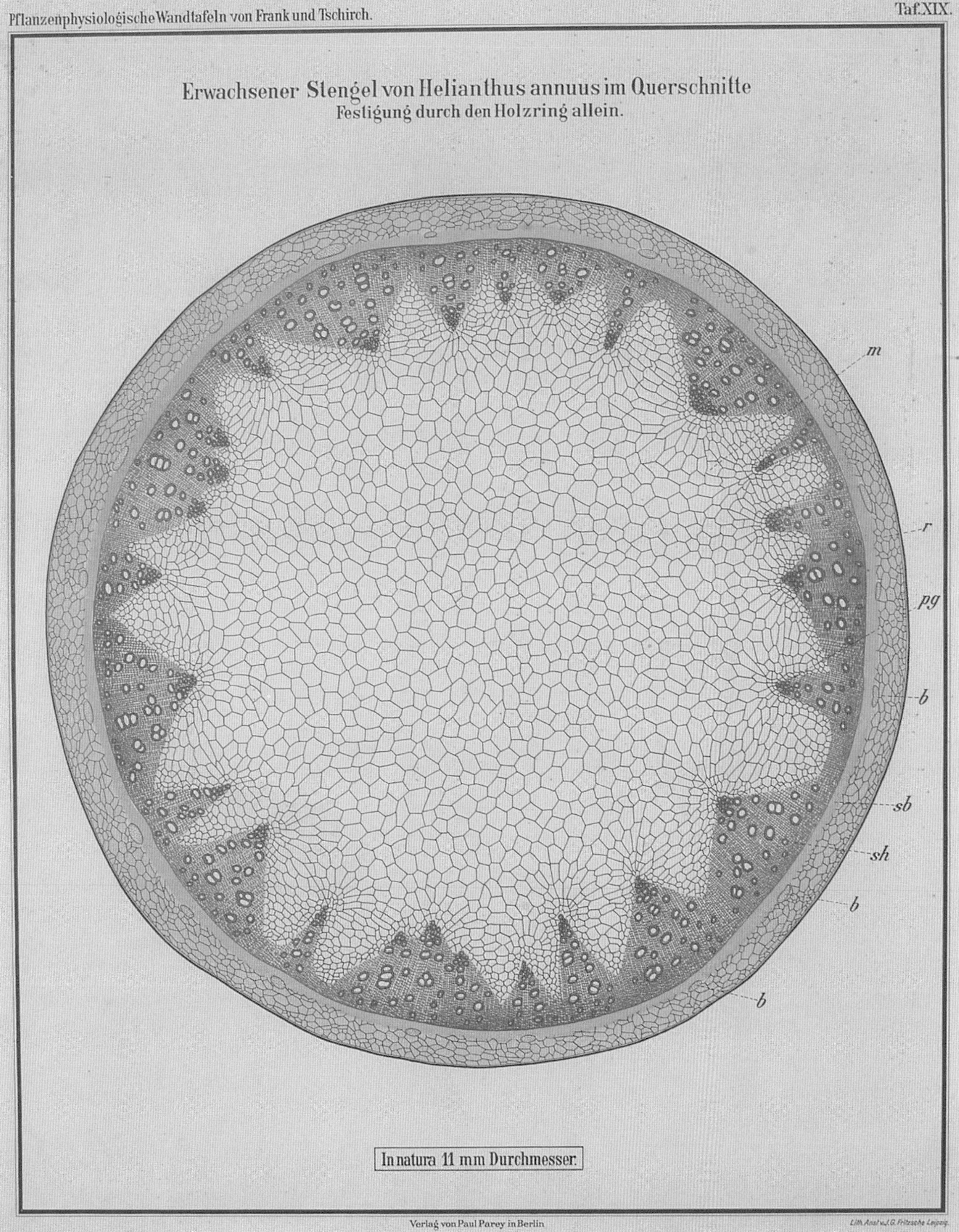
Pflanzenphysiologische Wandtafeln von Frank und Tschirch.
Taf. XIX.
Erwachsener Stengel von Helianthus annuus im Querschnitte
Festigung durch den Holzring allein.
m
r
pg
b
sb
sh
b
b
In natura 11 mm Durchmesser.
Verlag von Paul Parey in Berlin
Lith. Anst. v. J. G. Fritzsche Leipzig.

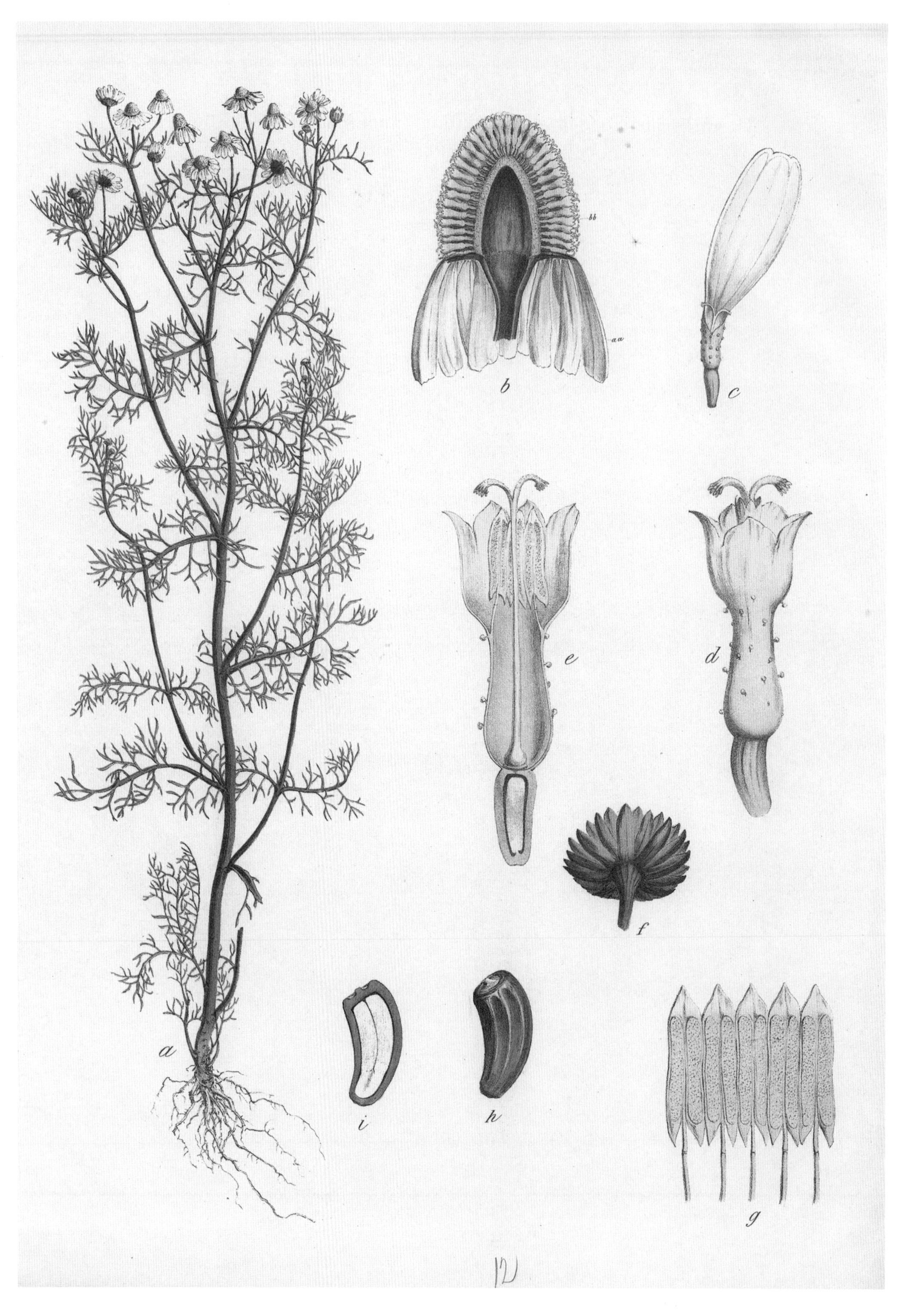
a
b
bb
aa
c
d
e
f
g
h
i
12

母菊是一种很小的菊科植物，它们的花像浮在绿叶基座上的纽扣，具有甜美的香气和实用价值。冯·恩格勒（Von Engleder）通过解剖母菊的标本来描绘母菊属，标本包括一个完整的植株，带有毛绒的分枝和娇小的头状花序。这幅图的其他组成部分包括了一个头状花序的纵剖面，展示了白色的舌状小花、黄色管状小花和众多微小的子房组成的拱形结构。恩格勒进一步放大了两类小花、一排雄蕊、叶状总苞和一颗种子及其纵剖面。

左图

名称：母菊

作者：冯·恩格勒

绘制者：C. 迪特里希

语言：德语

国家：德国

系列/书目：《冯·恩格勒的自然历史挂图：植物学》

图序号：12

出版者：J. F. 施赖伯（德国埃斯林根）

时间：1897年

这是一幅来自捷克的挂图，与恩格勒创作的井井有条、版面洁白、标本整齐，解剖具有一定系统性的挂图形成了鲜明对比。这幅捷克出版的挂图描绘了母菊、同花母菊和无香母菊。大多数挂图的绘制者都希望达到一种接近自然的真实性。在这里，捷克植物学家欧塔科·泽里克（Otakar Zejbrlík）实现了更高水准的逼真度。乍一看，泽里克创作的挂图中的图像就像植物标本，其以渲染细节的专业度、深度以及全幅铺开的现实主义而著称。泽里克拒绝缩小成体植物的尺寸，因此学生可以轻松地用其作品来比较花、叶和茎的尺寸。这就解释了作者为什么会把无香母菊的茎在两处进行弯曲，而不是像通常的做法那样裁剪根部，或缩小尺寸，或切断茎部与根，对根单独描摹。

该挂图旨在区分 3 种植物——它们都是野生的，很容易被人们混淆。因此，将图中的植物保持与实物同等的放大程度是至关重要的，这样一来学生才能直接比较头状花序，叶子的结构、密度，以及植物的高度。这 3 种植物的种子也形状各异，泽里克放大了这些种子来展示微观世界的沟壑起伏。

右图

名称：母菊（左），同花母菊（中），无香母菊（右）

作者：欧塔科·泽里克

语言：捷克语

国家：捷克

系列/书目：未知

图序号：未知

出版者：未知

时间：1953年

130
HEŘMÁNEK PRAVÝ - Matricaria chamomilla L.
HEŘMÁNEK TERČOVITÝ - Matricaria discoidea DC. (suaveolens BUCH.)
HEŘMÁNEK NEVONNÝ - Matricaria inodora L.

齐佩尔和波尔曼以连续的数字和与数字对应的图例描述了山金车（左）和母菊（右）的解剖结构，以此说明菊科植物的特征。有两点值得注意：它们子房与萼片之间的位置关系并不相同（山金车，图1；母菊，图2）；放大的种子取代了管状小花（山金车，图3、图4）。

在这幅图的右上角，齐佩尔和波尔曼还展示了种子已经成熟的西洋蒲公英的花盘，以及大翅蓟的头状花序，具有辨识度的形态阶段有助于区分这2种植物。

作者展示了山金车和母菊这2种典型的菊科植物，用以说明不同的种子传播方法。西洋蒲公英、大翅蓟和山金车的种子都有冠毛，这种附属物有助于使植物的种子通过风来传播。然而，母菊、向日葵和菊花都没有这样的冠毛。这些植物的种子都集中产生于头状花序内，但它们的传播方法是不同的：西洋蒲公英的种子将被微风带走，而向日葵富有营养的种子则为饥饿的访客所青睐。

右图
名称：菊科植物
作者：赫尔曼·齐佩尔
绘制者：卡尔·波尔曼
语言：德语
国家：德国
系列/书目：《本土植物典例》
图序号：第二部；31
出版者：弗里德里希·维耶格和佐恩（德国布伦瑞克）
时间：1879年

er Pflanzenfamilien in bunten Wandtafeln mit erläuterndem Text.

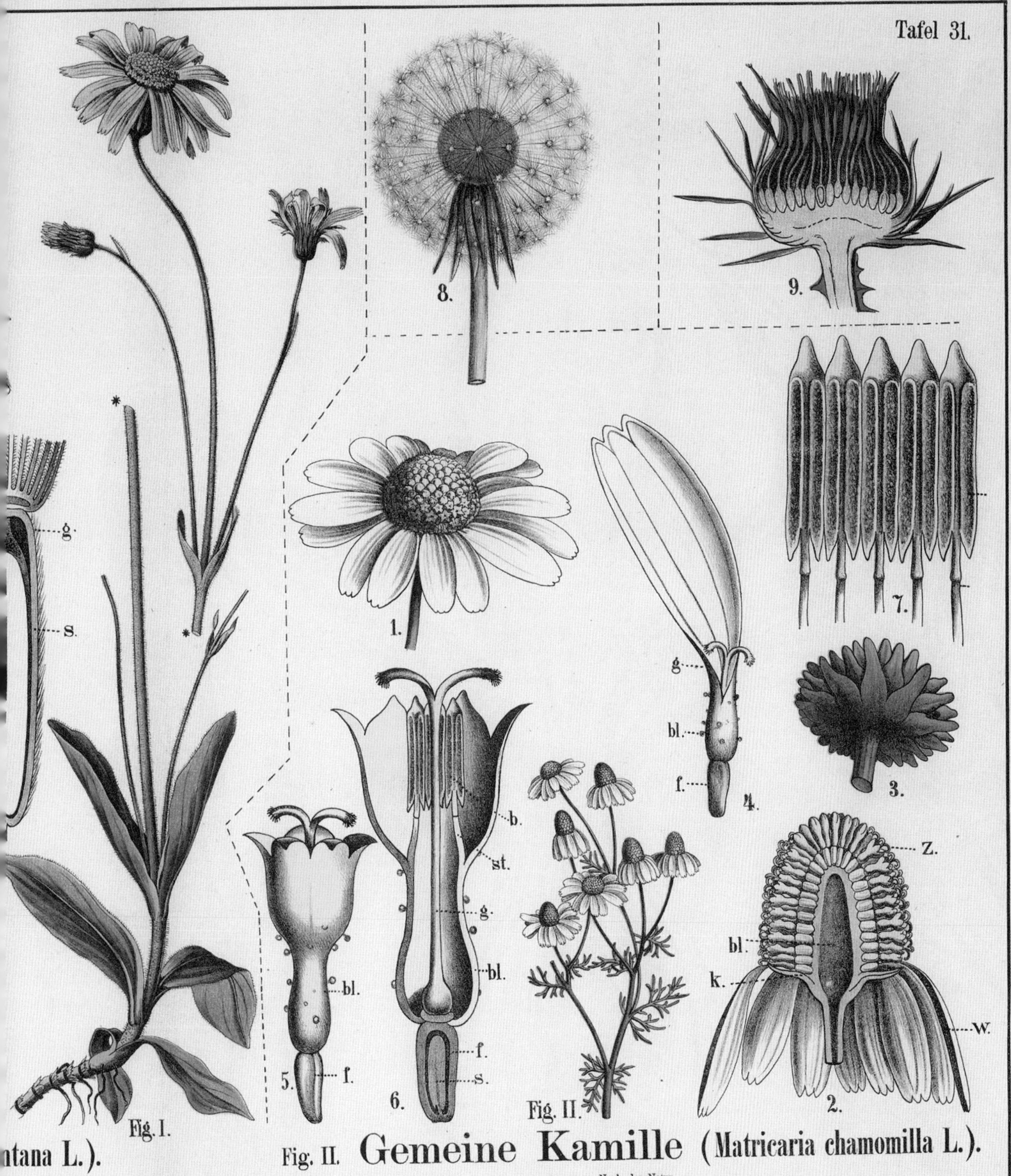

ntana L.).

Fig. II. **Gemeine Kamille** (Matricaria chamomilla L.).

Nach der Natur.

…e Strahlenblüte, 4/1, **f** Fruchtknoten, **h** Haarkrone, …mige Blume, **st** die zur Röhre verwachsenen Staub- Röhre verwachsenen Staubbeutel, **b** eins derselben. …ruchtgehäuse, **w** Würzelchen, **s** Samenlappen des

1. Einzelnes Blütenköpfchen, vergr. **2.** Dasselbe im Längsdurchschnitt, sehr vergr., **bl** gemeinschaftlicher Blütenboden, **k** der Hüllkelch, **w** weibliche Strahlenblüten, **z** Zwitterblüten der Scheibe. **3.** Hüllkelch von der Rückseite. **4.** Eine Strahlenblüte (weibl.), **f** Fruchtknoten, **bl** Blume, **g** Griffel; **5** und **6** zwei verschiedene Zwitterblüten der Scheiben, bei 5 sind die Staubbeutel eingeschlossen, bei 6 ragen sie hervor, **6.** längs durchschnitten. **f.** Fruchtknoten, **s** Samenknospe, **bl** Blume, **g** Griffel, **st** Staubfäden, **b** Staubbeutel; Fig. 6 stärker vergröss. als Fig 5. **7.** Die Staubblattröhre der Länge nach aufgeschnitten, von der Innenseite gesehen. Meist nach Berg. **8.** Gemeinschaftlicher Blütenboden mit Früchten der Kettenblume (Taraxacum officinale). **9.** Längsdurchschnit durch das Köpfchen der Eselsdistel (Onopordon Acanthium).

Herausgegeben von HERMANN ZIPPEL und CARL BOLLMANN.

Zeichnung, Lithogr. und Druck des lithogr.-artist. Instituts von Carl Bollmann, Gera

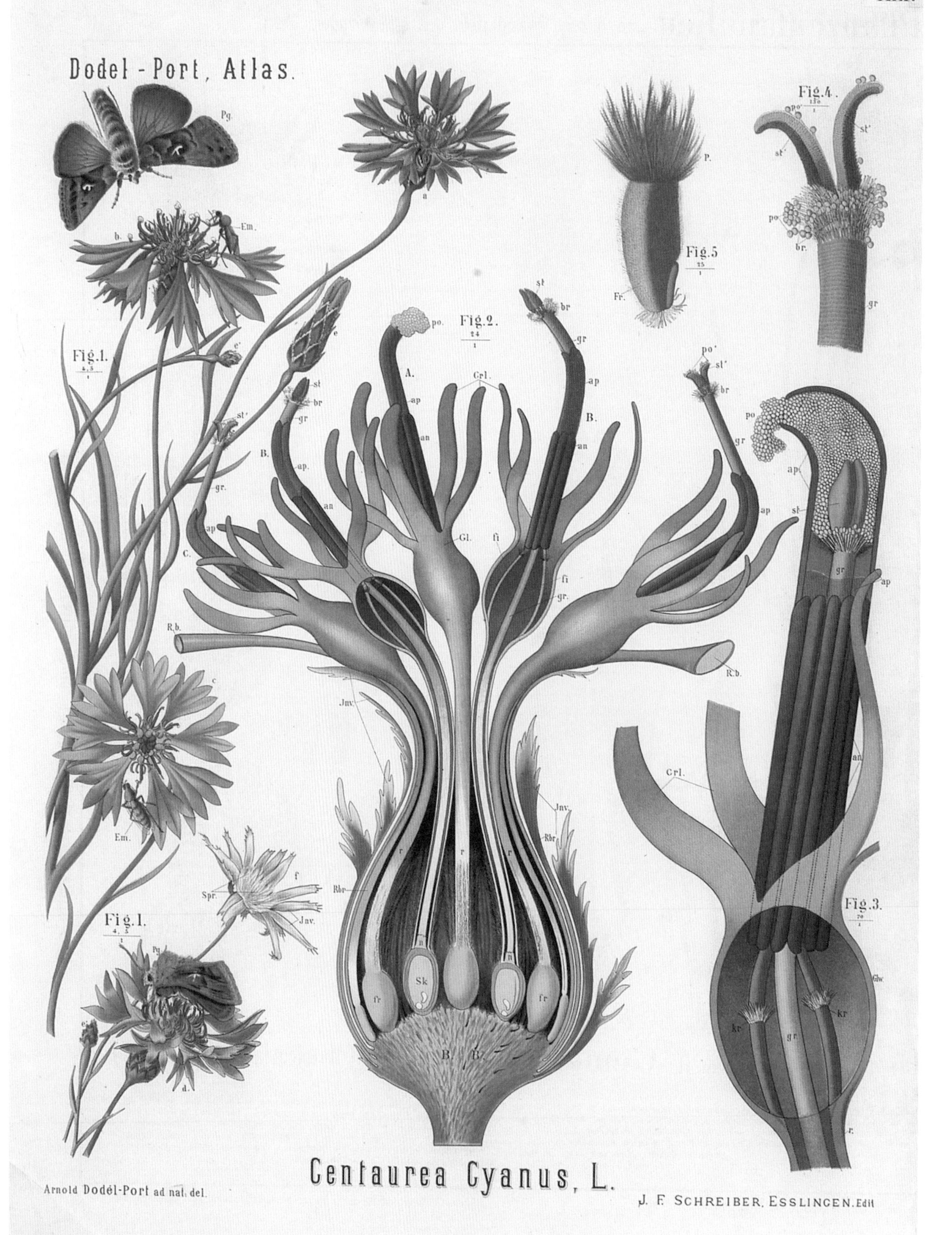
XLI.
Dodel-Port, Atlas.
Fig. 1.
Fig. 2.
Fig. 3.
Fig. 4.
Fig. 5
Centaurea Cyanus, L.
Arnold Dodél-Port ad nat. del.
J. F. SCHREIBER, ESSLINGEN. Edit

对页

在挂图的配套文本中，阿诺尔德·杜贝尔-伯特和卡洛琳娜·杜贝尔-伯特高度评价了菊科植物。与往常一样，他们阐明了创作这幅挂图的目的，并用华丽的词句解释了他们选择菊科植物的原因："以此来庆祝……自然选择的胜利"，以及"菊科植物在生存竞争中具备巨大优势"。菊科植物是吸引传粉者的专家，它们也善于利用那些来去匆匆的访客传播自己的种子。正如阿诺尔德·杜贝尔-伯特和卡洛琳娜·杜贝尔-伯特描述的那样，菊科植物的种类众多——大约有32 000种——与这种适应性有极强的联系。据估计，菊科植物的种类占所有开花植物的十分之一。由此可见，菊科植物确实是适应能力很强的生物。其中的矢车菊也不例外，它甚至拥有令人惊叹的重塑能力，矢车菊具有雌雄同体的繁殖器官，会在适当的时刻改变自己的性别。

让我们来看看花瓣之下的世界。在矢车菊的花朵开放之前，可育的雄性管状小花已经形成了裂开的花药，继而成了释放花粉的管腔。花柱耐心地在管腔的底部等待，渐渐向上推，柱头下方的硬毛将花粉推到了管腔的顶部。花朵开放后，大量花粉从管腔中冒出来。当到访昆虫轻轻触碰花药时，对运动敏感的花药随之收缩，让花粉沾染到昆虫的身体上。在花粉全部释放后，矢车菊的管状小花又过渡到了雌性形态。花柱恢复了生长，直到到达管腔的顶端。此时，可被授粉的柱头就暴露在能够带来花粉的昆虫面前了。

后页

这幅俄罗斯出版的挂图展现了一组不常见的菊科植物：一种肉质植物（俗称多肉植物）、一种生长缓慢的地被植物和一种复头状花序为球形的植物。

款冬（图1）是一种奇特的物种：它有淡紫色鳞状苞叶，花在叶子出现之前就长出来了——这是很不寻常的，因为植物主要依靠叶子进行光合作用，并以此制造满足植物生命活动需求的物质。当每根茎上长出一片心形的叶子时，款冬鲜黄色的像蒲公英似的花朵就已经完成授粉的过程了。款冬的叶面是海绿色的，叶背有叶脉和一层白色的羊毛状纤维，整体呈毛茸茸的掌状，宛如白色手套。虽然在这幅图中，款冬孤零零的头状花序上有2颗簇状种子，但在通常情况下，款冬不是从种子开始生发，而是从图中显示的越冬根中长出来的。

蝶须（图2）柔软的因为被毛而发灰色的叶子覆盖在地面上，很容易被辨识。蝶须的俗名为猫趾（pussytoes），这并不是因为叶片，而是因为在春末时，蝶须会开出茂盛的花簇，形似猫的爪垫。

蓝刺头（图3）的花序呈棒棒糖状，由白色或蓝灰色的管状小花组成。它的茎略有褶皱，呈灰绿色，其上有茸毛。蓝刺头的茎上有一排锯齿边缘的大叶片，叶面黏而多毛，叶背有白色茸毛。像很多其他菊科植物一样，蓝刺头的种子也是由风传播的长有冠毛的瘦果。

左图

名称：矢车菊
作者：阿诺尔德·杜贝尔-伯特和卡洛琳娜·杜贝尔-伯特
语言：德语
国家：瑞士
系列/书目：《植物解剖学和植物生理学图集》
图序号：41
出版者：J. F. 施赖伯（德国埃斯林根）
时间：1878—1893年

后页图

名称：菊科植物
作者：V. G. 科拉诺斯基（V. G. Chrzhanovskii）
语言：俄语
国家：俄罗斯
系列/书目：《植物系统学：附53幅图》
图序号：37
出版者：科洛斯出版社
时间：1971年

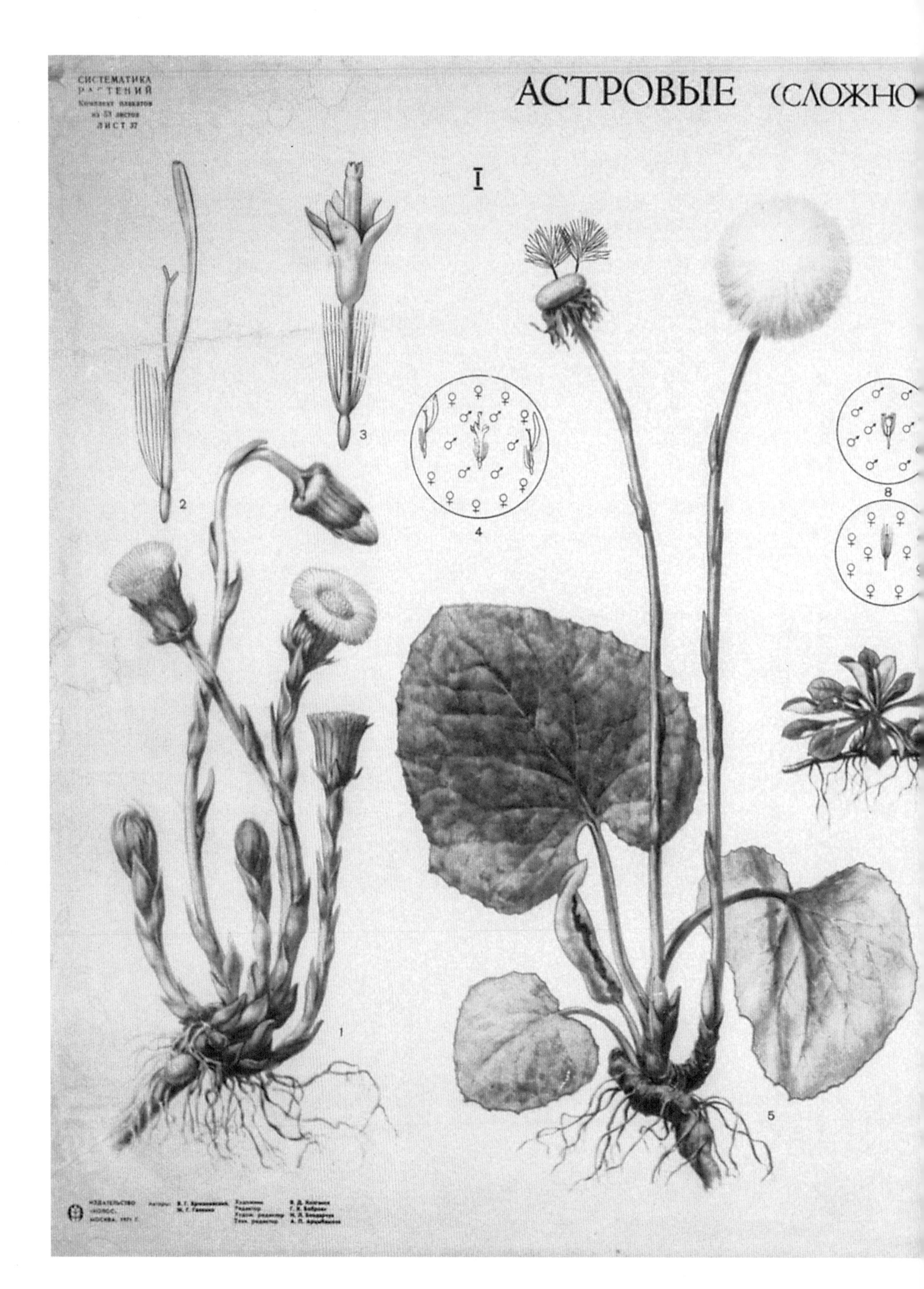
СИСТЕМАТИКА
АСТРОВЫЕ (СЛОЖНО
I
2
3
4
1
5
8

ЕТНЫЕ) – ASTERACEAE

III

11

12

13

7

6

9

10

МЕЙСТВО АСТРОВЫЕ

АТЬ-И-МАЧЕХА — Tussilago farfara

- общий вид (фаза цветения)
- язычковый цветок
- трубчатый цветок
- диаграмма соцветия
- общий вид (фаза плодоношения)

ОШАЧЬЯ ЛАПКА — Antennaria dioica

- общий вид растения с тычиночным соцветием
- верхняя часть растения с пестичным соцветием
- диаграммы соцветий

ОРДОВНИК ШАРОГОЛОВЫЙ — Echinops sphaerocephalus

10 — общий вид растения
- трубчатый цветок с частной оберткой
- разрез цветка с частной оберткой
- цветок с удаленной оберткой

[illegible]

05

十字花科

十字花科是一个庞大的家族，共有 372 个属，包括 4 060 种植物。它们大多是一年生到多年生草本植物，少数为灌木。它们通常有刺激性味道，有些植物的叶子还有胡椒味。几个世纪以来，人们广泛种植芸薹属植物作为蔬菜和饲料，比如西蓝花、抱子甘蓝、结球甘蓝（卷心菜）、花椰菜、羽衣甘蓝、擘蓝（球茎甘蓝）、樱桃萝卜（四季萝卜）、芜菁甘蓝和芜菁。这一科还有很多适合做沙拉的蔬菜，比如小松菜、水菜、芝麻菜和豆瓣菜。此外，十字花科中还有一些可以作为香料植物，比如辣根、芥菜、山葵等。

常见的观赏类十字花科植物包括：两节荠属、糖芥属、香花芥属、香雪球属、银扇草属、紫罗兰属和旱金莲属，以及在岩石花园里广受喜爱的庭荠属、南芥属和屈曲花属。碎米荠和荠菜则是人们常见的一年生十字花科植物。

虽然现在北美洲部分地区的人们将欧洲菘蓝视为一种有害的杂草，但是在古代，欧洲人对它高度重视，因为它是靛蓝染料的原料。

十字花科植物的特征包括：大多数为全缘、有齿或分裂的单叶；花整齐，或为穗状花序，或为总状花序，或为伞房状花序，通常没有苞片，花朵多为白色或黄色；4 枚分离的萼片与 4 枚分离的花瓣交替分布，通常呈十字形，“十字花科”也因此得名；通常有 6 枚雄蕊；果实是干燥的蒴果，为长角果（长度超过宽度的 3 倍）或短角果（长度不超过宽度的 3 倍）。

右图
名称：草甸碎米荠
作者：海因里希・荣格，弗里德里希・奎恩泰尔
绘制者：戈特利布・冯・科赫
语言：不详
国家：德国
系列/书目：《新植物挂图》
图序号：5
出版者：弗洛曼和莫里安（德国达姆施塔特）
时间：1902—1903年

Jung, Koch, Quentell'sche Neue Wandtafeln
Cardamine pratensis
Verlag Frommann & Morian, Darmstadt

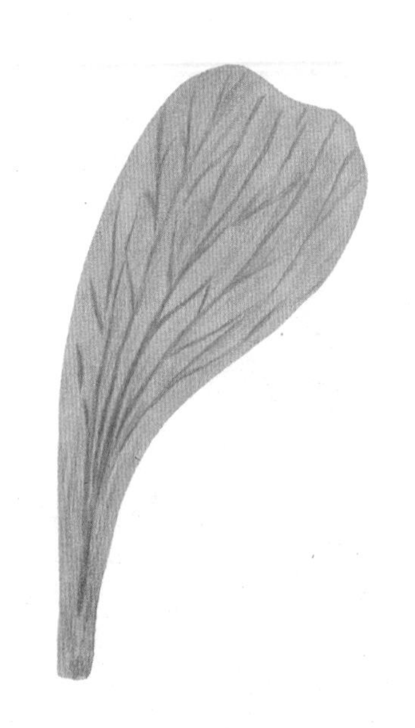

前页

草甸碎米荠最显著的特征也许就是那一簇傲立在细长花茎上的精致的淡紫色花朵。草甸碎米荠常生长在湿润草原上。传说在春天，当第一只杜鹃鸟来到时，它会悄然开花。在荣格、科赫、奎恩泰尔的挂图上，由成对的叶子组成的莲座状基生叶才是草甸碎米荠最夺人眼球的部分。当学生在教室里观看这幅挂图时，与之相比，其他部分都黯然失色。莲座状基生叶占据了挂图的很大一块版面，其上的茎微微弯曲，摇曳生姿，催人入眠。

这幅图还描述了草甸碎米荠的其他部分：一颗被剥开的迷人的长角果果实，露出了里面一排整齐的种子；一粒完整的成熟的种子和成熟种子的横截面；在左下角，有一个初生的珠芽和根。尽管十字花科植物以其细长的种荚而闻名，但也有些十字花科植物主要依靠珠芽落入土中来繁殖。

后页

分类学的一个有趣之处在于它体现了物种和栽培种之间的区别。同一物种的生物有共同的遗传学特征，而同一栽培种是野生祖先经过人工驯化后形成遗传性状比较稳定的群体。在通常情况下，某个栽培种植物的外观不会与它的祖先相差太远，但十字花科的植物并非如此。尽管外形千姿百态（至少从花的形态来看），但 10 种常见的十字花科蔬菜都属于同一物种——甘蓝。因此，从植物分类学的角度来看，这些不同的蔬菜仅仅是不同的栽培种，它们的祖先都是甘蓝。

这幅俄罗斯出版的挂图对同一种植物的不同栽培种进行了说明。

一株野甘蓝的变种——结球甘蓝（图 1）充当了排头兵，它的叶子宽而有齿，穗状花序十分纤长，这种穗状花序只在植物生长的第二年才会出现。此外，图中还有一个结球甘蓝的纵剖面，这种叶球紧实的头状结构只有在植物生长的第一年才会出现。

野甘蓝的另一个变种是球茎甘蓝（图 2）。如果我们假设这幅图的作者在图中按照同样的地面高度绘制植物，那么在这幅图的底部有一条关于植物根部的线索，暗示了这个紫色的畸形球体不是球茎甘蓝的主根，而是扩大的侧分生组织。因此，即使是种地新手，也可以毫不费力地将球茎甘蓝与甜菜区分开来。

在球茎甘蓝右边的是花椰菜（图 3）。与球茎甘蓝不同，人们种植这种芸薹属植物不是为了获得它的叶子或茎，而是为了获得花。花椰菜起伏不平的头部实际是一团未分化的变体花序，被称为“花序分生组织”。

球茎甘蓝的右边是抱子甘蓝（图 4）。它的茎上长着许多“小卷心菜”，顶上有一大丛叶子。那些“小卷心球”是抱子甘蓝的腋芽，它们会沿着细长的茎螺旋生长。

这幅图的最右边是樱桃萝卜（图 5），这也是该挂图中唯一的非野甘蓝变种蔬菜。当樱桃萝卜的主根从土壤中探出的白色“脑袋”渐渐变红后，樱桃萝卜的主根就可食用了。

与分生组织及主根一样重要的是这幅图左右两端的花序。这些花朵提醒我们，尽管外观不同，但这些植物都是十字花科的，因为它们的 4 枚花瓣在同一平面以十字形排列。

后页图

名称：十字花科植物

作者：V. G. 科拉诺斯基

语言：俄语

国家：俄罗斯

系列/书目：《植物系统学：附53幅图》

图序号：24

出版者：科洛斯出版社

时间：1971年

СИСТЕМАТИКА
РАСТЕНИЯ
ЛИСТ 24
КАПУСТНЫЕ (КРЕСТО
1
2
3
4
5
6
7
I
II
СЕМЕЙСТВО КАПУСТНЫЕ
1. КАПУСТА ОГОРОДНАЯ КОЧАННАЯ — Brassica oleracea var. capitata
1 — общий вид однолетнего растения в продольном разрезе
2 — репродуктивный побег двулетнего растения
3 — лист серединной формации двулетнего растения
4 — цветок с удаленным околоцветником
5 — лепесток
6 — плод (стручок)
7 — раскрывающийся плод

ТНЫЕ) – BRASSICACEAE
V. РЕДЬКА ПОСЕВНАЯ, РЕДИС — Raphanus sativus var. radicula
8 — общий вид
9 — цветок
10 — плоды
11 — диаграмма цветка капустных
11
9
III
IV
V
8
10

阿洛伊斯·波科尼（Alois Pokorny）总是试图用新的方法来再现植物，他总能绘制出干净、精确、美观的教学用植物挂图。与其他一些作者的作品不同，波科尼的作品有一种令人屏息的真实感，同时又带着艺术家的绘画风格。他对微妙阴影、构图不对称性、扭曲的运用，以及他对负空间敏感、准确的把握，都难以拿出来单独衡量，但整体而言，他的作品显然具有一种波科尼式的美感。

在这幅图中，阿洛伊斯·波科尼这位19世纪的博物学家——他曾是西格蒙德·弗洛伊德的老师——详细描述了欧洲油菜有性繁殖的不同阶段和种子。在挂图的右上方，亮黄色的花朵刚刚受精，从俯视和侧视的角度都可以隐约看到一个细长的绿色幼果被雄蕊围绕着。下方是发育中的子房的纵剖面，胚珠紧紧地嵌入子房中。在子房的下方，多幅图片重点展示了角果，均从母体植株上取下，分别被横向和纵向剖开。然而，这个阶段的种子尚未成熟。在角果的下方，有被剪下来的成熟种荚；裂开的角果显露出内膜及植物的后代——右边坚硬的棕色种子。

在这幅图的右下方，按照从上到下的顺序展示了种子长成新植株的过程：从刚萌发的种子到已生根发芽的幼苗。在这幅图的左侧，一株成熟的欧洲油菜正在开花，这体现了生命的周期。

右图

名称：欧洲油菜

作者：阿洛伊斯·波科尼

语言：不详

国家：德国

系列/书目：《植物学挂图》

图序号：不详

出版者：斯米乔夫（德国纽波特）

时间：1894年

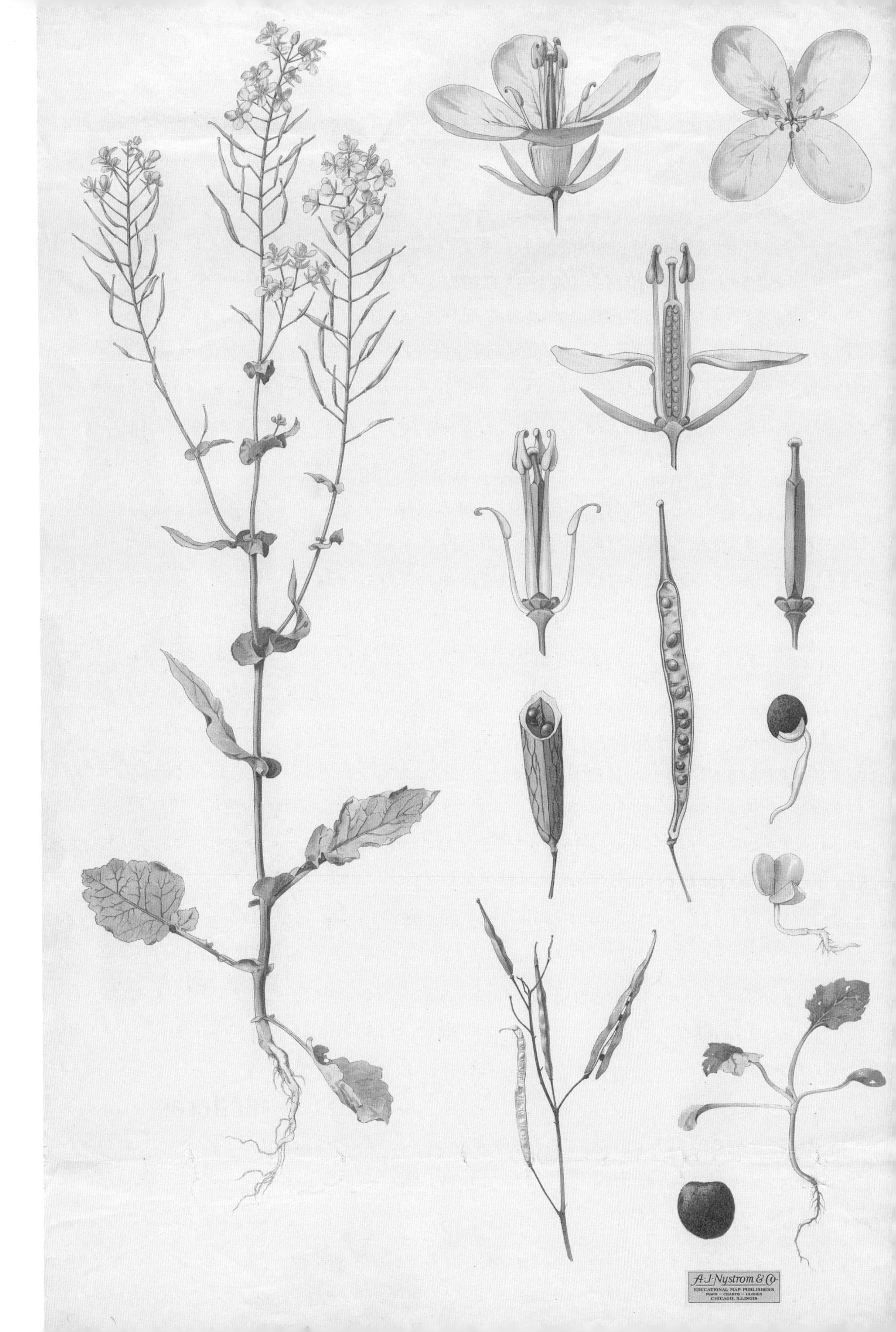
A·J·Nystrom & Co·
EDUCATIONAL MAP PUBLISHERS
MAPS – CHARTS – GLOBES
CHICAGO, ILLINOIS

如前所述，我们通常通过典型的长角果种荚识别十字花科植物。不难理解，许多植物挂图的作者都在画作中展示了这类果实，但彼得以整个十字花科中特殊的裂开的果实为主题绘制了一张挂图，这令人由衷欣慰。这幅图中大部分的果实与这一科的经典种荚毫无相似之处。事实上，对于这幅图中唯一长着典型的长角果的物种——欧亚香花芥（图 1），彼得只描绘了它的花。通过将花纵剖，彼得进一步摒弃了传统，也隐去了“十字花科”名称由来的 4 枚花瓣的典型特征。这幅图中的物种都具备十字花科植物的典型特征，但彼得不走寻常路，一反传统地选择重点展示它们不同寻常的果实。毫无疑问，彼得意识到学生在“植物学”课程中已经学过十字花科植物十字结构的花瓣和长角果了。

因此，在这幅图中，彼得展示了一些不那么为人熟知的十字花科果实：具有利剑状种荚的白芥（图 2），它的种荚中种子不多，最多 6 粒。白芥种荚的外壳不会从头到尾剥下来，而只有下面的部分会掉落，像揭开竖着的盒子的盖子。

在最右边的是野萝卜（图 3），它会长出肉质的种荚以及一些附属结构，其逐渐减小至一个扭转的尖端，像一个裂开的软木塞。在种子成熟后，大多数十字花科植物的种荚会裂开，野萝卜的种荚在种子成熟后也不会裂开。

长生葶苈（图 4）的种荚是卵形、扁平的，这可能是这幅图中与典型的长角果最相似的种荚。它的种荚两侧的外壳都会剥落，以便于种子传播。与种荚等长的半透明内膜会保留下来，就像一面镶嵌了许多小柄的镜子。

菥蓂（图 5）的种子呈扁平状，古铜色。它的种荚会垂直裂开，将种子播撒出去。菥蓂会保留着如同纸皮般的种荚外壳，直到所有种子都散落。

球果芥（图 6）因其果实而得名。

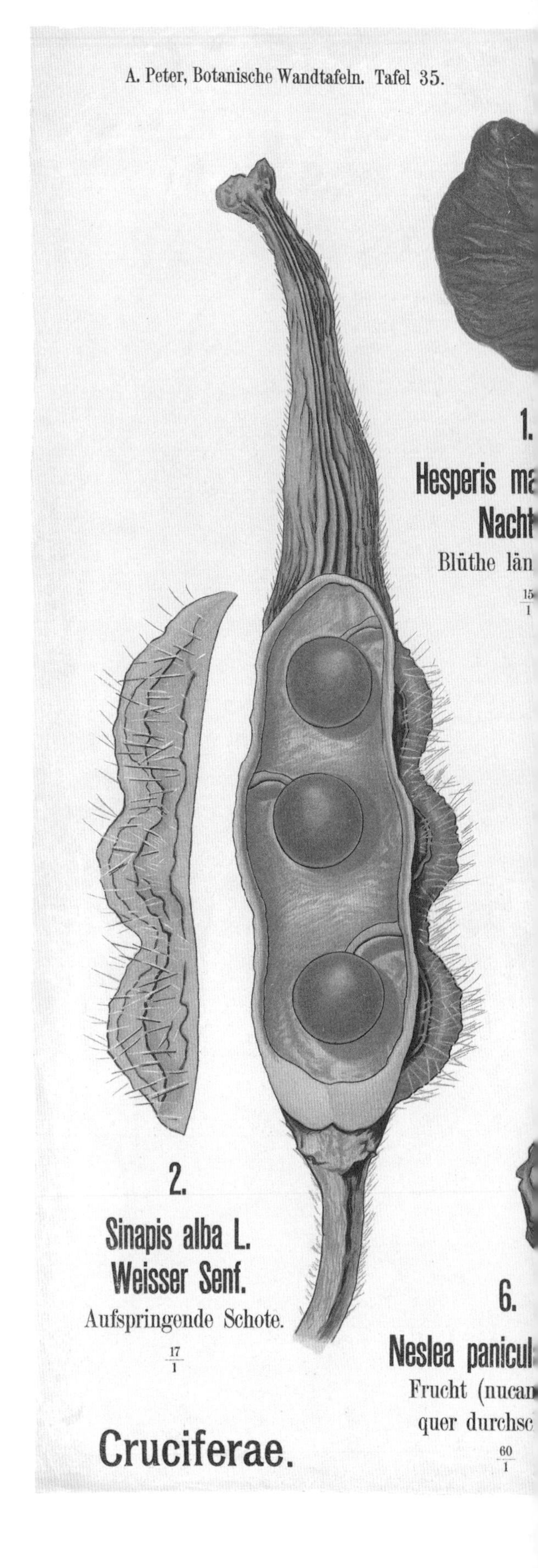

右图

名称：十字花科

作者：艾尔伯特・彼得

语言：德语

国家：德国

系列/书目：《植物挂图》

图序号：35

出版者：保罗・帕雷（德国柏林）

时间：1901年

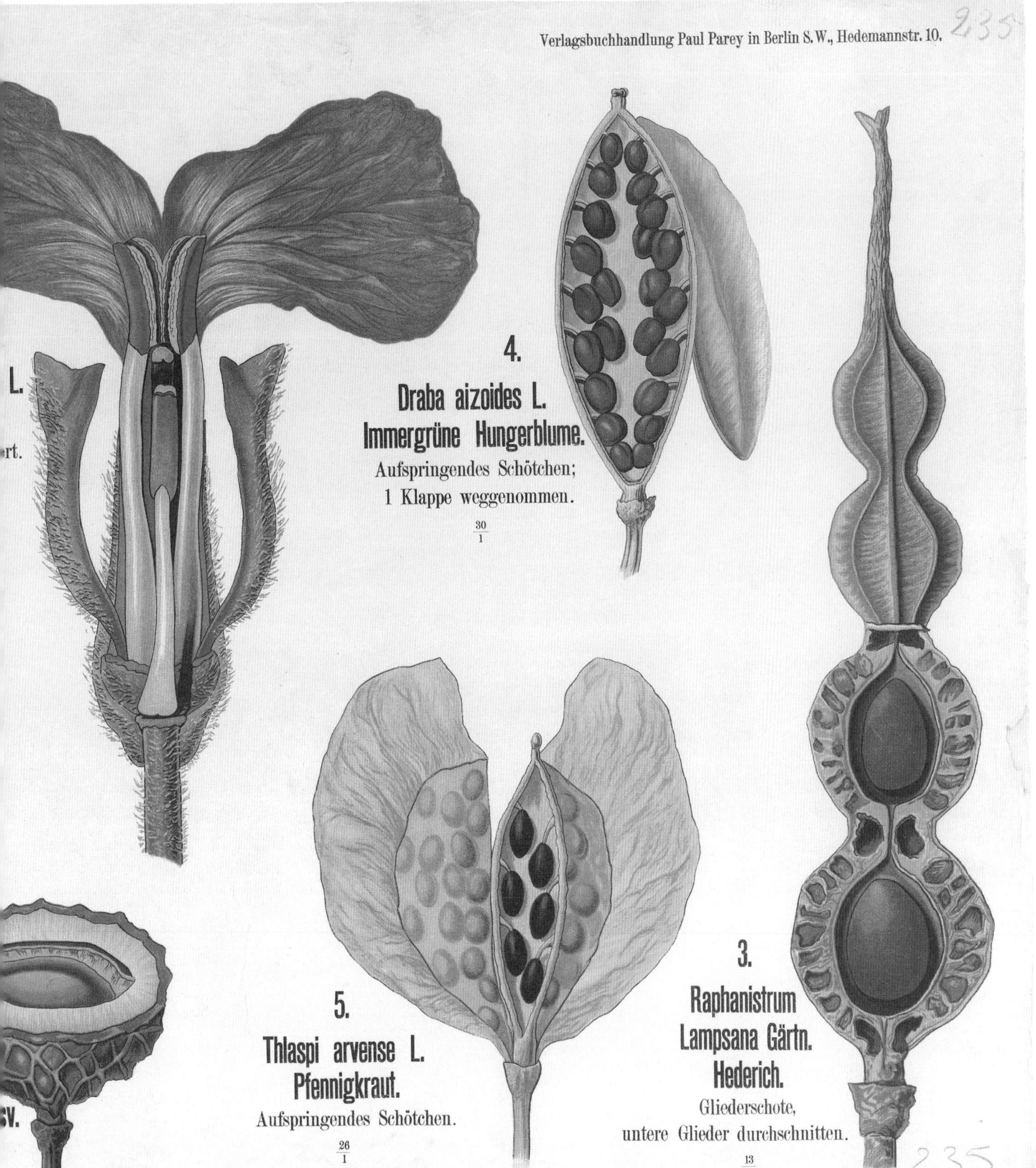

Verlagsbuchhandlung Paul Parey in Berlin S.W., Hedemannstr. 10. 235

L.

rt.

4.
Draba aizoides L.
Immergrüne Hungerblume.
Aufspringendes Schötchen;
1 Klappe weggenommen.

$\frac{30}{1}$

sv.

5.
Thlaspi arvense L.
Pfennigkraut.
Aufspringendes Schötchen.

$\frac{26}{1}$

3.
Raphanistrum
Lampsana Gärtn.
Hederich.
Gliederschote,
untere Glieder durchschnitten.

$\frac{13}{1}$

235

E. Hochdanz, Stuttgart.

06

石竹科

石竹科共有 91 个属，包括 2 456 种植物，主要分布在北温带地区。石竹科植物主要为一年生或多年生草本植物，其中园艺植物包括麦仙翁属、石头花属、剪秋罗属、肥皂草属和蝇子草属等。石竹科植物中也有一些属于原野杂草：荷莲豆草属、硬骨草属、灰卷耳属、指甲草属和繁缕属。

石竹科中著名的属是石竹属，石竹科的昵称“粉色植物科”也因此得名。石竹属包括了常见的康乃馨、高山石竹。康乃馨出现在中世纪晚期僻静的花园里，也出现在拉斐尔（Raphael）著名的文艺复兴时期绘画作品《粉红色的圣母》中，象征着圣母玛利亚的眼泪。一些高山石竹在它们的野生栖息地正濒临灭绝。生存受威胁的还有皇家蝇子草，其花萼上的黏毛可以捕获昆虫，而它生长的北美大草原正在逐渐消失。

石竹科植物的特征包括：通常为单叶对生，无托叶；茎通常纤弱或易断，有突出的茎节；4 或 5 枚萼片，离生或融合形成萼筒；4 或 5 枚花瓣；通常有 8 到 10 枚雄蕊；花序单生或排列为聚伞花序，通常为二歧聚伞花序；果实为瘦果、浆果或坚果。

右图

名称：康乃馨

作者：保拉·曼弗雷迪

语言：意大利语

国家：意大利

系列/书目：《简单植物学：森林、池塘和草原》

图序号：未知

出版者：安东尼奥·瓦拉迪（意大利米兰）

时间：1923年

GAROFANO
ANTONIO VALLARDI EDITORE · MILANO

前页

众所周知，康乃馨是别在纽扣孔上的插花，也与母亲节有着密不可分的关系。此外，它还具有国际公认的影响力。自 19 世纪后期以来，高举康乃馨的行为代表劳动阶级、左翼政党、革命者和无产阶级相关的运动。在距今较近的时期内，康乃馨出现在葡萄牙首都里斯本的各条街道上，以庆祝一场成功的军事政变和公民抵抗运动。士兵和市民走上街道欢呼呐喊，步枪枪口插着康乃馨，孩子们的手里也拿着康乃馨。人们把这场几乎没有流血的胜利称为“康乃馨革命”。

在意大利，康乃馨在历史上是五一国际劳动节的象征，而五一国际劳动节是工人阶级、春天、青春和成长的庆典。在意大利植物学家保拉·曼弗雷迪（Paola Manfredi）创作的挂图中，康乃馨有着高大的茎秆、茂盛的聚伞花序、披针形叶片，根系发达。在康乃馨植株的右侧，曼弗雷迪展示了康乃馨的花朵纵剖面，包括柱头、雄蕊和近乎对称的子房。在其下方，曼弗雷迪描绘了向外张开的有 8 枚雄蕊的雄蕊群和一颗裂开的蒴果。

在母亲节、五一国际劳动节、康乃馨革命之前，威廉·莎士比亚（William Shakespeare）已经对康乃馨进行了描述：“这个季节，最美丽的花当数康乃馨……”（《冬天的故事》第四幕第三场）

后页图
名称：石竹目
作者：赫尔曼·齐佩尔
绘制者：卡尔·波尔曼
语言：德语
国家：德国
系列/书目：《本土植物典例》
图序号：第二卷，41
出版者：弗里德里希·维耶格和佐恩（德国布伦瑞克）
时间：1879年

后页

齐佩尔和波尔曼以图解举例说明石竹目，该目植物包括12个科，其中以植物名称命名的石竹科植物的种数排在番杏科、苋科和仙人掌科之后，位列第4。其实，这并不奇怪，植物分类不是固定的，因此科和目的分类可以像重新命名物种那样重新划分。因此，这幅图里描绘的4种植物中，有3种属于石竹科，1种属于石竹目下的其他科，也就不足为奇了。这幅挂图的标题是石竹目，指的是整个目，作者并非有意混淆。

肥皂草（图1）是一种常见的多年生植物，它生长在环境杂乱的地区，特别是灌木篱下和路边。一本于1847年在美国出版的农业植物工具书将其描述为"一种引人注目的杂草，在建筑物旁大面积生根蔓延，使农场看起来杂乱不堪"（《农业植物学》，威廉·达林顿著）。然而，在欧洲本土，肥皂草（*Saponaria officinalis*）在很长的一段时期内都是制作皮肤药膏（"officinalis"指一种植物的医学特性）和温和型肥皂（"Saponaria"源自拉丁语"sapo"，意思是肥皂）的原料。

硬骨繁缕（图2）原产于欧洲中西部地区，因能有效缓解缝合疼痛而被称为"针草"。1863年的一项记载印证了这个说法，"他们在葡萄酒中加入针草，就不用加入橡子粉来减轻疼痛感了"（《英国植物俗名大全》，亚历山大·普赖尔著）。

关于线球草（图3），1796年出版的一本书里面讲到，"在沙质土壤（尤其是休耕的田野）中，没有什么杂草比线球草更常见了"（《英国植物彩图》，詹姆斯·爱德华·史密斯和詹姆斯·索比尔著）。正如线球草（*Scleranthus annuus*）的拉丁名称中的"annuus"暗示的那样，这一物种是一年生植物。不过，齐佩尔十分自信地表示，线球草的生命力极强，每年春天都能看到新的线球草生长出来。

在这幅图中，马齿苋科的马齿苋（图4）显得与众不同，它的叶片肥厚多汁。

Repräsentanten einheimischer Pfla
II. Abteilung: Nelkenartige.
Die Abbildungen, welche nicht besprochen werden, sind zu verhängen!
7.
g.
s.
5.
2.
3.
1.
a.
b.
8.
9.
1a.
6.
4.
Fig. I.
Gemeines Seifenkraut
(Saponaria officinalis L.).
Nach der Natur.
1. Fruchtkapsel; 1a. gedrehte Blütenknospenlage; 2. einzelne Blüte; 3. dieselbe im Längsschnitt, g Griffel, s Samenknospen; 4. die fünf freien Staubblätter mit dem Griffel; 5. ein am Grunde mit den Nägeln der Blumenkrone verwachsenes Staubblatt; 6. aufgesprungener Kelch; 7. ein Same; 8. derselbe im Längsschnitt; 9. Blütengrundriss von Dianthus plumarius nach Eichler.
Gr
1. Einzelne Blü
Kelches; 3. ein
He
Verlag von FRIEDRICH VIEWEG & SOHN, Braunschweig.
Herausgegeben von HERMAN

enfamilien in bunten Wandtafeln mit erläuterndem Text.

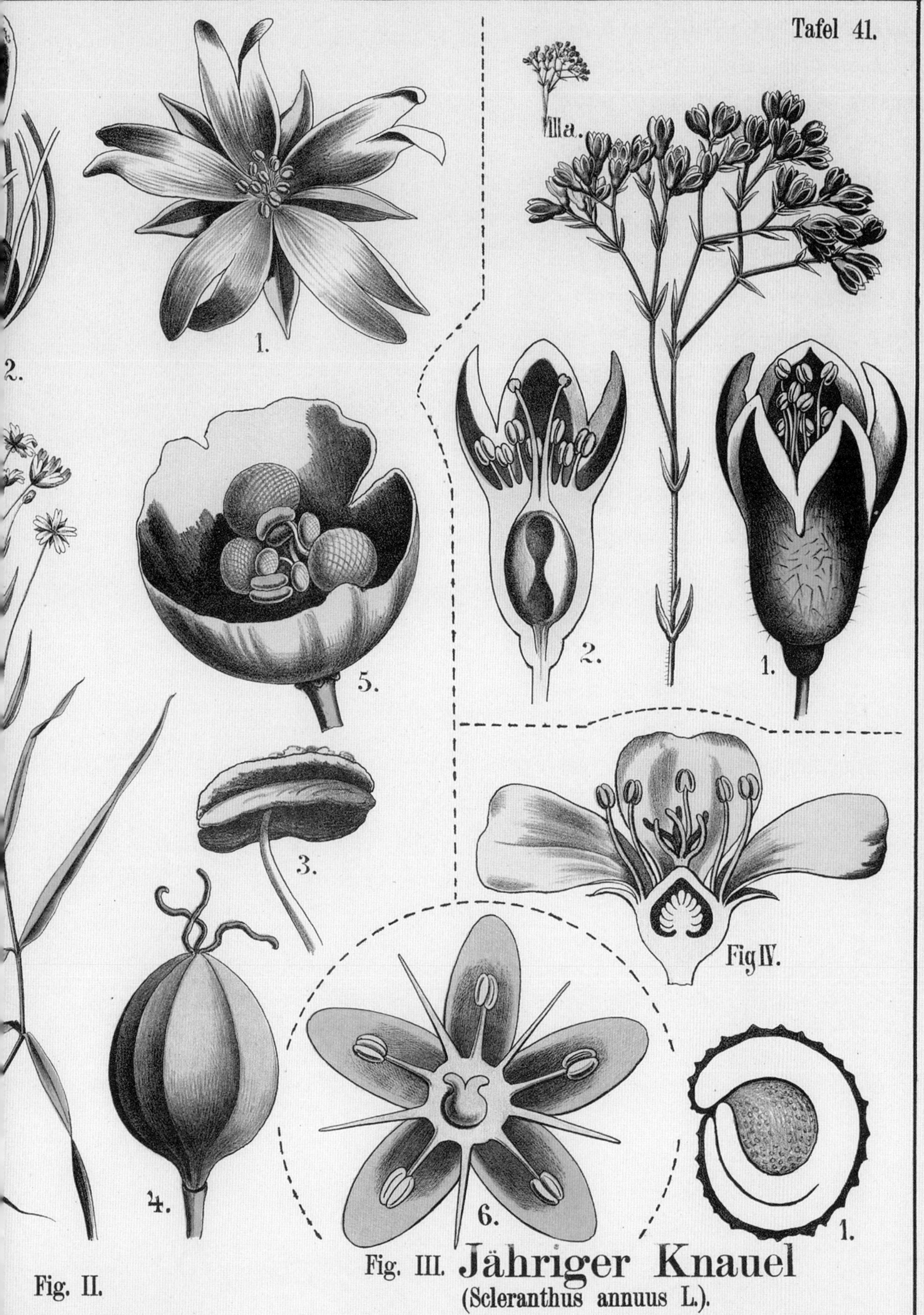

Fig. II.

umige Sternmiere

aria holostea L.).

eselbe nach Entfernung der Blumenkrone und des
tt; 4. Frucht; 5. geöffnete Frucht; 6. Blüte von
bra L. Fig. 1 bis 6 sehr vergrössert.

Fig. III. **Jähriger Knauel**

(Scleranthus annuus L.).

Nach der Natur. IIIa in natürlicher Grösse. 1. Einzelne Blüte; 2. dieselbe im Längsschnitt.

Fig. IV. Längsschnitt der Blüte vom **gem. Portulak**

(Portulaca oleracea L.).

nach H. Wagner.

1. Längsschnitt der Frucht nach Thomé.

EL und CARL BOLLMANN.

Zeichnung, Lithogr. und Druck des lithogr.-artist. Instituts von Carl Bollmann, Gera.

虽然白玉草、粘蝇子草和布谷鸟剪秋萝既不是革命之花，也不像革命的象征，但是如果仔细看就会发现，埃米尔·科尔斯莫所描绘的3种石竹科野草（或是系列标题标出的“杂草”）在形态和组成上都与保拉·曼弗雷迪描绘的康乃馨很相似。

最值得注意的是，从截面和整体上看，科尔斯莫的挂图中所描述的3种花的花瓣、雄蕊和雌蕊都是几乎对称排列的，尤其是特别高的雄蕊。在白玉草的挂图上，尽管花序是低着头的，但位于中央的花是直立的。尽管科尔斯莫描绘的白玉草的筒状花冠与康乃馨相似，但膨胀的花萼可以将它们区分开。

原产于沙质草地和干燥山坡的粘蝇子草在图中有着像草一样高耸的叶子和高挺的茎秆。圆锥花序下方的黏性分泌物能够粘住食草昆虫和偷蜜贼，因此这种植物又被称为捕虫草。

粘蝇子的右边是与其形成绝佳搭配的布谷鸟剪秋萝，它们在一起可以阐明这幅挂图所描绘的2种植物的特征。科尔斯莫曾以相同的方式解剖、排列这2种植物。紧密相连的星形花瓣、黑色种子和披针形叶片，是布谷鸟剪秋萝在草地和农田中区别于其他2种植物的显著特点。

右图

名称：66号白玉草

作者：埃米尔·科尔斯莫

绘制者：克努特·奎尔普鲁德

语言：德语、英语、法语、挪威语

国家：挪威

图序号：44

系列/书目：《杂草图》

出版者：挪威海德鲁公司（挪威奥斯陆）

时间：1934年

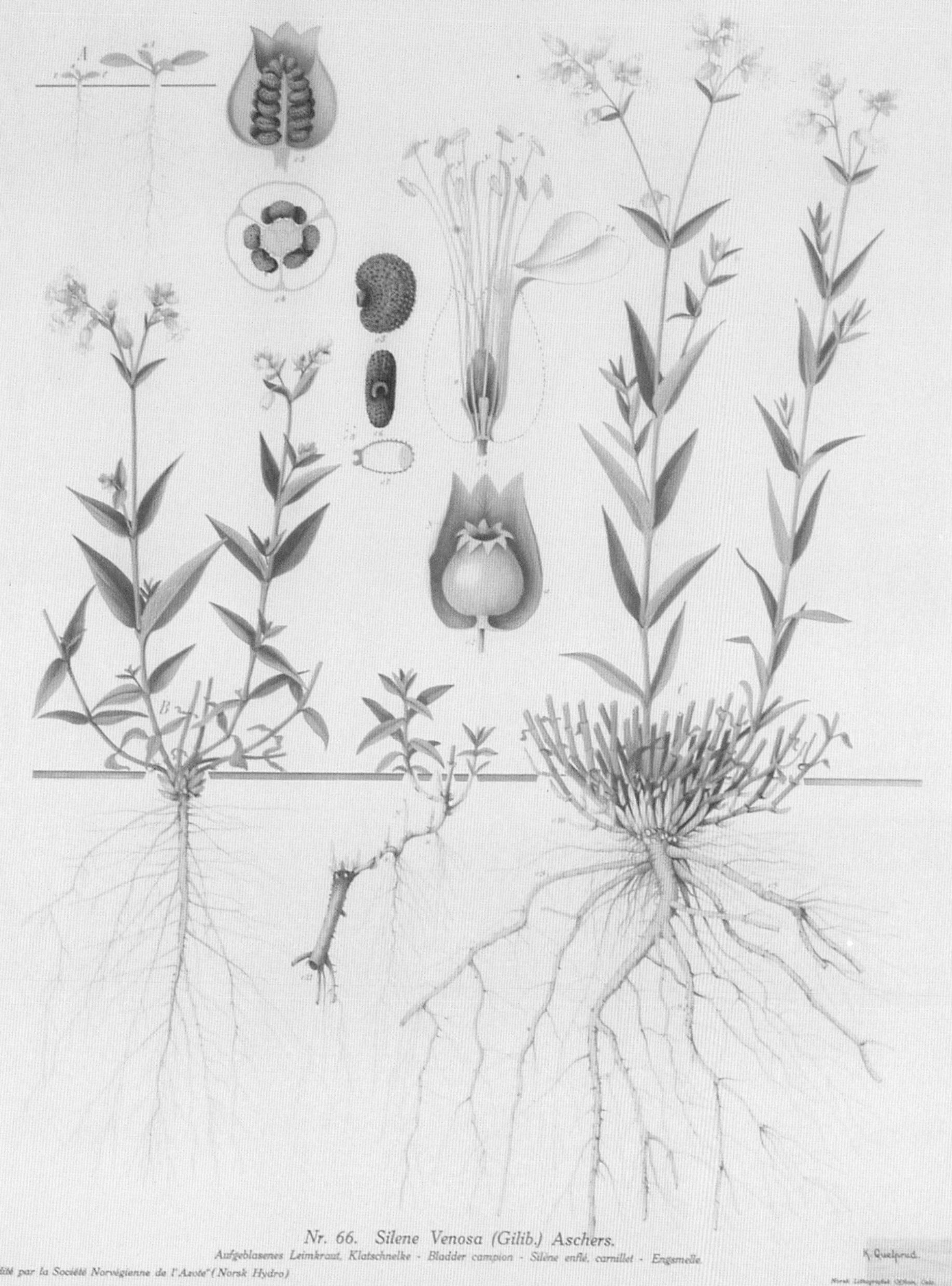
E. Korsmo
Unkrauttafeln - Weed plates - Planches des mauvaises herbes - Ugresplansjer
XLIV
Nr. 66. Silene Venosa (Gilib.) Aschers.
Aufgeblasenes Leimkraut, Klatschnelke - Bladder campion - Silène enflé, carnillet - Engsmelle
„Edité par la Société Norvégienne de l'Azote" (Norsk Hydro)

E. Korsmo

Unkrauttafeln - Weed plates - Planches des mauvaises herbes - Ugressplansjer

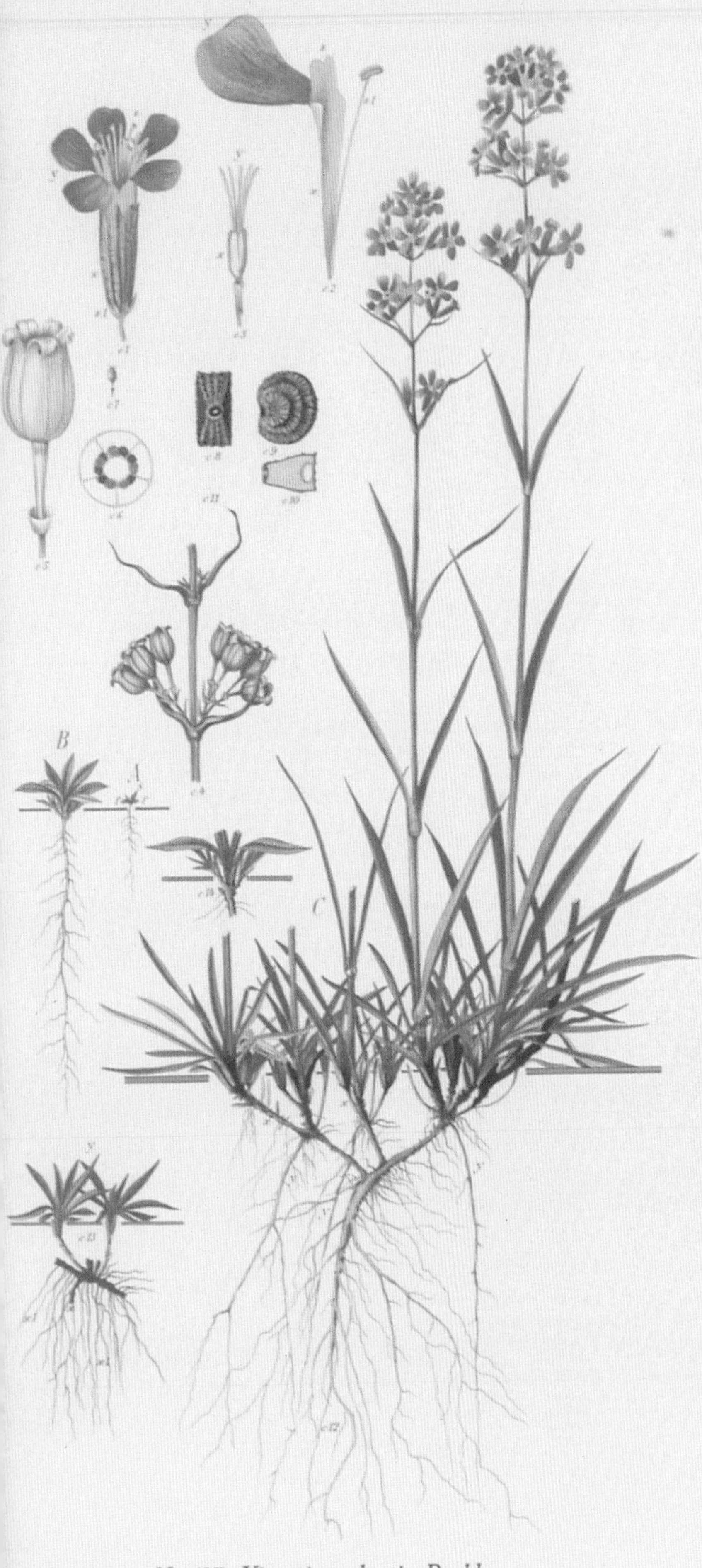

Nr. 127. Viscaria vulgaris Roehl.

Gemeine Pechnelke - Viscid campion - Oeillet de Janséniste - Engtjæreblom.

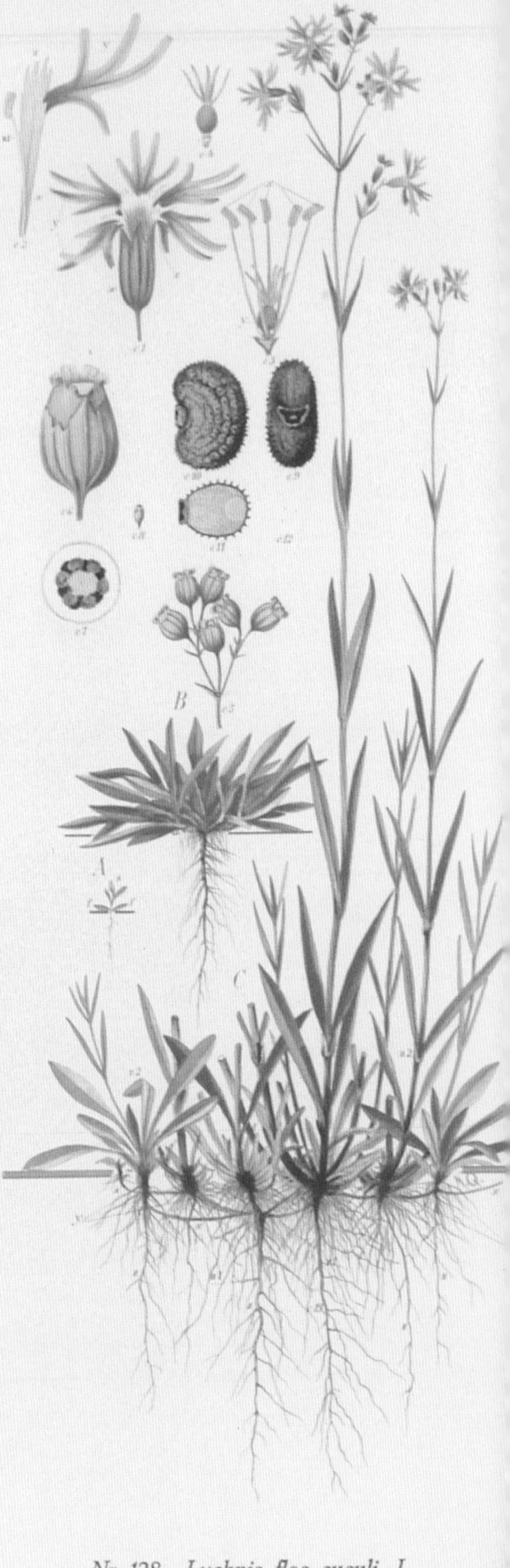

Nr. 128. Lychnis flos cuculi L.

Kuckucks-Lichtnelke, Gauchraden - Ragged robin - Fleur de coucou - Hanek

„Edité par la Société Norvégienne de l'Azote" (Norsk Hydro)

Norsk Lithografisk O

左图

名称：第127号粘蝇子草；

第128号布谷鸟剪秋萝

作者：埃米尔·科尔斯莫

绘制者：克努特·奎尔普鲁德

语言：德语、英语、法语、挪威语

国家：挪威

系列/书目：《杂草图》

图序号：81

出版者：挪威海德鲁公司（挪威奥斯陆）

时间：1934年

07

旋花科

旋花科是一个相当统一的科，包括 67 个属，共有 1 296 种植物，分布在温带和热带地区，通常为一年生、多年生草本或木质攀缘植物。因其引人注目的喇叭状花朵，人们也把它称为“牵牛花科”，得名于广受欢迎的园艺植物番薯属的牵牛花。番薯属中的植物往往因为具有经济价值而为人们重视。旋花属的很多植物在形态上与番薯属植物十分相似，因此很多旋花属植物成了入侵花园和田地的杂草，比如田旋花，仅有一些旋花属植物是在园林内栽培的。番薯和空心菜被人们当作食物。菟丝子属植物与一般植物大不相同：这个属的植物是寄生藤本植物；它们几乎没有叶绿素，因此不能进行光合作用；它们的叶片往往退化为鳞片状；它们缠绕在宿主的茎上，以便从宿主体内吸取营养。

旋花科植物的特征包括：通常为单叶，互生；5 枚萼片，分离或基部合生；5 枚花瓣，形成管状、钟状或漏斗状花冠；5 枚雄蕊与花冠裂片互生；聚伞花序，或单生花，或簇生花序；果实为蒴果或浆果；茎叶折断后会流出乳白色液体；植株通过缠绕攀爬。

右图
名称：聚花菟丝子
作者：阿诺尔德・杜贝尔–伯特和卡洛琳娜・杜贝尔–伯特
语言：德语
国家：瑞士
系列/书目：《植物解剖学和植物生理图集》
图序号：30
出版者：J. F. 施赖伯（德国埃斯林根）
时间：1878—1893年

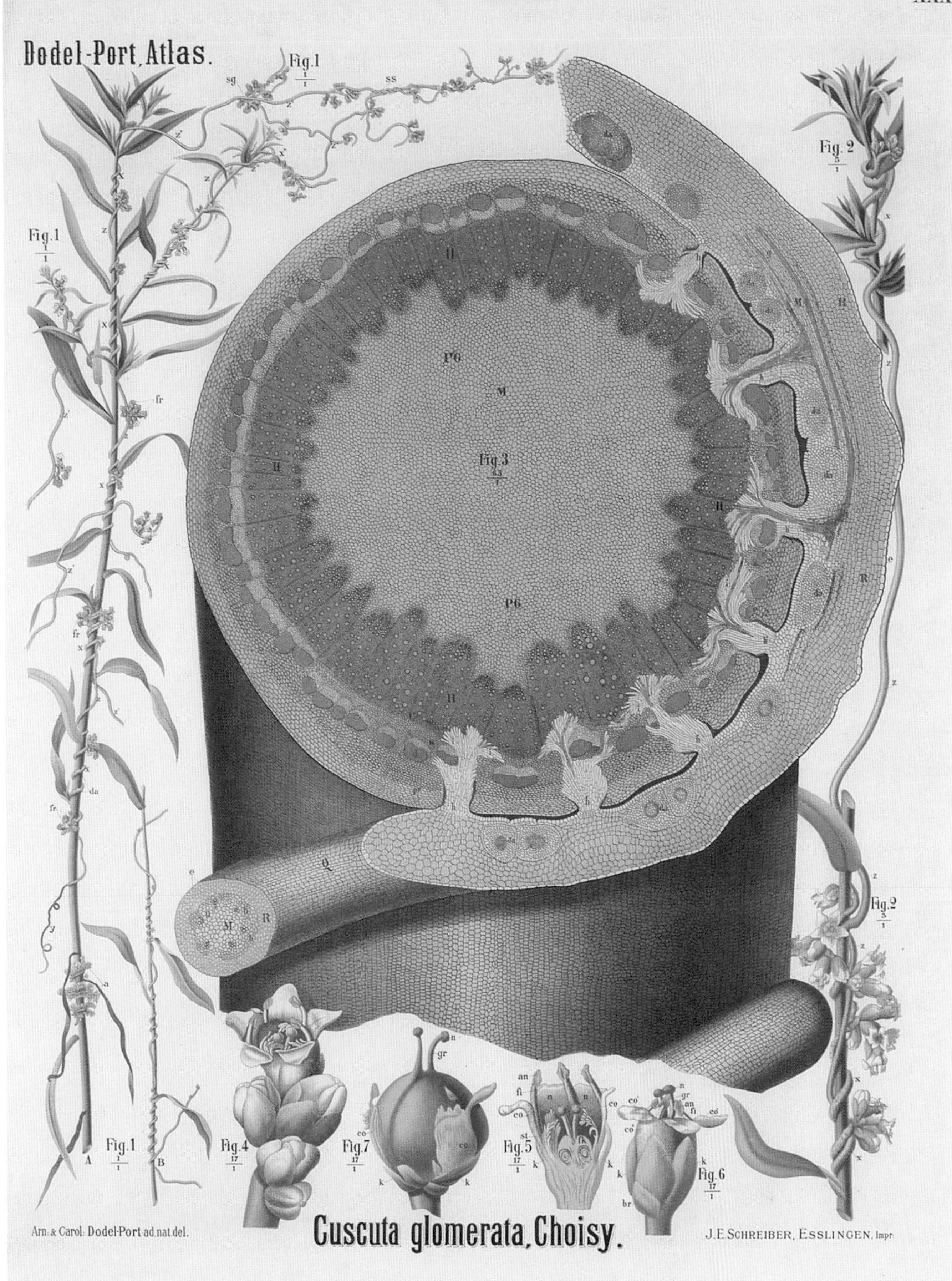
XXX.
Dodel-Port, Atlas.
Fig.1
Fig. 2
Fig.3
Fig.4
Fig.5
Fig.6
Fig.7
Arn. & Carol: Dodel-Port ad nat. del.
Cuscuta glomerata, Choisy.
J.E. SCHREIBER, ESSLINGEN, Impr.

前页

到了 19 世纪，植物学家以能够从另一种植物中吸取营养作为寄生植物的定义。尽管此前植物学家已经进行了几个世纪的观察研究，但这种现象究竟是如何产生的仍旧是个未解之谜。直到 19 世纪，植物学家运用光学显微镜，才能够观察到被称为吸器的构造。最终，阿诺尔德·杜贝尔－伯特和卡洛琳娜·杜贝尔－伯特抓住了这个机会，并对这些特化的结构进行剖析，他们决心研究聚花菟丝子。他们不仅成功了，还因为揭开了一个令植物学家困惑的物种的神秘面纱而备受称赞。在他们的《植物解剖学和植物生理图集》出版并发行后，教室里都张贴着他们的研究成果。

菟丝子属植物既没有根也没有叶绿素（或者很少），因此它们从其他植物中吸取营养，聚花菟丝子也一样。阿诺尔德·杜贝尔－伯特和卡洛琳娜·杜贝尔－伯特花了 10 年的时间研究聚花菟丝子的解剖学结构，然后在一张挂图上展示了它们的微观结构。在这幅图中，宿主的茎、聚花菟丝子的茎及其吸器的细胞结构被放大展示。这个横切面显示了 7 个吸器，聚花菟丝子将吸器刺入宿主体内并吸取营养。吸器是一个会扩张的附属结构，在感知到一个有吸引力的宿主时就会释放溶解细胞壁的酶，然后刺入宿主体内并在宿主内生长，吸收水分和营养物质。

严谨的科学家和精湛的艺术家阿诺尔德·杜贝尔－伯特和卡洛琳娜·杜贝尔－伯特制作了一张既精确又全面的挂图。在这幅图的左侧，聚花菟丝子缠绕着宿主（图 1）；这幅图的下方详细展示了聚花菟丝子花序、花朵、雄蕊、雌蕊以及正在发育的果实。在这幅图的右侧，在一段放大的茎上，花在藤蔓的两侧平行生长（图 2）。这种像绳子般的花序是聚花菟丝子的显著特征。

对页

在这幅图中，利奥波德克·尼进一步放大了菟丝子及其宿主的图像。在这里，三叶草菟丝子缠绕红车轴草的茎。在这幅详细的图解中，人们可以区分表皮、木质部和韧皮部，大致判断细胞壁的厚度，并观察破裂的细胞膜和 2 个侵入宿主体内的吸器。

右图

名称：三叶草菟丝子

作者：利奥波德克·尼

语言：德语

国家：德国

系列/书目：《植物学挂图》

图序号：104

出版者：保罗·帕雷（德国柏林）

时间：1874年

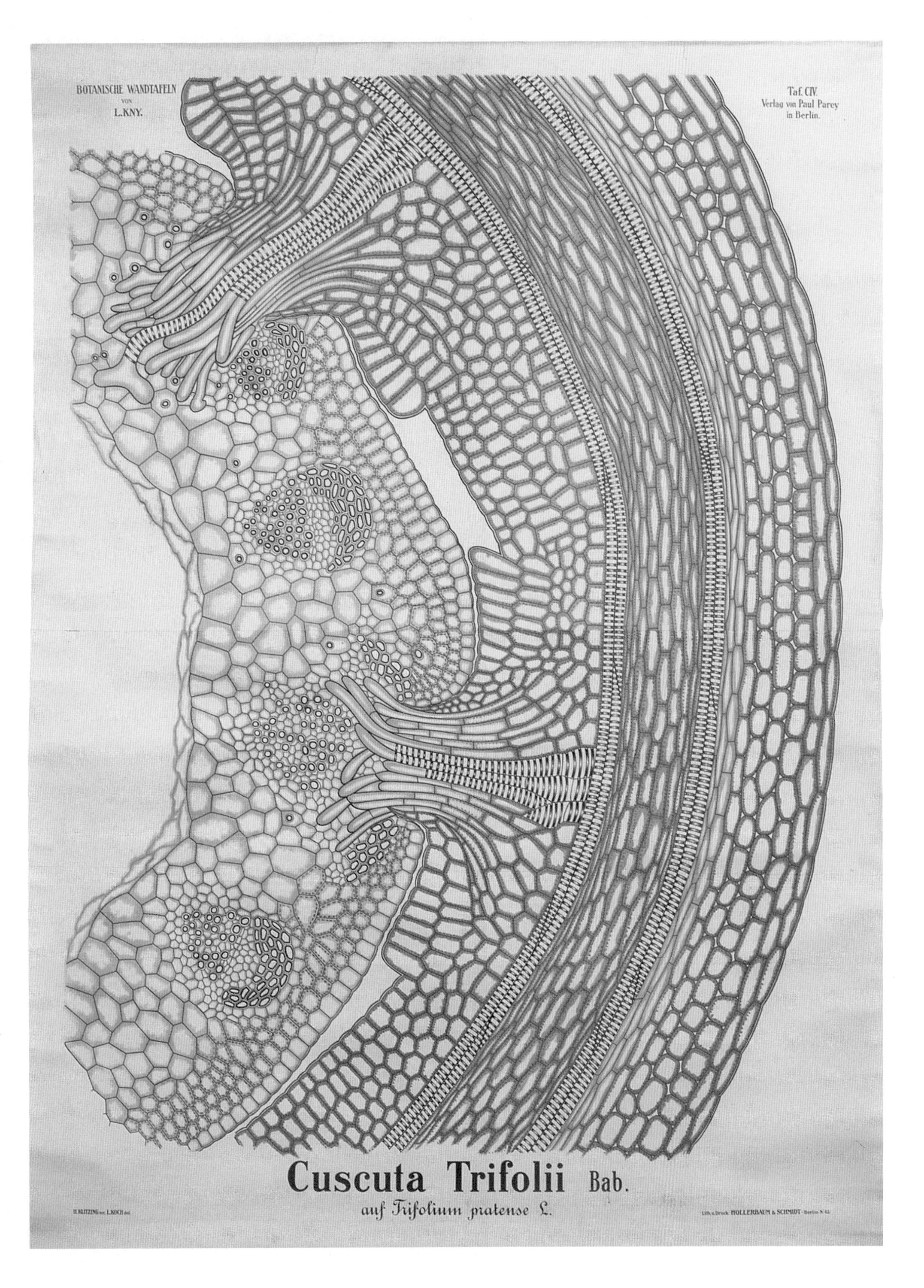
BOTANISCHE WANDTAFELN
VON
L. KNY.
Taf. CIV.
Verlag von Paul Parey
in Berlin.
Cuscuta Trifolii Bab.
auf Trifolium pratense L.
H. KLITZING sc. L. KOCH del.
Lith. u. Druck HOLLERBAUM & SCHMIDT · Berlin N. 65

这幅图是荣格、科赫和奎恩泰尔画的欧洲菟丝子。除了绘制了在宿主体内吸取营养的吸器的微观视图外，他们还绘制了欧洲菟丝子和宿主的整体情况，具体描述了欧洲菟丝子逆时针缠绕的丝状茎（整洁修剪过的）和簇生花序。在图的右边，我们可以看到1朵花的3个不同角度的视图：1个从外面看的侧视图，2个剖面图展示了欧洲菟丝子的繁殖器官。欧洲菟丝子通常是由昆虫传粉的，每朵小花可能会产生两三粒种子，这可不是一个小数目，因为每株欧洲菟丝子都有大量花朵，加起来可能产生数千粒种子。在这幅图的底部，5株欧洲菟丝子的幼苗从土里钻了出来。由于没有其他途径获得营养，如果这些幼苗在几天内没有找到宿主，那么它们就会死亡。欧洲菟丝子的种子拥有非常坚硬的外壳。直到外壳破碎或种子吸收足够多的水将外壳软化后，种子才会发芽。只有大约5%的欧洲菟丝子的种子会在它们产生的那一年发芽，为防止找不到合适的宿主，这是一个聪明的策略。欧洲菟丝子的种子可以在土壤中休眠20年以上。

右图

名称：欧洲菟丝子

作者：海因里希·荣格，弗里德里希·奎恩泰尔

绘制者：戈特利布·冯·科赫

语言：不详

国家：德国

系列/书目：《新植物挂图》

图序号：31

出版者：弗洛曼和莫里安（德国达姆施塔特）

时间：1902—1903年

Verlag Frommann & Morian, Darmstadt

在花园里，牵牛花（番薯属）和田旋花（旋花属）受欢迎的程度截然不同。前者被人精心栽培，后者却无人问津。虽然牵牛花不会受到旋花侵略性蔓延的影响，但园艺学家还是需要区分这两种不同属的植物。然而，分辨它们并不是件容易的事情，我们只能根据几条线索来区分它们，其中一个就是叶片的形状，番薯属植物的叶片是心形的，旋花属植物的叶片是箭头状的。

埃米尔·科尔斯莫的《杂草图》包括两种相似的旋花科植物的挂图，这绝不是为了卖弄学问。科尔斯莫通过展示这 2 幅挂图来强调它们的共同特征，以及 2 种植物之间的显著差异。实际上，科尔斯莫创作的这两幅挂图都是由 2 个部分组成的：科尔斯莫分析了这 2 个部分之间的共同之处，而不是将植物组织结构和生命周期的完整内容压缩到一幅挂图中。在《杂草图》中，科尔斯莫都是这么做的。

关于田旋花的挂图充分描绘了田旋花根系强大的生长能力。在另一幅图中，篱打碗花花朵的侧视图体现了打碗花属植物标志性的漏斗形状。科尔斯莫的挂图中给了 2 种植物的根足够的空间展示出其生长、缠绕和攀缘的样子，所有的旋花属植物都是这样的。

田旋花原产于欧亚大陆，几个世纪以来在众多国家都不受欢迎。田旋花在历史上是臭名昭著的杂草，有着顽强的再生能力，难以清除，所以拥有很多别称，比如恶魔的肠子、爬行的珍妮、欧洲旋花、篱笆之铃、玉米百合、风长草、玉米结、绿藤蔓等。科尔斯莫还展示了田旋花的种子的截面、田旋花的果实和一株成熟的田旋花。更重要的是，他描绘了旋花属不同于番薯属的箭头状叶片，以及可能深入地下 6 米的庞大多年生根系。田旋花的根储存了碳水化合物和蛋白质等营养物质，因此即便田旋花的植株被斩断，也能够重生。

右图

名称：第42号田旋花

作者：埃米尔·科尔斯莫

绘制者：克努特·奎尔普鲁德

语言：德语、英语、法语、挪威语

国家：挪威

系列/书目：《杂草图》

图序号：81

出版者：挪威海德鲁公司（挪威奥斯陆）

时间：1934年

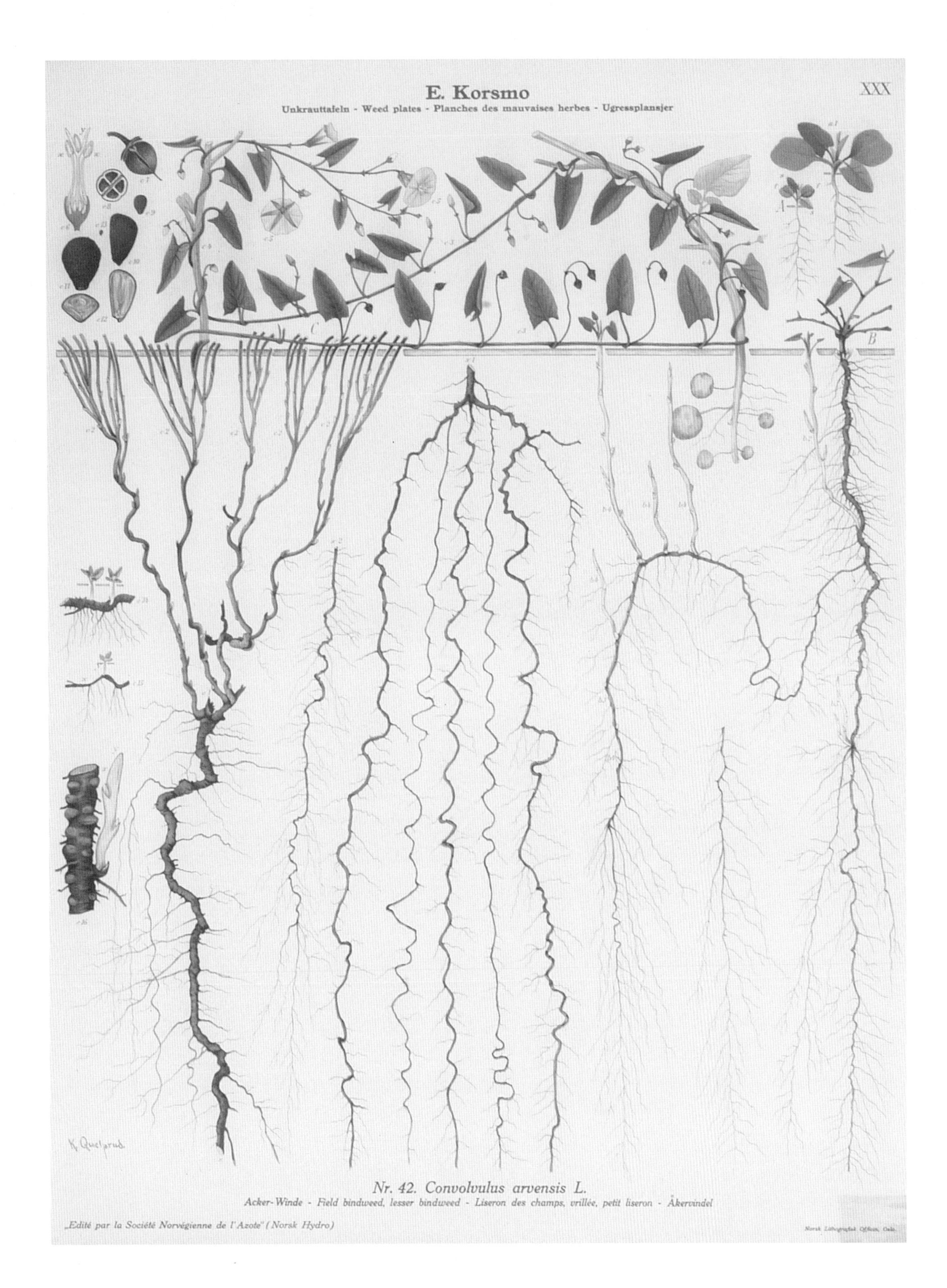

E. Korsmo
XXX
Unkrauttafeln - Weed plates - Planches des mauvaises herbes - Ugressplansjer
Nr. 42. Convolvulus arvensis L.
Acker-Winde - Field bindweed, lesser bindweed - Liseron des champs, vrillée, petit liseron - Åkervindel
„Edité par la Société Norvégienne de l'Azote" (Norsk Hydro)

篱打碗花看起来和田旋花很相似，但比田旋花更大。其大部分结构，包括花、叶片和种子都更大一些，但是它的根系并没有那么发达。它的种子从一个四室的球形蒴果中（果实的横截面位于这幅图上部中间）脱落，可以存活几十年之久。

右图

名称：第37号篱打碗花

作者：埃米尔·科尔斯莫

绘制者：克努特·奎尔普鲁德

语言：德语、英语、法语、挪威语

国家：挪威

系列/书目：《杂草图》

图序号：81

出版者：挪威海德鲁公司（挪威奥斯陆）

时间：1934年

E. Korsmo
Unkrauttafeln - Weed plates - Planches des mauvaises herbes - Ugressplansjer
XXV
Nr. 37. Convolvulus sepium L.
Zaun-Winde, Ufer-Winde - Great bindweed, larger bindweed - Liseron des haies, grand liseron - Strandvindel
„Edité par la Société Norvégienne de l'Azote" (Norsk Hydro)

Fig. I.
Himmelsleiter
(Polemonium caeruleum L.).

1. Blütengrundriss nach Eichler; 2. Kelch, vergr.; 3. aufgesprungene Kapselfrucht, 4. dieselbe im Querschnitt:

Fig. II. **Klee-Flachsseide**
(Cuscuta epithymum L.)
auf Klee a. a. schmarotzend.

1. Längsschnitt durch ein Stengelstück der Flachsseide mit ihren Saugwarzen, s, s, s; m. Querschnitt durch den Stengel der Nährpflanze; 2. Saugwarzen der gemeinen Flachsseide; 3. Blütengrundriss der Klee-Flachsseide nach Eichler; 4. einzelner Blütenknäuel; 5. Blüte der gem. Flachsseide nach Leunis, a. Deckblättchen, k. vierspaltiger Kelch, bl. Blumenkrone mit vierspaltigem Saume; 6. ein Samenkorn.

Fi

1. Blütengrundriss nach Thomé; Staubblatt; 7. Kapselfrucht; 8. ein S

Verlag von FRIEDRICH VIEWEG & SOHN, Braunschweig.

Herausgegeben von HERMANN ZIPPEL und CARL BOLLMANN.

齐佩尔和波尔曼在绘制《本土植物典例》系列挂图时并没有严格遵守分类原则。在这幅图中，他们展示了 2 种旋花科植物和 1 种花葱科植物。这幅挂图的标题是《漏斗状花》。准确地说，这其实是由苞片组成的漏斗状总苞。

花葱（图 1）的总苞确实呈漏斗状（图 1 的第 2 部分）。这幅图包括了花葱的花的示意图（图 1 的第 1 部分）和果实的横截面（图 1 的第 4 部分）。

百里香菟丝子（图 2）是一种无根寄生植物，有粉红色的小花和总苞。球状花序像一串灯饰一样悬挂在宿主的茎上，缠绕在一起显得色彩绚丽。百里香菟丝子不仅是一种蔓生植物，它还能够通过微小的吸器（图 2 的第 2 部分）进入宿主的脉管系统（图 2 的第 1 部分），从宿主体内吸取营养。

齐佩尔和波尔曼对篱打碗花的处理最有趣的地方在于这幅画最右侧的部分（图 3 的第 4 部分）的放大倍数最大。当然，这并非偶然。从形态学的角度来看，篱打碗花（以及其他旋花科植物）的叶片（参见前文）和花柱区别于更受欢迎的牵牛花属植物。牵牛花属植物小巧的花柱上有 1 ~ 3 枚裂片，而旋花属植物有一个上部为线状、下部为椭球状的花柱，有 2 枚裂片。插画家很少会画出与实体植物高度差不多的花柱，如果这种情况出现了，读者不妨仔细思考一下其背后的原因。

左图

名称：漏斗状花

作者：赫尔曼·齐佩尔

绘制者：卡尔·波尔曼

语言：德语

国家：德国

系列/书目：《本土植物典例》

图序号：第二部，22

出版者：弗里德里希·维耶格和佐恩（德国布伦瑞克）

时间：1879年

为了补充前文的内容，齐佩尔和波尔曼还介绍了外来作物番薯。他们的《彩色异域作物》并不是仅仅为了宣传外来物种，而是想以图片的形式解释说明这种当时没有在德国境内被广泛种植的有重要经济价值的作物的形态特征。番薯这种作物至少 5 000 年前就在中美洲或南美洲被驯化了，但它在当时的欧洲还很少见（实际上，时至今日，欧洲大陆上番薯产量还是很小）。

这幅挂图是他们创作的最明确易懂的挂图之一。因为番薯极少通过种子繁殖，所以齐佩尔和波尔曼没有对番薯的繁殖器官的构造进行详细描述，他们向学生介绍了番薯地表以上组织的部分信息。这些信息包括旋花科植物的特征：丛生的有着叶脉的叶片和管状花朵，以及番薯在地表以下被掩藏起来的块根，它们富含淀粉，并有甜味。

右图
名称：番薯
作者：赫尔曼・齐佩尔
绘制者：卡尔・波尔曼
语言：德语
国家：德国
系列/书目：《彩色异域作物》
图序号：第二部，12
出版者：弗里德里希・维耶格和佐恩
（德国布伦瑞克）
时间：1897年

pflanzen in farbigen Wandtafeln.

rausgegeben von HERMANN ZIPPEL, gezeichnet von CARL BOLLMANN.

Lith. art. Inst. von C. BOLLMANN, Gera, Reuss J. L.

tate (Batatas edulis Chois).

Wohlfeile Ausgabe.

1) Blüte, vergrößert.

08

葫芦科

葫芦科共有 134 个属，包括 965 种植物。它们缺乏耐寒能力，因此只生长在热带和暖温带地区。它们多为一年生藤本植物，利用卷须攀爬，因果实大而被广泛种植。西瓜属、甜瓜属和南瓜属植物包括人们平时食用的西葫芦、黄瓜、南瓜、葫芦、甜瓜、笋瓜和西瓜。其他葫芦科植物，如葫芦属植物，自古以来就被当作观赏植物，葫芦的果实还被制成容器、家庭厨房用具和乐器。两种丝瓜——埃及丝瓜和广东丝瓜的果实，包含木质部纤维，是天然的植物海绵。

葫芦科植物的特征包括：叶片通常为掌状浅裂或复合；卷须侧生于叶柄基部，呈 90°，有些葫芦科植物的卷须呈刺状；有 5 枚分离或合生的萼片和花瓣；常见 5 枚雄蕊，其中 2 对合生；花为单生或腋生聚伞花序，通常呈白色或黄色，具深裂的花萼和花冠；有些葫芦科植物的茎多汁。葫芦科植物果实有时非常大，为转化的肉质浆果，被称为“瓠果”，有由花托形成的厚皮；种子数量众多，通常大而扁平。

右图

名称：葫芦科

作者：艾尔伯特·彼得

语言：德语

国家：德国

系列/书目：《植物挂图》

图序号：1

出版者：保罗·帕雷（德国柏林）

时间：1901年

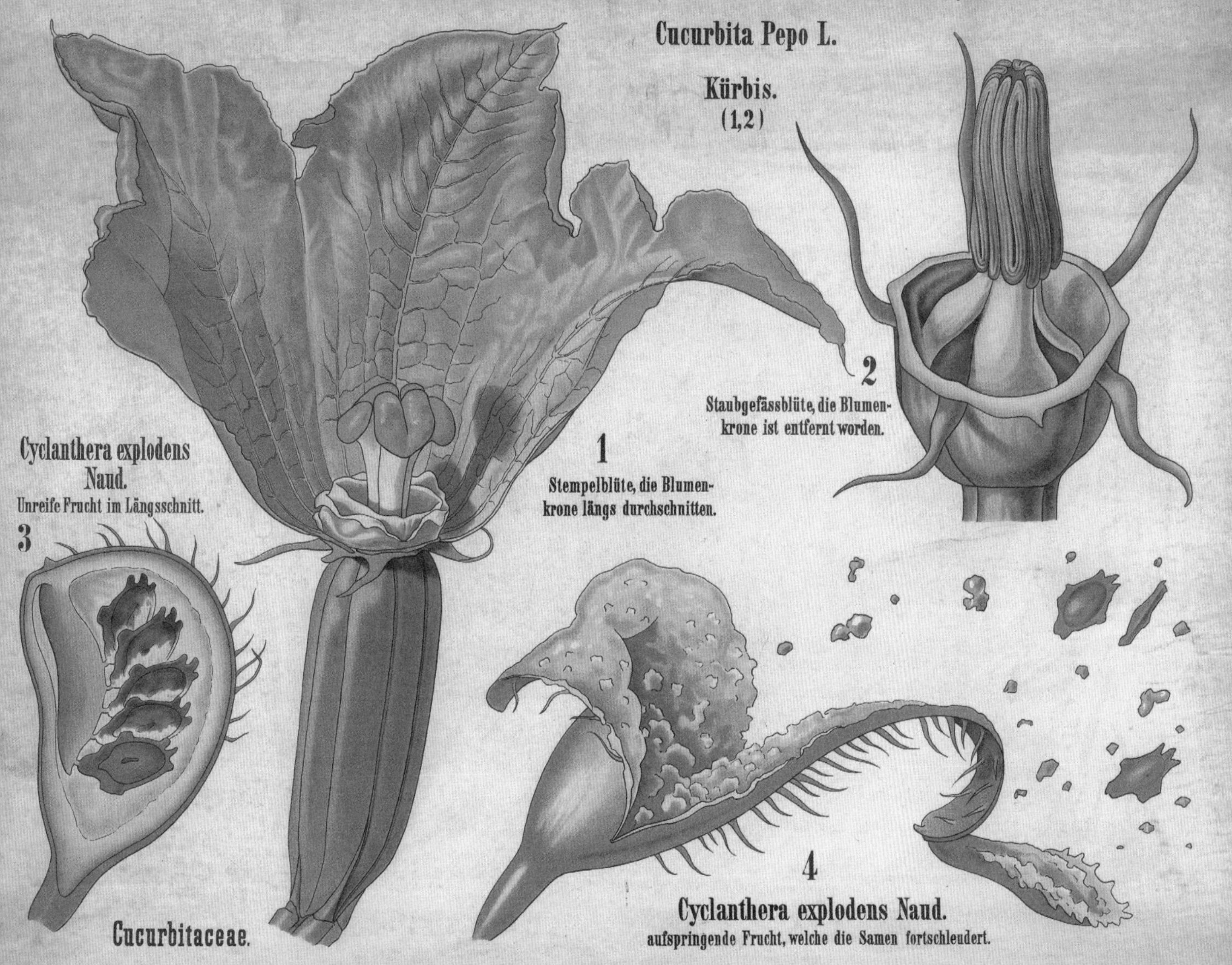
A. Peter. Botanische Wandtafeln. Taf. 1.
Verlag von Paul Parey, Berlin SW 11, Hedemannstr. 28 u. 29.
Cucurbita Pepo L.
Kürbis.
(1,2)
2
Staubgefässblüte, die Blumenkrone ist entfernt worden.
1
Stempelblüte, die Blumenkrone längs durchschnitten.
Cyclanthera explodens Naud.
Unreife Frucht im Längsschnitt.
3
4
Cyclanthera explodens Naud.
aufspringende Frucht, welche die Samen fortschleudert.
Cucurbitaceae.

前页

彼得没有选择随处可见的杂草、重要的经济作物，或是有毒的藤本植物作为葫芦科植物的代表，而是选择西葫芦（*Cucurbita pepo L.*）和爆炸小雀瓜（*Cyclanthera explodens*）作为葫芦科植物的代表。爆炸小雀瓜是一种奇特的植物，它有着旺盛的生命力，生长和扩散都极为迅速。这种地中海地区土生土长的植物被形象地命名为“爆炸黄瓜”，它开出橘黄色的花朵，然后结出绿色的小果实（图 3）。这些果实可以通过“发射”的方式将种子散播出去。当种荚（上面覆盖着刺，以阻止觅食者吃掉它的肉质；爆炸小雀瓜的果实和种子可食用）生长到 5 厘米长时，压力就会累积，果实就会变得肿胀，最终以惊人的力量爆发（图 4）——这是一种解决植物本体无法移动困境的适应策略。

右图

名称：患叶烧病、黑星病、灰霉病的黄瓜

作者：奥托・阿佩尔

绘制者：奥古斯特・德雷塞尔

语言：德语

国家：德国

系列/书目：《农业作物病害图集》

出版者：保罗・帕雷（德国柏林）

时间：1924年

对页

挂图的美妙之处在于它既具备科学性又具备艺术性。例如，或许你会惊讶于绘制者在绘制有病害的黄瓜时像绘制繁茂的水仙一样精心描摹。但是我们要知道，挂图是为教学服务的，而不是为了娱乐。无论是杂草还是兰花，无论是被寄生的植物还是人工培育的品种，所有的研究对象都会被绘制者以完美的样子呈现。《农业作物病害图集》中的挂图就体现了这一原则。德国植物学家和农学家奥托・阿佩尔（Otto Appel）是马铃薯病害方面的专家，他将自己的专业知识扩展应用到其他作物，并在担任当时刚成立的“帝国农林生物研究所”所长时创作了这个系列挂图，德国艺术家奥古斯特・德雷塞尔（August Dressel）担任插画师。与许多插画师不同的是，德雷塞尔不是科学家，而是风景画家，他的作品在构图和细节处理方面受此影响。德雷塞尔所画的有病害的黄瓜并没有遵循网格布局，而是像动态雕塑般散漫地在挂图中伸展，腐烂的果实和残缺的叶片夹杂其中，十分引人注目。

黑星病是一种由棒孢属微生物引起的真菌性疾病，它经常侵害葫芦科植物，特别是黄瓜，出现在茎、根、花和果实上。被感染的种子会长出有病害的幼苗（图 1），患病植株的茎会折断，形成干瘪的幼果和枯萎的叶片（图 3：f、g、h）。这株可怜的植物也遭受不同程度的叶烧病（图 2：a、b、c）。枝孢属真菌会从果实的表面侵入植物，吸取营养（图 5）。可怕的灰霉病（图 6）是一种由灰葡萄孢菌引起的真菌性疾病，几乎会侵占植物的所有部分，形成厚厚的灰色霉层，使植物腐烂，最后只留下根部。

Blattbrand, Krätze und Grauschimmel der Gurken.

1 – 4 **Blattbrand,** verursacht durch Corynespora Melonis.

1. **Keimpflanzen,** hervorgegangen aus corynesporakranken Samen,
2. **Gurkentrieb** mit verschiedenen Stadien des Blattbrandes ⟨a – d⟩ und einer corynesporafaulen Gurke ⟨e⟩,
3. **Endstadium der Erkrankung.** Zwei durch den Pilz zerstörte Blätter ⟨f und g⟩ und eine Frucht ⟨h⟩,
4. **Reife Gurke,** an zwei Stellen von Corynespora infiziert,
5. **Krätze der Gurken,** verursacht durch Cladosporium cucumerinum,
6. **Grauschimmel der Gurken,** verursacht durch Botrytis cinerea.

Verlag von Paul Parey in Berlin SW., Hedemannstr. 10 – 11.

虽然在俄罗斯，关于黄瓜的书面记录可以追溯到 1528 年前后，但人们认为这种植物从 7 世纪中叶开始就在俄罗斯被广泛种植了。1629 年，英国草药学家约翰·帕金森（John Parkinson）称，“在许多国家，人们吃黄瓜就像我们吃苹果和梨一样平常”。在当代的俄罗斯和日本，人们还是以传统的方法吃黄瓜。几个世纪以来，酸黄瓜一直是俄罗斯传统特色美食之一。

从左边开始，这幅图展示了黄瓜（图 1）在不同生长阶段的形态，从底部刚刚开放的花开始，到授过粉的花朵和顶端刚刚结出的果实。黄瓜的花朵均为单性花，图中分别展示了雄花（图 1 的第 2 部分、第 3 部分）和雌花（图 1 的第 4 部分、第 5 部分）。在这幅图的左下角，有黄瓜成熟的果实（图 1 的第 6 部分）及其横截面（图 1 的第 7 部分）。

白泻根（图 2）是一种多年生草本藤蔓植物，又被称为“英国曼德拉草”。它原产于中欧和东欧、巴尔干半岛、土耳其和伊朗，在中亚也有分布。令人困惑的是，作者在这幅图中把白泻根放在了可食用的黄瓜和西瓜之间。白泻根既具有侵略性，又具有极强的毒性，会扼杀其他植物，不知情的人若是食用了它的玛瑙般的浆果也会被其毒性所伤。

西瓜（图 3）在这幅图的最右边。如今，西瓜在俄罗斯因其解毒特性而备受喜爱，它的受欢迎程度可以与苹果在西方的受欢迎程度相提并论。在俄文中，西瓜为“а р б у з”，这个词的首字母是俄文字母表中的第一个字母。

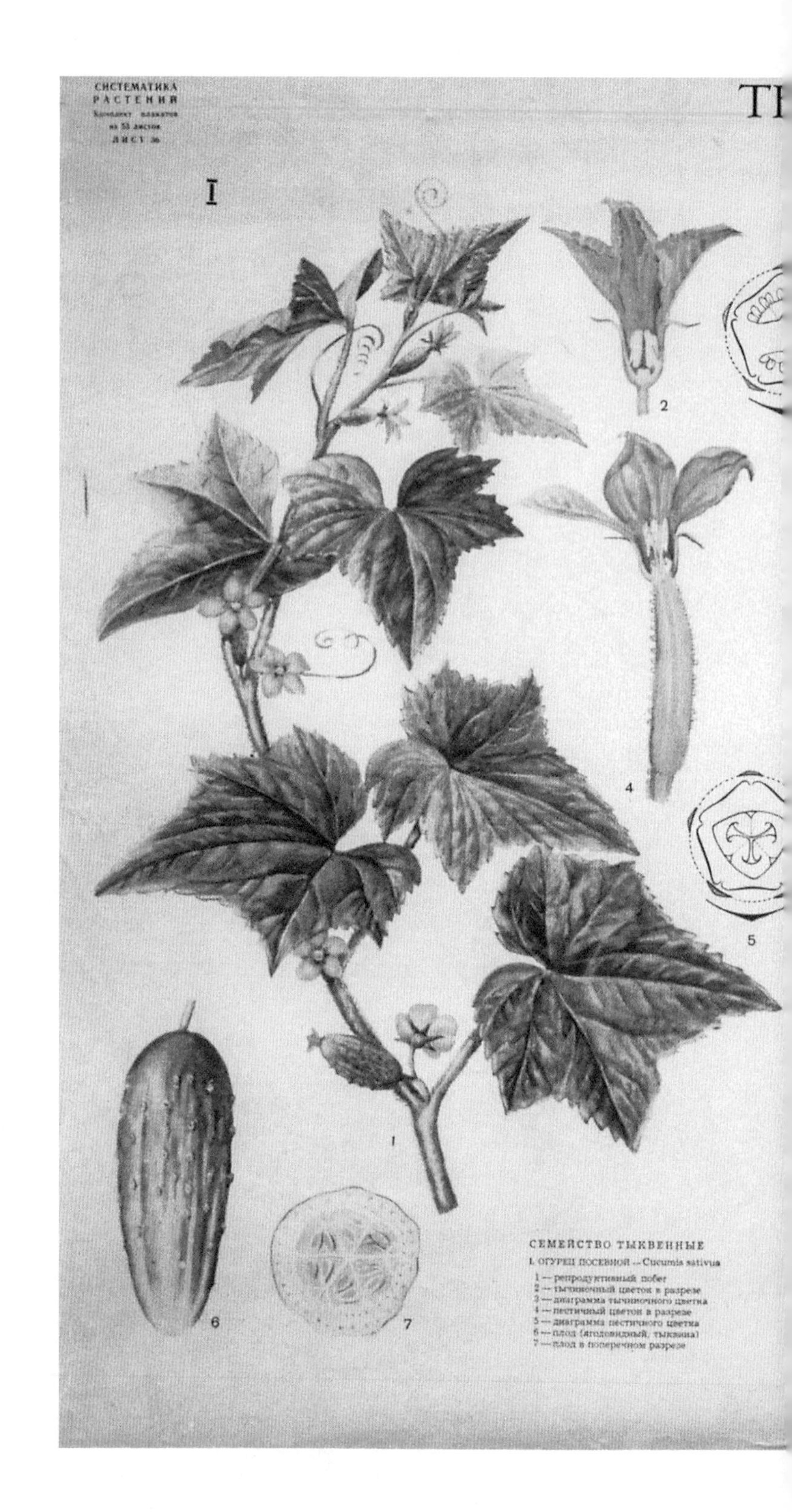

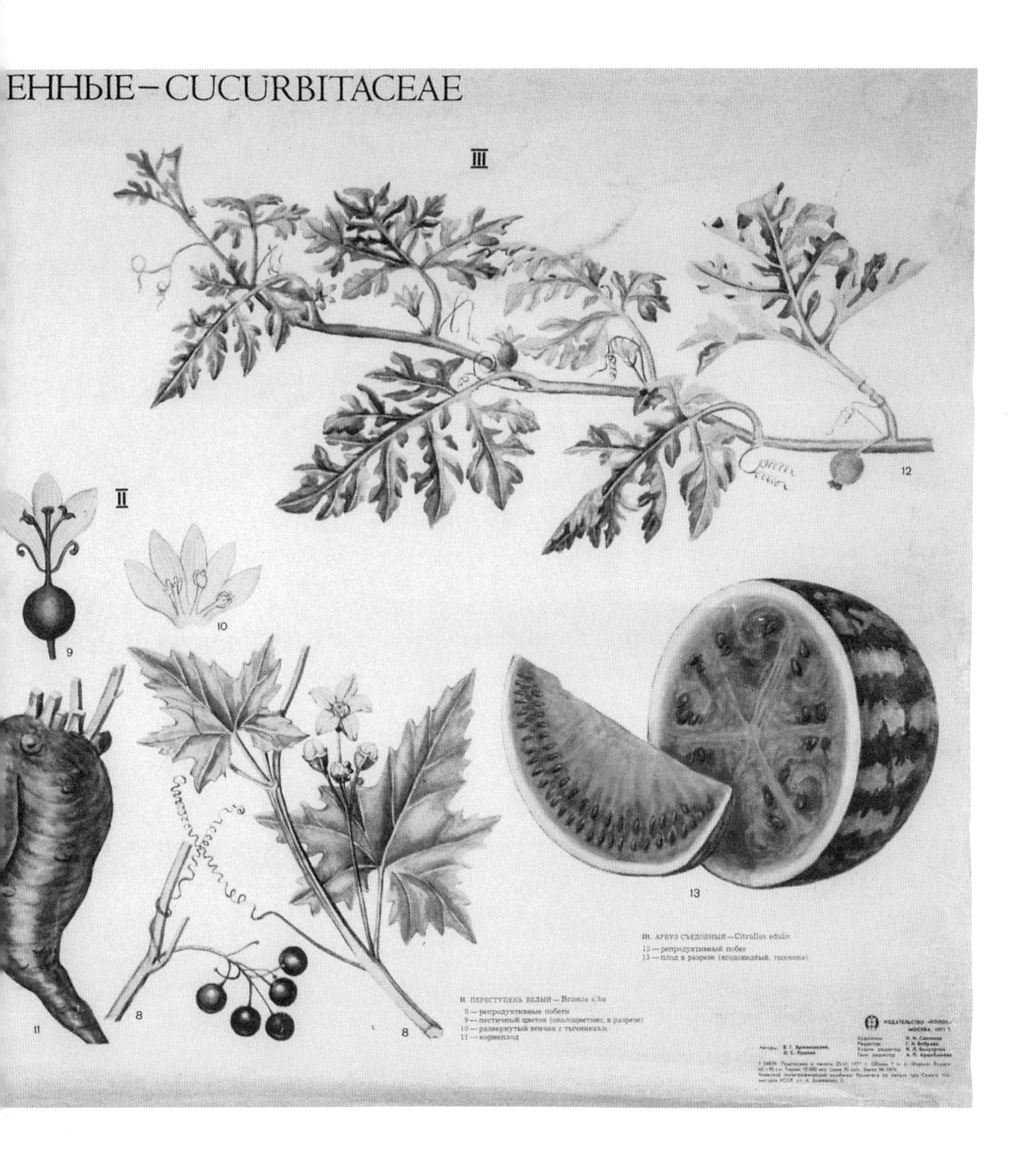

上图

名称：葫芦科

作者：V. G. 科拉诺斯基

语言：俄语

国家：俄罗斯

系列/书目：《植物系统学：附53幅图》

图序号：36

出版者：科洛斯出版社

时间：1971年

09

苏铁科

关于苏铁目的分类一直有很多争议，直到距今相当近的时期里，人们认为所有苏铁目植物都是苏铁科的。然而，近年来，苏铁属已成为一个单科属，即苏铁科只有苏铁属，有 169 种植物。其他苏铁目植物现在有了自己的科：泽米铁科。这两个科都是裸子植物，是较为古老的种子植物，被誉为“植物活化石”。然而，在它们的原产地热带和亚热带地区，它们濒临灭绝。幸运的是，凭借迷人的手掌状叶，它们在园艺界很受重视。

尽管苏铁的种子和茎曾用于制作食物、饲料、酒和药物，比如在琉球群岛上种植的苏铁就被制成淀粉，但事实上苏铁都含有一定毒素。现实生活中，曾经发生过由于对苏铁处理不当，造成疾病和死亡的案例。

苏铁科植物的特征包括：树干笔直，或光滑或覆有低出叶（鳞片状的退化叶），顶端环绕的叶片形成莲座状的叶丛。其叶为平坦羽状，每片在一个叶轴上，低出叶和营养叶呈螺旋状排列。雄球花由紧密重叠的孢子叶组成；雌球花被茸毛，由松散的孢子叶组成，有多达 14 枚胚珠。苏铁科植物的大种子可能有种皮（肉质的外壳），以助种子浮在水上散布到其他地方。

右图

名称：马氏拟苏铁

作者：J. 维吉克（J. Vuijk）

语言：德语

国家：德国

系列/书目：《古植物学》

图序号：43

出版者：哈格曼（德国杜塞尔多夫）

时间：1905年

GYMN. 43
Lit.: Mägdefrau, Paläobiol. der Pflanzen.
1942. p. 274. fig. 239.
Cycadeoidea marshiana

前页

本内苏铁目是一类已灭绝的裸子植物，曾经繁盛于三叠纪至白垩纪时代。古植物学家借助化石对该物种的形态进行了大体上的测量。但是，完整的植物图像还是需要插画师来完成。J. 维吉克画了马氏拟苏铁的复原图。马氏拟苏铁是一种本内苏铁目植物，茎干上可能结着小花，也可能没有（现存的马氏拟苏铁的复原图很少，而且至少有一幅是维吉克所画复原图的复制品）。也许是觉得 1 株长有羽状球花的古老植物不够特别，维吉克在这幅图上画了 6 株。

后页

在整个 19 世纪，石炭纪被称为“蕨类植物时代”，因为人们认为当时有大量蕨类植物繁盛生长。然而，当凤尾松蕨的种子被发现后，植物学家意识到，他们误读了化石记录。一些以前被认为是蕨类植物（通过孢子繁殖）的灭绝物种实际上是带有胚珠或裸露种子的种子植物，或者说是“种子蕨”。就这样，一个已经灭绝的裸子植物群体出现了，它们被称为种子蕨纲（*Pteridospermae*）或苏铁蕨纲（*Cycadofilicales*），从而开启了一股研究古植物学的热潮，并有一系列新属被发现。

这幅图的右上角是一张凤尾松蕨的侧面图，包括：一段有胚珠和羽状叶的茎；一部分小孢子叶，顶端的“小肩章”可以产生花粉；一个胚珠和它的纵剖面。

已灭绝的种子蕨纲髓木目，其主要特征为大胚珠（直径 1 ~ 10 厘米）、构造复杂的花粉器官和蕨叶。它们现存的近亲是苏铁科植物。这幅图的左半部分上有 3 种髓木目植物，中间描绘的是一棵诺埃尔髓木，上面缀满了萝卜状的花粉囊，还有蕨叶。这里还有星髓木和索尔姆苏髓木的茎的横截面，其中标出了初生木质部和次生木质部。我们在图中还可以看到维管束分布在不同位置。

被子植物可能是由种子蕨纲的皱羊齿目（最早出现的种子蕨纲的下属目）或开通目（一个繁盛于三叠纪晚期到白垩纪的属于种子蕨纲的目）进化而来的。当第一次发现开通蕨时，人们猜测它们可能是被子植物的祖先，因为它具有明显的繁殖结构：一个盔状的壳斗，内含几枚胚珠。壳斗的构造类似被子植物的心皮，因此古植物学家误以为开通蕨是被子植物。直到古植物学家发现他们对壳斗内的“花粉管”认知错误，才知道开通蕨并非被子植物。也许开通蕨成熟后的果实内含许多种子，但是迄今为止，这种植物的繁殖方式仍旧是未解之谜。

这幅图的右下角展示了开通目的代表植物短镰开通蕨的一个掌状复叶的化石印记、一根长满壳斗的茎、一个包括 4 枚泪滴状胚珠的放大的壳斗、两粒花粉、长着产生花粉的小孢子囊的茎。

后页图

名称：裸子植物门

作者：V. G. 科拉诺斯基

语言：俄语

国家：俄罗斯

系列/书目：《裸子植物和被子植物的形态学和分类学》

图序号：22

出版者：科洛斯出版社

时间：1979年

ОТДЕЛ СОСНО

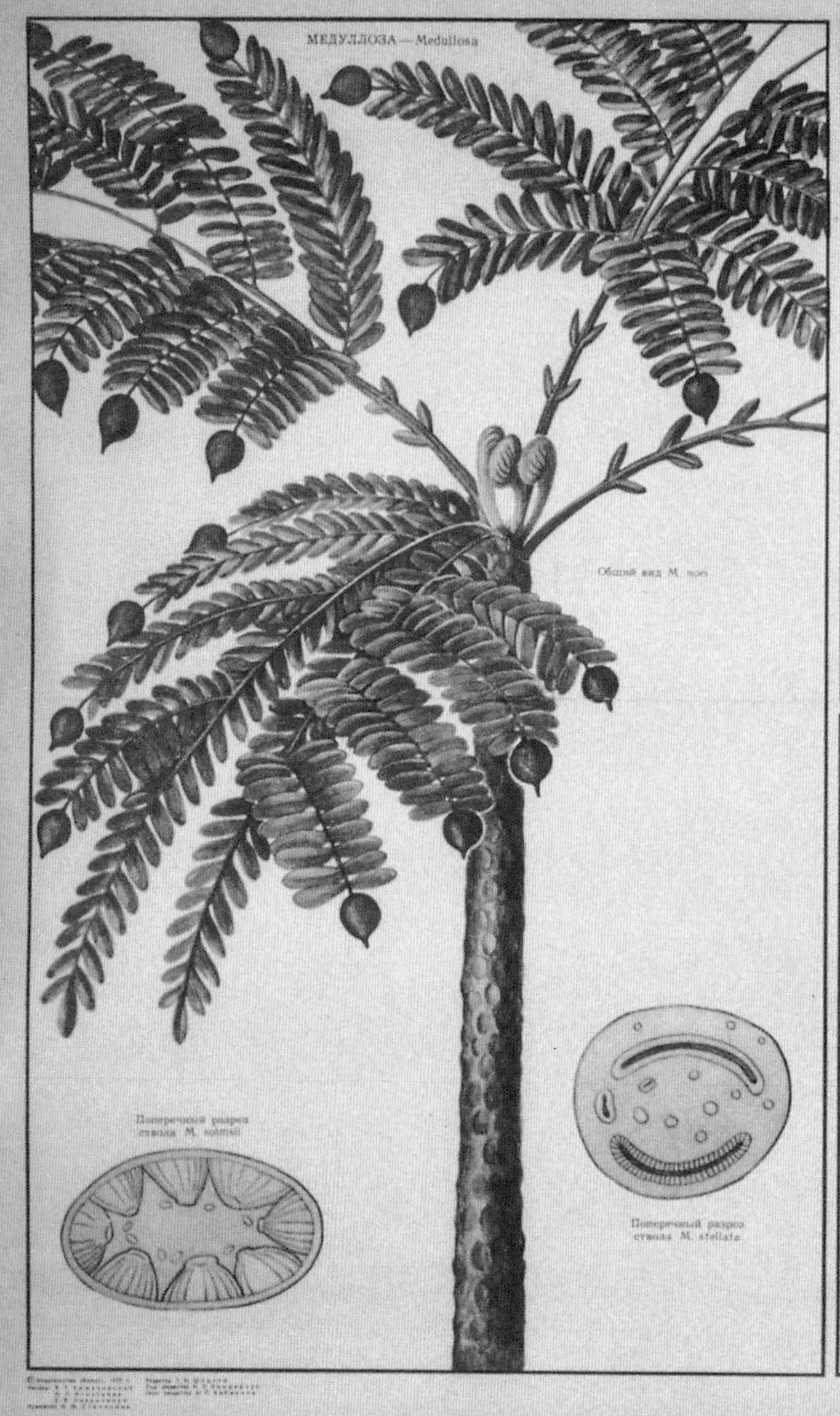

Общий вид

Лист
Sagenopteris phillipsi
(отпечаток)

HE–PINOPHYTA

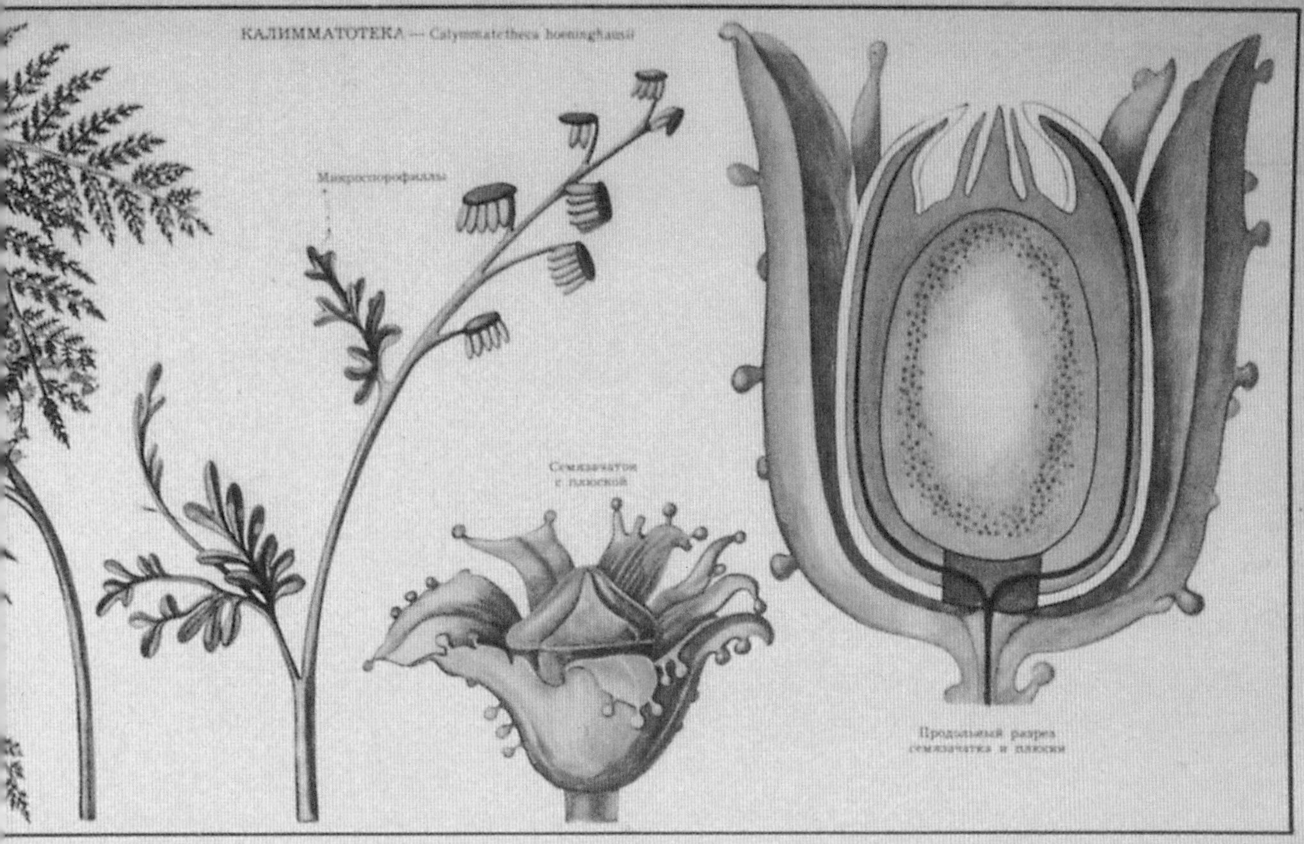

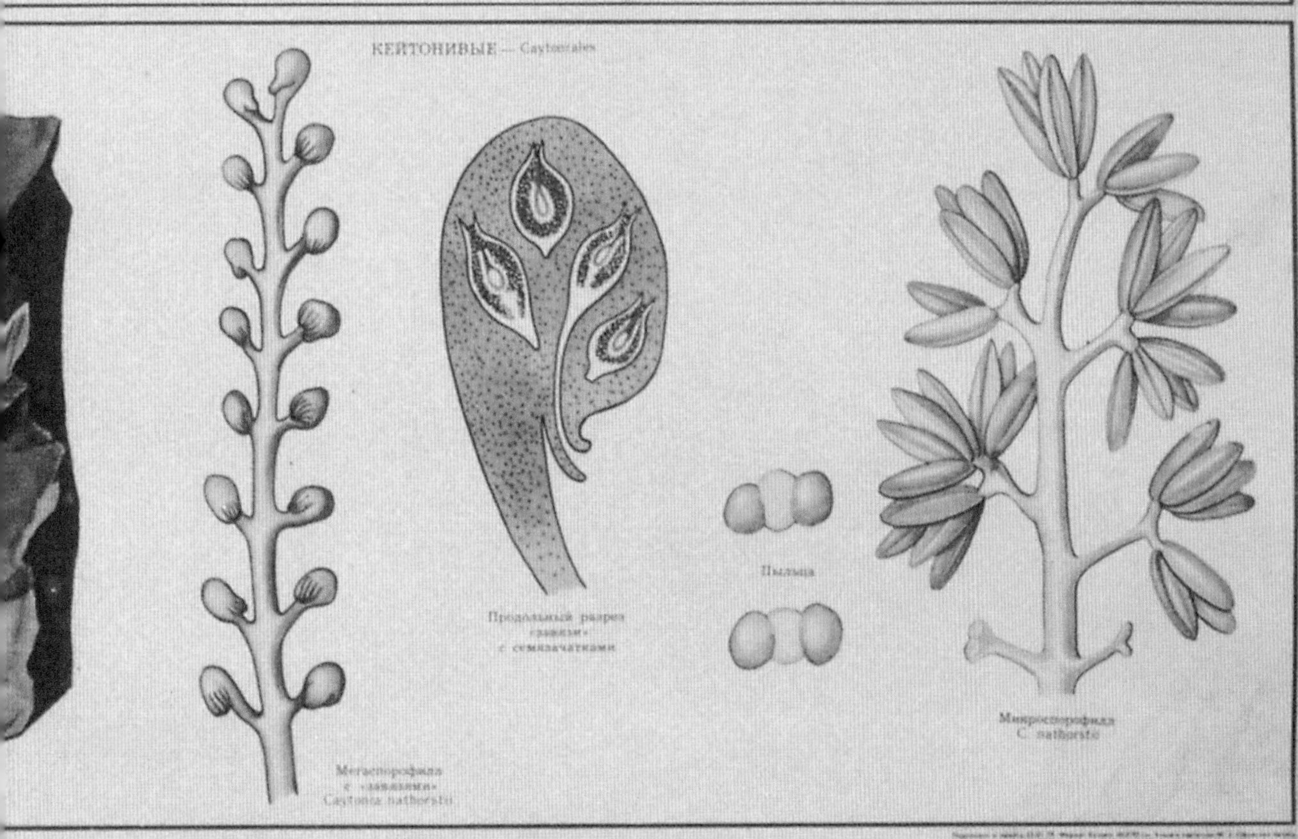

这幅图是齐佩尔和波尔曼绘制的拳叶苏铁。这是一种原产于印度的苏铁。在 19 世纪末，这种植物对德国人来说，当然算是异域植物。像其他苏铁一样，拳叶苏铁就像长在粗壮的棕榈树树干上的一种蕨类植物。苏铁是雌雄异体的，雌性植株产生种子，雄性植株产生花粉。这幅图描绘了一株雌性拳叶苏铁（图 1）、未成熟的雄球花（图 2）、小孢子叶（图 3）、一组未开放的花粉囊（图 4）、一组开放的花粉囊（图 5）、雌球花（图 6）、有 6 枚胚珠的大孢子叶（图 7）、有 6 粒种子的大孢子叶（图 8）、露出外层果肉和种子的果实纵剖面（图 9）和显示胚乳和胚的种子纵剖面（图 10）。这是一种生长缓慢的植物，种子一般在成熟后 6 ~ 18 个月才能发芽。

拳叶苏铁的木髓部含有淀粉。这幅图的说明性文字从人类学的角度对印度尼西亚塞兰岛上收获拳叶苏铁的淀粉进行了描述：“一棵成年的拳叶苏铁被砍倒，其叶子被去掉，然后树干被侧切开。人们捶打暴露在外的木髓使其软化。淀粉就会从纤维中分离出来，最后被做成红色的西米饼。”然而，苏铁并不适合被食用，因为其许多部分（包括木髓）含有毒素。在清洗或烹饪后，这些毒素甚至仍然可能存在。

右图

名称：拳叶苏铁

作者：赫尔曼·齐佩尔

绘制者：卡尔·波尔曼

语言：德语

国家：德国

系列/书目：《彩色异域作物》

图序号：第二部，1

出版者：弗里德里希·维耶格和佐恩（德国布伦瑞克）

时间：1897年

II. Abteilung. **Ausländische Kulturpflanzen in farbigen Wandtafeln.** Tafel 1.

Verlag von FRIEDRICH VIEWEG & SOHN, Braunschweig. Nach H. ZIPPEL bearbeitet von O. W. THOMÉ, gezeichnet von CARL BOLLMANN. Lith. art. Inst. von CARL BOLLMANN, Gera, Reuss j. L.

Eingerollte Farnpalme (Cycas circinalis Linné).

1. Weibliche Pflanze; *verkleinert.* — 2. Männliche Blüte in jugendlichem Zustande; *etwas verkleinert.* — 3. Einzelnes Staubblatt; *vergrössert.* — 4. Gruppe geschlossener Pollensäcke; *stark vergrössert.* — 5. Gruppe geöffneter Pollensäcke; *stark vergrössert.* — 6. Weibliche Blüte; *verkleinert.* — 7. Einzelnes Fruchtblatt mit 6 Samenanlagen; *etwas verkleinert.* — 8. Fruchtblatt mit 6 Samen; *etwas vergrössert.* — 9. Same nach Ablösung der vorderen Hälfte der Samenschale; a) äussere, fleischige Schicht; b) innere, harte Schicht; c) der innere, unten stark verdickte, oben dünne Teil der Schicht b; d) der in seinem oberen Teile freigelegte Kern; *vergrössert.* — 10. Kern geöffnet; im Innern des Nährgewebes n liegt der Keimling k; *vergrössert.* — Fig. 3, 4, 5, 9, 10 nach Richard, 7 nach Engler-Prantl.

A.J. Nystrom & Co.

彼得意识到，人们往往对苏铁的红色果实感到困惑。为了更容易辨认，我们可以看看长有果实的大孢子叶。苏铁（图1）和拳叶苏铁（图2）在形态上非常相似，分别有“西米国王”和“西米王后”的别名。人们可以通过有果实的毛茸茸的大孢子叶来鉴定苏铁。拳叶苏铁的大孢子叶茸毛较少，也更纤细。昆士兰苏铁（图3）没有与王室相关的别名，它有羽毛状的树冠和较为柔软的树皮。因此，彼得也用一个大孢子叶来代表这种不太为人所知的苏铁，它的大孢子叶比苏铁和拳叶苏铁的大孢子叶更小、更光滑。

双子铁（图4）的雌球果成熟后会长出纤维状的“银发尖”。彼得描绘了双子铁锥状的大孢子叶和两枚果实。希腊学者现在也能理解这种植物的名字：“dioon”源自希腊文，意思是“两个鸡蛋”。

角状铁（图5、图6）是泽米铁科角状铁属植物。彼得展示了角状铁的雄球果（图6）和一个有两枚果实和两个角的鳞片状的雌球果（图5）。当众多雌球果聚集在一起的时候，那看起来就像一根长着很多刺的黄瓜。

右图

名称：苏铁科

作者：艾尔伯特·彼得

语言：德语

国家：德国

系列/书目：《植物挂图》

图序号：60

出版者：保罗·帕雷（德国柏林）

时间：1901年

4.
Dioon edule Lindl.
Fruchtblatt.
5/1

3.
Cycas Normanbyana F. Müll.
Fruchtblatt.

1.
Cycas revoluta Thunb.
Fruchtblatt.
3/1

2.
Cycas circinalis L.
Fruchtblatt.
2/1

5. Fruchtblatt.
6/1

6. Staubblatt.
16/1

Cycadaceae.

5, 6. Ceratozamia mexicana Brongn.

10

茅膏菜科

茅膏菜科植物通常为食肉植物，共有 3 个属，包括 189 种植物，主要分布在热带和温带地区。与大多数通过根系获得大量营养的被子植物不同，茅膏菜科植物通常生长在土壤条件差的环境中，比如低位沼泽和泥炭沼泽。它们拥有捕捉和消化昆虫与其他小型动物的能力。貉藻属和捕蝇草属是单种属，它们都只包含一个物种。貉藻属的貉藻是一种自由漂浮的植物，也被称为“水车植物”，是唯一的水生茅膏菜科植物，具有微小的运动触发陷阱，可以抓捕猎物，特别是蚊子的幼虫。捕蝇草属的捕蝇草原产于美国东部一小片地区。茅膏草属是茅膏菜科中最大的属，包括 152 种一年生或多年生植物。

茅膏菜科植物的特征包括：利用两种不同的机制抓捕猎物，利用酶消化猎物并吸收营养物质。貉藻属植物和捕蝇草属植物的变态叶拥有运动触发陷阱，可以在 0.4 秒内响应刺激，在 1 秒内捕获猎物。茅膏菜属植物的特征是变态叶基生成莲座状，叶上有纤维分泌的黏液或类似露珠的黏性物质，可以困住猎物，并将其包裹。茅膏菜科植物的果实是蒴果。

右图

名称：圆叶茅膏菜

作者：海因里希・荣格，弗里德里希・奎恩泰尔

绘制者：戈特利布・冯・科赫

语言：德语

国家：德国

系列/书目：《新植物挂图》

图序号：36

出版者：弗洛曼和莫里安（德国达姆施塔特）

时间：1928年

前页

这幅荣格、科赫和奎恩泰尔创作挂图显得不同寻常，虽然这幅图还是有标志性的黑色背景，但图中包括对风景的描绘，这是罕见的。虽然他们创作的许多其他挂图都描绘了根系，但这可能是他们创作的唯一一幅包含地面的挂图了。圆叶茅膏菜被画在适宜的栖息地（沼泽）里，这表明了在该物种进化过程中土壤条件起到的重要作用。在一片漆黑的背景中，圆叶茅膏菜看起来像是奇特的外星生物。植株周围有具长头状黏腺毛的叶片及其捕获昆虫的状态、放大的长头状黏腺毛、花的纵剖面。这种植物的根系很短。

对页

在 19 世纪晚期，随着对新大陆的探索，越来越多的食肉植物进入人们的视野。这些奇特的物种令植物学家感到惊奇，它们适应营养匮乏环境的能力让人印象深刻。这种特殊的表现挑战了传统上对植物的定义。在 1874 年给约瑟夫·道尔顿·胡克（Joseph Dalton Hooker）的一封信中，查尔斯·达尔文（Charles Darwin）写道："发现茅膏菜科植物的消化行为令我感到前所未有的兴奋！"一旦它们的特征为人们所知，茅膏菜科植物就成了植物挂图中的热门植物。插画家用不同的风格描绘茅膏菜科植物，因为他们对于茅膏菜科植物形象的认知没有达成共识。因此，比起其他科植物，茅膏菜科植物的挂图显得更有意义。

利奥波德克·尼在这幅捕蝇草的挂图中，特别强调美学而非精确性。利奥波德克·尼通过捕蝇草在地面的阴影暗示环境在食肉植物进化过程中的重要性。捕蝇草的变态叶呈莲座状。虽然图中没有出现猎物，但利奥波德克·尼描绘了捕蝇草诱捕猎物的不同状态，包括叶片张开等待猎物的状态（图 2）以及叶片紧扣起来消化猎物的状态（图 3）。

右图

名称：捕蝇草

作者：利奥波德克·尼

语言：德语

国家：德国

系列/书目：《植物学挂图》

图序号：106

出版者：保罗·帕雷（德国柏林）

时间：1874年

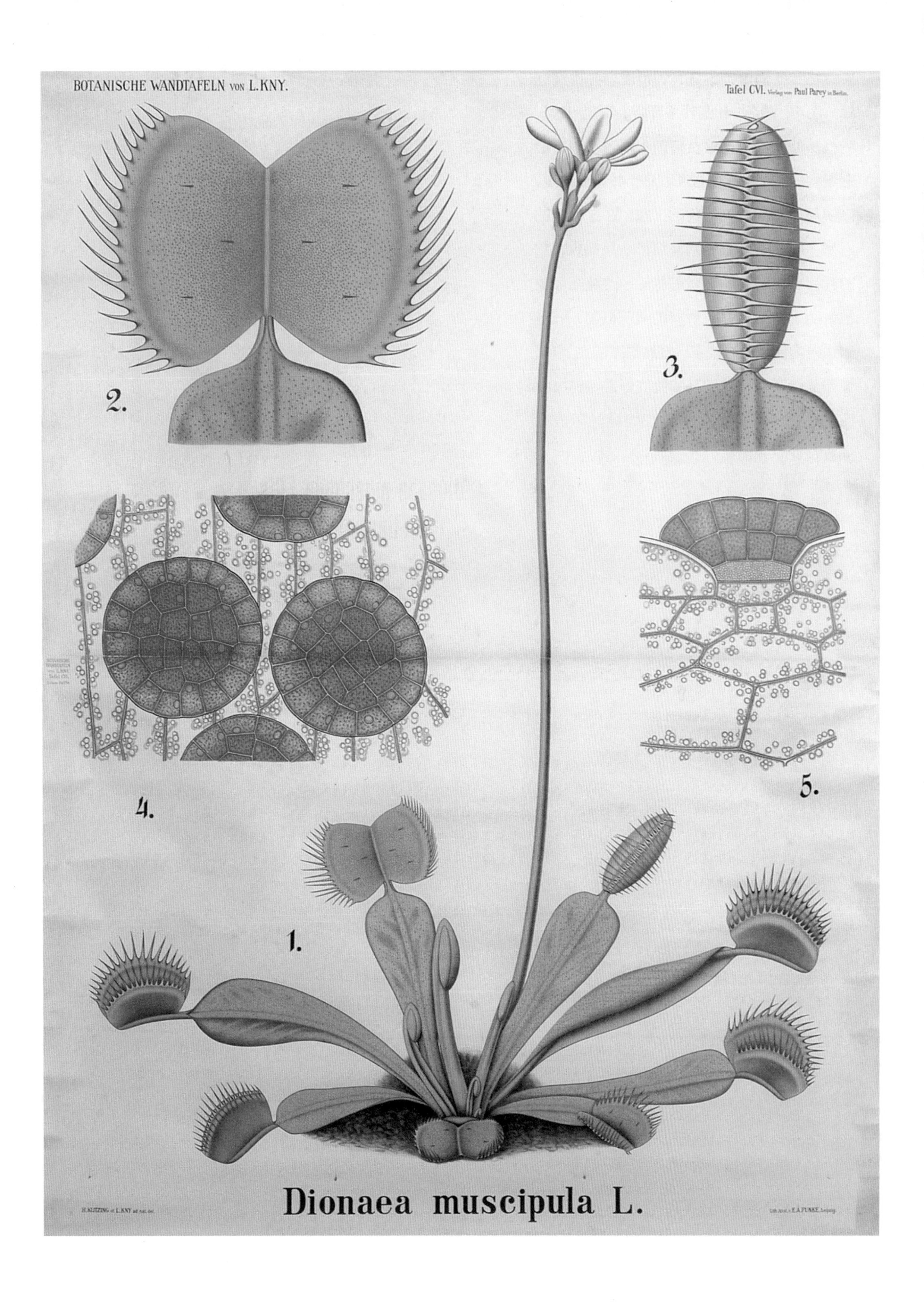
BOTANISCHE WANDTAFELN VON L. KNY.
Tafel CVI. Verlag von Paul Parey in Berlin.
2.
3.
4.
5.
1.
Dionaea muscipula L.
H. KLITZING et L. KNY ad nat. del.
Lith. Anst. v. E. A. FUNKE, Leipzig.

与其他插画师不同，彼得没有画出捕蝇草（图1、图2）和圆叶茅膏菜（图3、图4）的根。他既没有描绘贫瘠的土壤也没有描绘莲座状的基部，而是截断茎秆，并调整角度，以便展现它们捕捉猎物的形态。在这幅图的右侧，圆叶茅膏菜刚刚捕获了一只昆虫，它的叶片上有很多长头状黏腺毛，这幅图形象地说明了圆叶茅膏菜独特的捕获机制，一旦猎物入内便难以逃脱了。在这幅图的左下角，彼得描绘了捕蝇草捕获猎物的形态。在每幅图的下方，彼得都一如既往地标注了放大倍数。

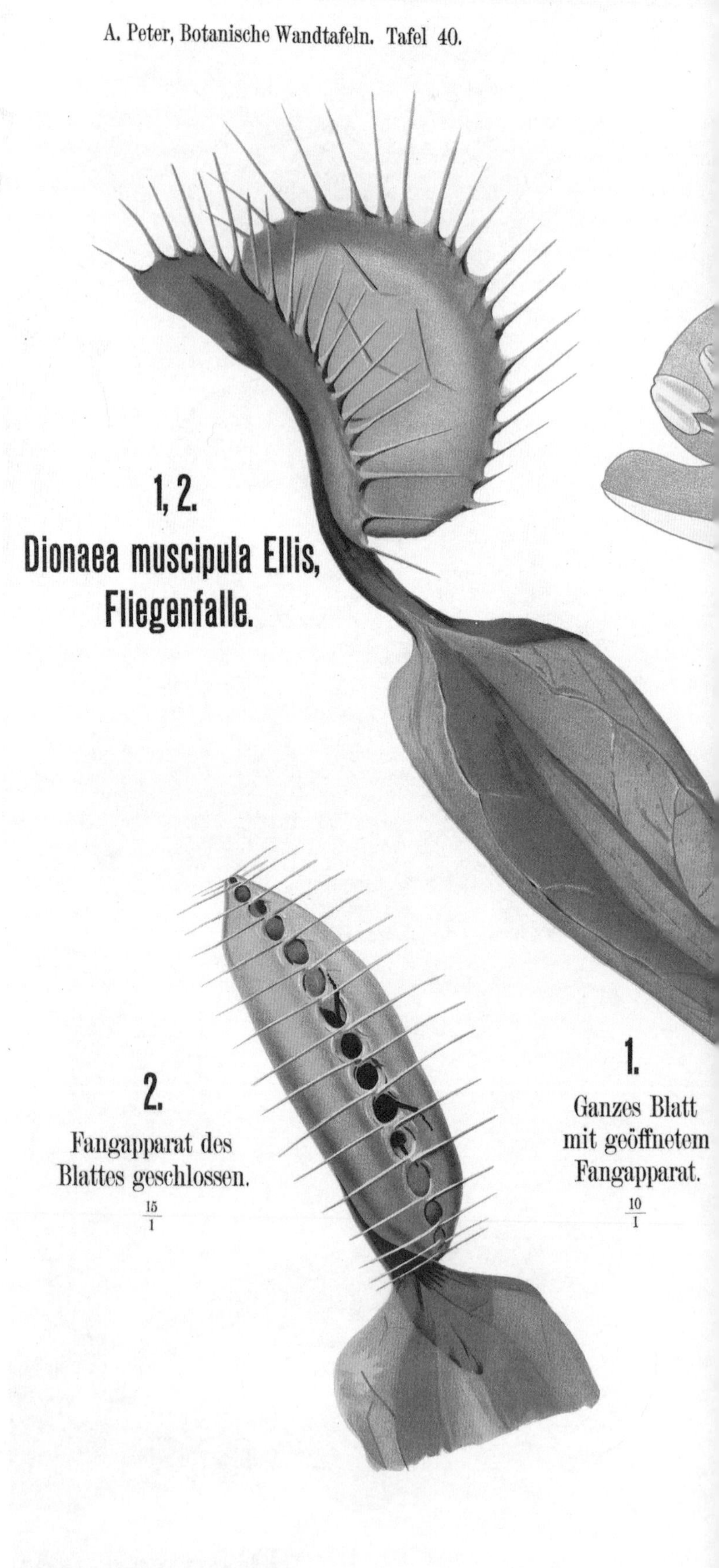

右图
名称：茅膏菜科
作者：艾尔伯特·彼得
语言：德语
国家：德国
系列/书目：《植物挂图》
图序号：40
出版者：保罗·帕雷（德国柏林）
时间：1901年

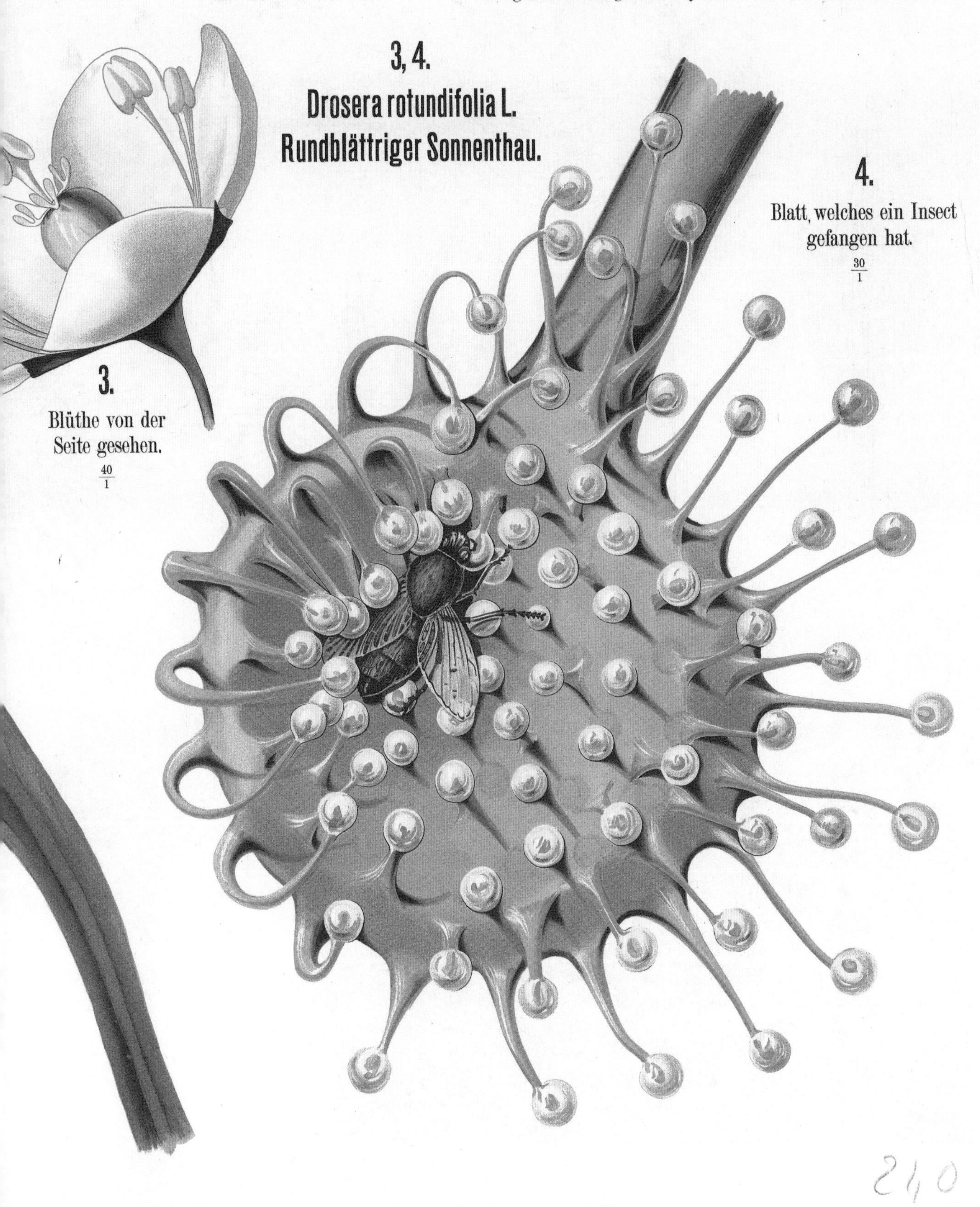
240
Verlagsbuchhandlung Paul Parey in Berlin S.W., Hedemannstr. 10.
3, 4.
Drosera rotundifolia L.
Rundblättriger Sonnenthau.
4.
Blatt, welches ein Insect gefangen hat.
30/1
3.
Blüthe von der Seite gesehen.
40/1
240

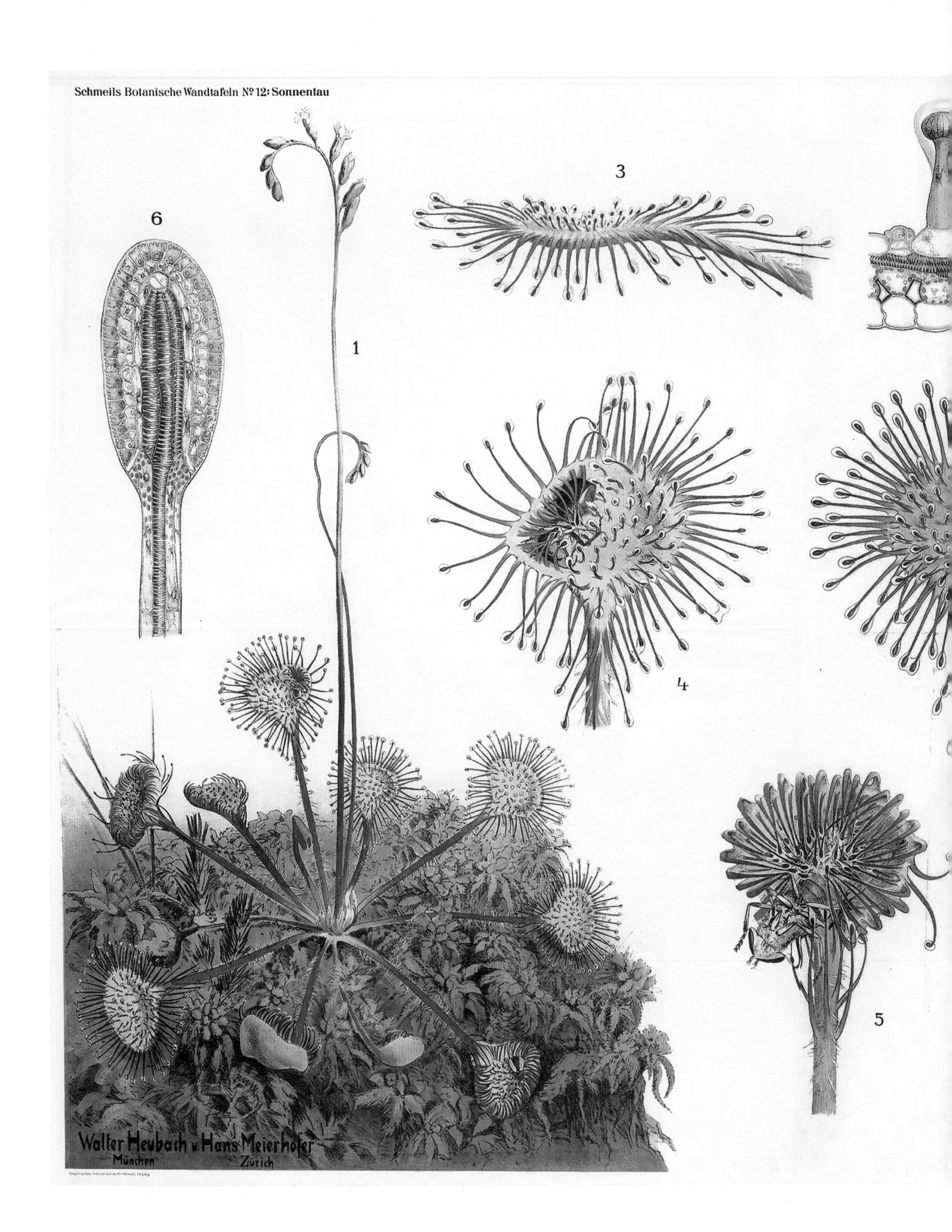
Schmeils Botanische Wandtafeln № 12: Sonnentau
1
3
4
5
6
Walter Heubach u. Hans Meierhöfer
München
Zürich

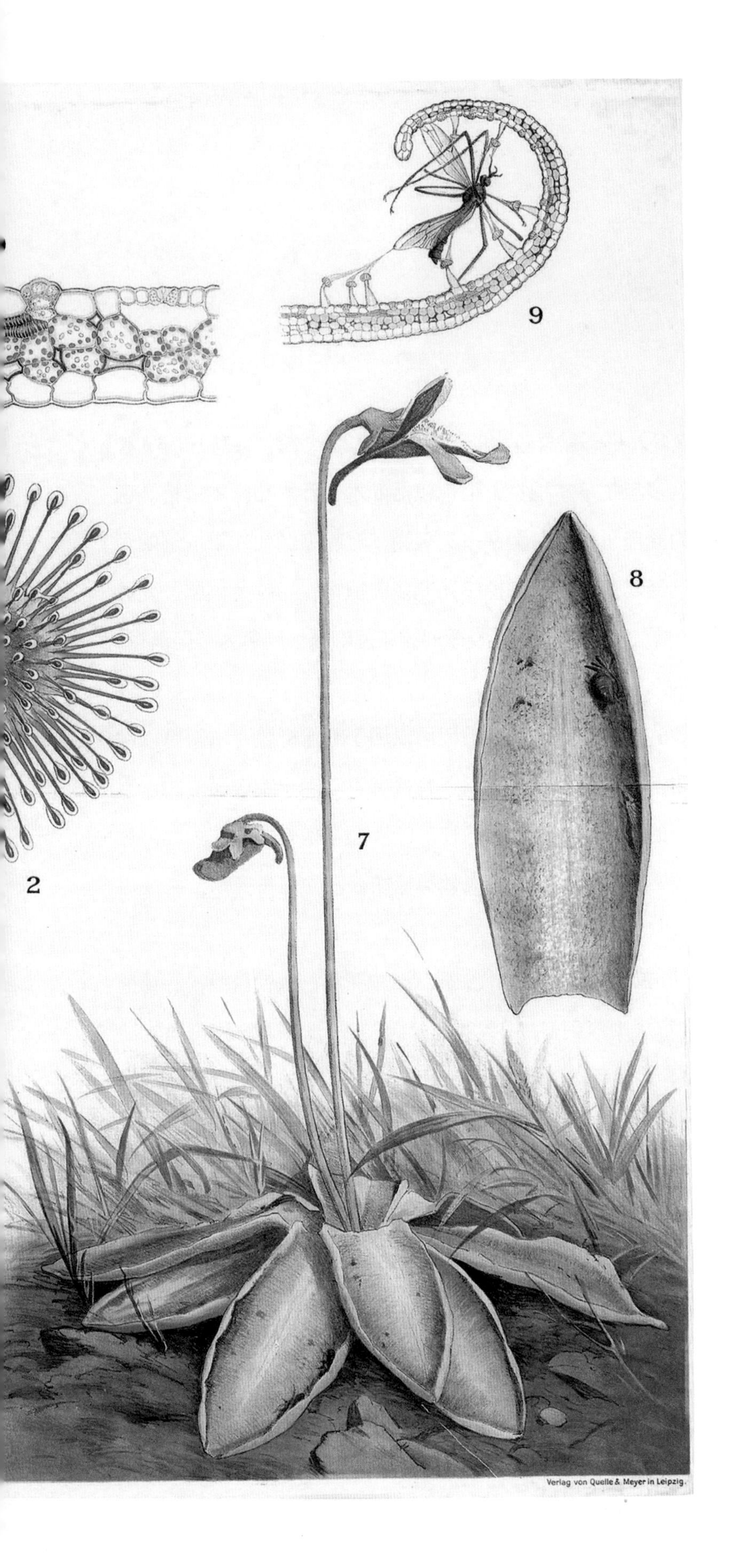

同样是科学家和插画家，奥托·施密尔却没有采用和彼得一样的方法。施密尔认为，植物与其所处的生态环境是不可分割的，两者俱在，人们才能正确地理解植物。因此，他认为在植物挂图中描绘植物的生长环境，既有助于科学研究，也有助于实地鉴定。在这幅图中，施密尔描绘了茅膏菜属的圆叶茅膏菜（图 1）和狸藻科捕虫堇属（*Pinguicula*）的捕虫堇（图 7）。圆叶茅膏菜通常生长在藓类沼泽中，而捕虫堇通常生长在泥炭沼泽中。在这幅图中，灰黄色的背景与圆叶茅膏菜红色的细丝状的茎形成了鲜明对比。

施密尔用放大的图说明了圆叶茅膏菜令人着迷的捕捉猎物的方法，包括：圆叶茅膏菜在捕食前后覆盖了长头状黏腺毛的叶片的状态（图 2、图 4），叶片的侧视图（图 3），以及长头状黏腺毛（图 6）。在这幅图的右侧，施密尔描绘了捕虫堇的叶片（图 8），叶片表面的腺体能分泌黏性液体并诱捕昆虫（图 9、图 10）。

左图

名称：食肉植物

作者：奥托·施密尔

语言：德语

国家：德国

系列/书目：《植物学挂图》

图序号：12

出版者：万乐和迈尔（Quelle & Meyer）（德国莱比锡）

时间：1907年

11

大戟科

大戟科是一个物种数量众多、形态差异较大的科，包括 228 个属，共有 6 547 种植物。其中大多数是一年生到多年生草本植物，但也包括灌木、乔木和藤本植物。它们遍布全球，在热带地区尤为繁盛。其中有些是多肉植物，看起来像仙人掌，例如阎魔麒麟。大戟科包括许多人们经常栽培的多肉植物和非多肉植物，如铁苋菜属、变叶木属、巴豆属、大戟属、麻风树属、翡翠塔属、红雀珊瑚属和蓖麻属。别名为“圣诞花”的一品红是圣诞节时最受欢迎的室内植物。

大戟科植物中有一些重要的经济作物，如橡胶树可以用于制作橡胶、木薯可以用于制作木薯淀粉、乌桕可以用于制作蜡烛和肥皂，还有蓖麻可以用于制作蓖麻油。当然，大戟科植物也有令人讨厌的地方——大戟科植物的汁液通常是有毒的。因此，在古代，有些大戟科植物被制成毒药。今天，一些大戟科植物被归为有害植物，毒性极强的蓖麻毒素就来自蓖麻。

大戟科植物的特征包括：叶有时被叶状枝取代；杯状聚伞花序，大戟科植物的花很小，通常没有萼片或花瓣；雄蕊从 1 枚到多枚；果实为分果；茎一般多刺，通常有乳白色辛辣的汁液；种子常有种阜，表面呈肉疣状。

右图
名称：红羽大戟
作者：J. 维吉克
语言：德语
国家：德国
系列/书目：《植物形态学》
图序号：20
出版者：不详
时间：1905年

前页

红羽大戟是一种原产于墨西哥的植物，具备大戟科植物的许多优点。红羽大戟真正的花很小，没有花瓣和萼片，由 1 枚雌蕊和 3 枚花柱组成，周围还有一圈花柱和苞片环绕。尽管没有花瓣，红羽大戟的花还是非常美丽，它呈现出鲜艳的黄色和绿色，以及明亮夺目的朱红色。在这幅图中，阿姆斯特丹植物实验室的兰花专家、插画家 J. 维吉克描绘了一段细长的茎，从上到下整体均匀地分布着以番茄色为主的花。这种花序将红羽大戟与其他大戟属植物区分开来，大多数大戟属植物都为聚伞花序。在这幅图的左下角有一对花药，旁边是花卉结构示意图和一个高脚杯状的苞片。

对页

人们一定要当心大戟属植物的乳白色汁液，它会让人的皮肤发红、起疹子，造成胃疼或眼睛失明等症状。所有大戟属植物都会渗出一种乳白色的胶乳，这种胶乳因其对园丁的有害影响而闻名。这种胶乳能够使大戟属植物免于被食草动物侵害，因为其具有毒副作用。然而，大戟属植物毒性因物种而异，在古代，大戟属植物常常用于临床。大戟的英文名“spurge”暗指它的通便性质。欧洲柏大戟并不是毒性最强的大戟属植物，但它分布广泛且具备特有的白色分泌物使其有资格入选彼得·埃塞尔的《德国有毒植物》。

埃塞尔在挂图中描绘了欧洲柏大戟的解剖结构，左右两边展示了植物的不同部分和剖面，中间是一棵完整的植物。出于实用主义，埃塞尔惯用黑色作为植物挂图的背景。在这幅图中，埃塞尔描绘了欧洲柏大戟这种半木质多年生植物众多的线形叶、茂盛的聚伞花序，并暗示其拥有发达的根系（图 1）。考虑到大戟属植物形态的复杂性，埃塞尔描绘了三个基本特征：第一，花朵黄色的部分不是花瓣，而是苞片（图 2）；第二，它真正的花很小，为杯状聚伞花序（图 4、图 5），雌蕊在中间，周围环绕着几枚雄蕊；第三，雌蕊和雄蕊总苞中发育（图 4），总苞有 4 个角状黄色腺体（图 3）。在这幅图中，埃塞尔还展示了 2 对花药（图 6）、1 枚三裂果实（图 7、图 8）和 1 颗种子（图 9）。

右图

名称：欧洲柏大戟

作者：彼得·埃塞尔

绘制者：卡尔·波尔曼

语言：德语

国家：德国

系列/书目：《德国有毒植物》

图序号：11

出版者：弗里德里希·维耶格和佐恩（德国布伦瑞克）

时间：1910年

6
9
8
7
3
4
5
2
1

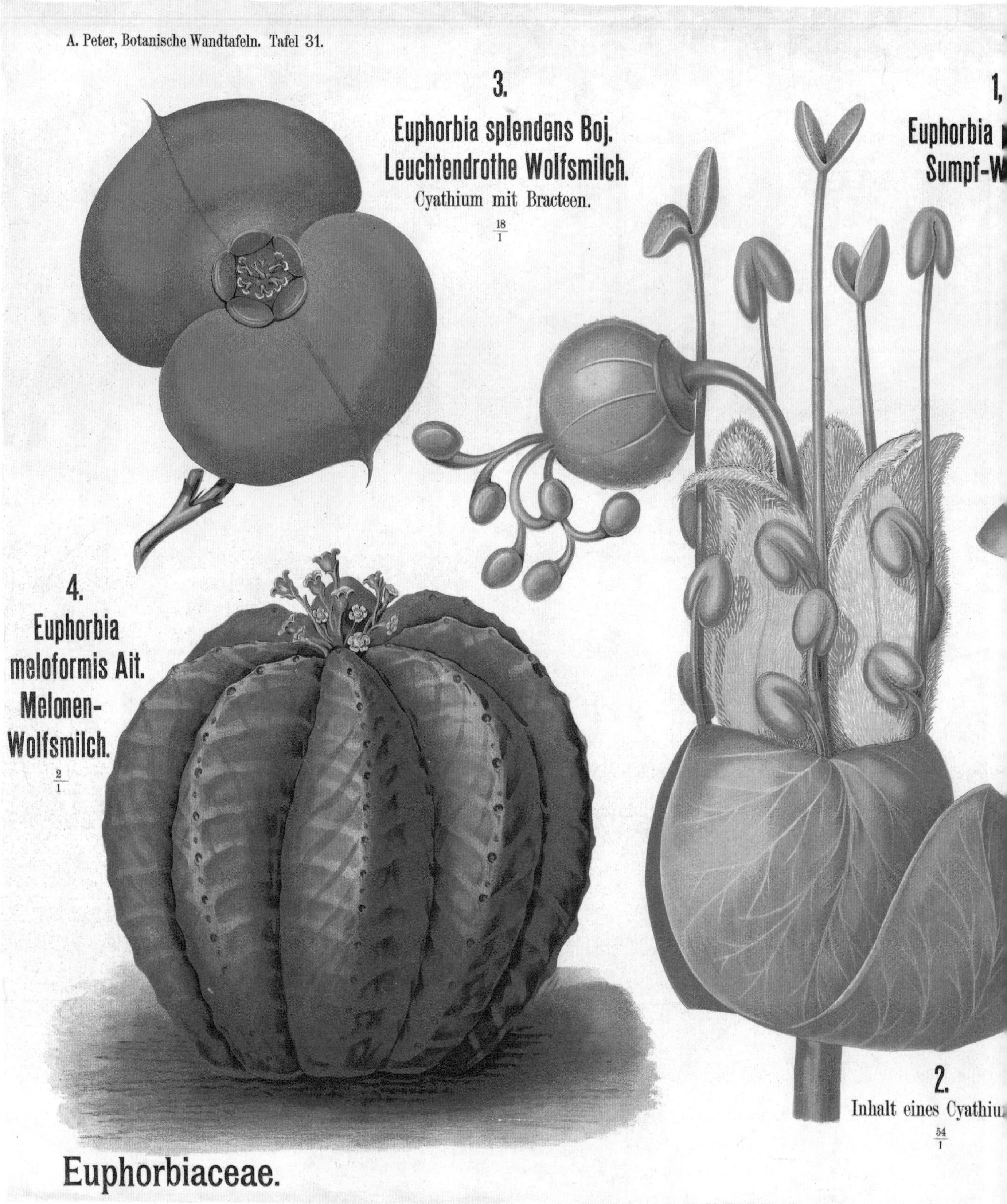

A. Peter, Botanische Wandtafeln. Tafel 31.

3.

Euphorbia splendens Boj.

Leuchtendrothe Wolfsmilch.

Cyathium mit Bracteen.

$\frac{18}{1}$

1,

Euphorbia

Sumpf-W

4.

Euphorbia meloformis Ait.

Melonen-Wolfsmilch.

$\frac{2}{1}$

2.

Inhalt eines Cyathiu

$\frac{54}{1}$

Euphorbiaceae.

彼得阐述了3个关于大戟属植物的真相：虽然大戟属植物没有花瓣，但它们有着丰富多彩的花朵；虽然它们与仙人掌科植物完全无关，但它们也是多肉植物；最重要的一点是，虽然它们是被子植物，但它们的花的构造却不同于其他被子植物。为了阐明大戟科植物不寻常的繁殖解剖结构，彼得选择了大戟属植物沼生大戟（图1、图2）作为代表。沼生大戟放大的聚伞花序在挂图的中心位置，雌蕊歪着头休息，被众多雄蕊包围在中间。其右侧是柠檬色总苞和黄绿色的苞片。

为展示大戟属植物鲜亮的颜色，彼得在这幅图的左上角描绘了铁海棠（图3）。其拥有十分美丽的对称的火红色外形。它原产于非洲马达加斯加岛，有着悠久的历史。铁海棠俗名为荆棘之冠，因为有人认为耶稣被钉死在十字架上时戴着铁海棠多刺的茎制成的王冠。有历史资料表明，马达加斯加人可能在耶稣诞生前就到达中东地区了。

其余两种植物展示了大戟科植物具备的“多肉”属性。贵青玉（图4）因其形似圆球且带有一簇花而被形象地命名为“melon spurge”（甜瓜大戟）。1774年，弗朗西斯·马森（Francis Masson）将这种原产于南非的植物引进英国。马森是苏格兰植物学家，他也是邱园园长约瑟夫·班克斯（Joseph Banks）任命的第一位“植物猎人”。1789年，乔治三世（King George Ⅲ）的园丁威廉·艾顿（William Aiton）在第1版《邱园植物录》中首次描述了贵青玉。《邱园植物录》是一本记载英国皇家植物园植物物种的书，这本书中描述的众多植物在英国广受青睐。许多著名的植物学家对这本书中描述的贵青玉产生极大兴趣。

墨麒麟（图5）是一种柱状大戟属植物，其肉质茎可达3.65米高。茎上都有4～6条波浪状的脊，每条脊上有成对的由叶片退化而成的刺。墨麒麟淡红色的花朵从顶端的刺座上开出（彼得并没有把这部分画出来）。

左图

名称：大戟科植物

作者：艾尔伯特·彼得

语言：德语

国家：德国

系列/书目：《植物挂图》

出版者：保罗·帕雷（德国柏林）

时间：1901年

12

豆 科

豆科植物形态多样。豆科是被子植物中物种最多的科之一。原来独立的云实科、含羞草科和蝶形花科现在成为豆科下属的云实亚科、含羞草亚科和蝶形花亚科。云实亚科和含羞草亚科主要是灌木和乔木，而蝶形花亚科包括了许多一年生或多年生草本植物、藤本植物。豆科植物分布于热带地区和温带地区，共有 946 个属，包括 24 505 种植物。

许多豆科植物的根上有根瘤，内含根瘤菌。根瘤菌能利用空气中的氮制造含氮的化合物，给植物提供营养。因此，豆科植物能在贫瘠的土壤中茁壮成长，并孕育出营养丰富的种子。这些特性使豆科植物成为对农业和工业生产非常重要的一类植物。除了我们熟悉的豌豆属和菜豆属植物之外，豆科植物还为我们提供了饲料、绿色肥料、树胶树脂、杀虫剂、药物、丹宁酸和木材。能制作蓝色染料的木蓝属植物、长角豆属植物甜荚豆以及甘草属植物洋甘草，都有较高的经济价值。豆科植物中的金合欢属、合欢属、紫荆属、金雀儿属、山黧豆属、毒豆属、羽扇豆属、刺槐属、槐属和紫藤属植物可以作为园林观赏植物。

豆科植物的特征包括：果实为荚果，种子大；多有托叶，叶常为一回或二回羽状复叶，有些具卷须；花通常有 5 枚萼片和 5 枚花瓣。云实亚科植物多为总状花序或聚伞花序，形态各异，花两侧对称；含羞草亚科植物多为头状花序，具许多突出的雄蕊；蝶形花亚科植物的花两侧对称，5 枚花瓣不等大，下降覆瓦状排列构成蝶形花冠，最外侧为旗瓣，中间为一对翼瓣，最内侧为一对龙骨瓣。

右图

名称：荷包豆

作者：阿诺尔德・杜贝尔-伯特和卡洛琳娜・杜贝尔-伯特

语言：德语

国家：德国

系列/书目：《植物解剖学和植物生理图集》

图序号：39

出版者：J. F. 施赖伯（德国埃斯林根）

时间：1878—1893年

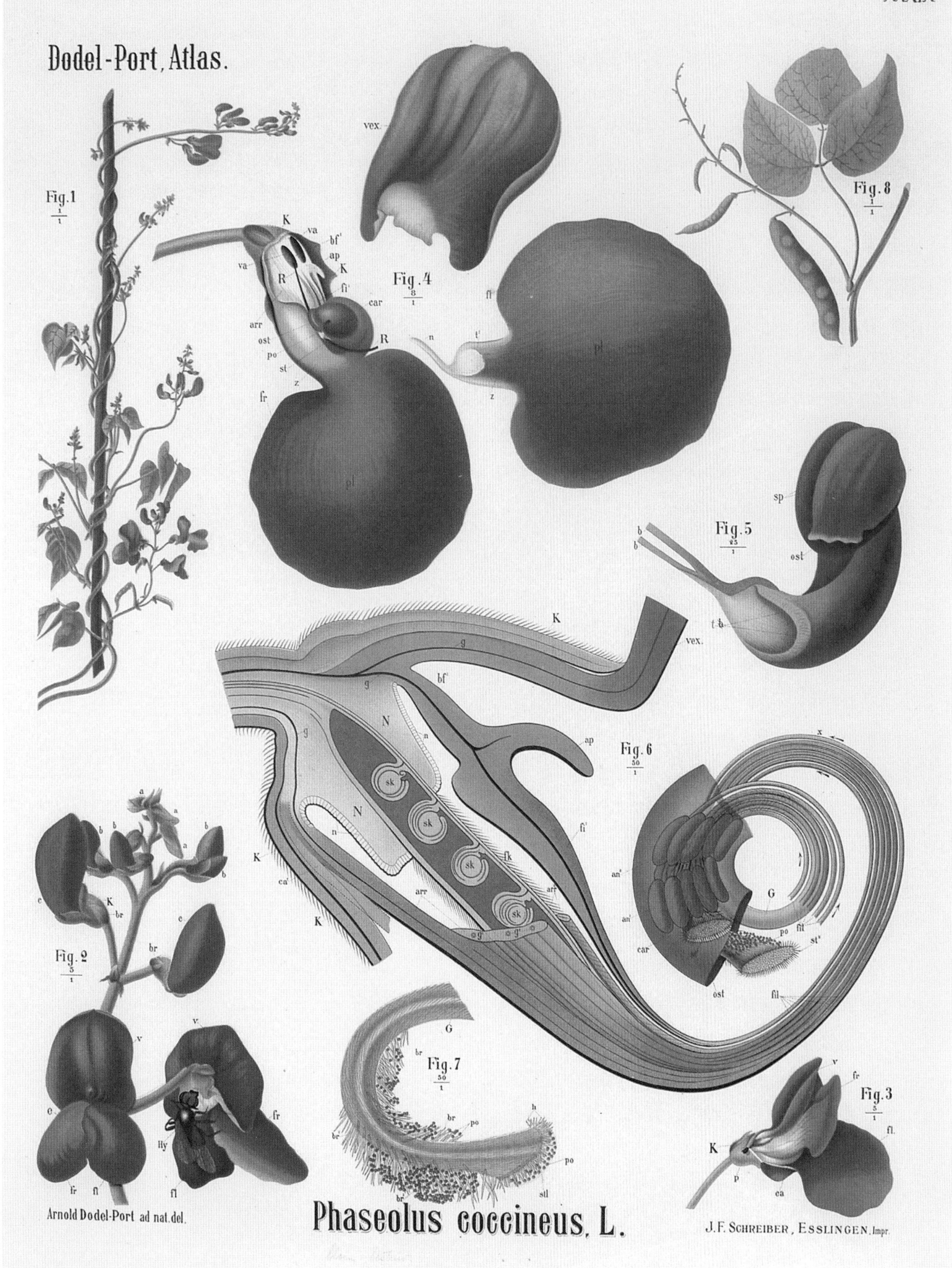
XXXIX
Dodel-Port, Atlas.
Fig. 1
Fig. 2
Fig. 3
Fig. 4
Fig. 5
Fig. 6
Fig. 7
Fig. 8
Arnold Dodel-Port ad nat. del.
Phaseolus coccineus, L.
J.F. Schreiber, Esslingen, Impr.

前页

有许多人喜爱荷包豆。1812 年，托马斯・杰斐逊（Thomas Jefferson）种植了这种藤本植物，他注意到“在花园的长长的路上，这种植物结出白色、深红色、猩红色、紫色的豆子”，给蒙蒂塞洛增添了一缕亮色。数百年来，园丁们对这种生机勃勃的观赏植物赞不绝口。然而，对于阿诺尔德・杜贝尔－伯特和卡洛琳娜・杜贝尔－伯特来说，猩红色的荷包豆是一个非常典型的实例，它仅对其偏爱的传粉者——大黄蜂和蜂鸟表现出良好的适应性。只有当足够重的传粉者落在花瓣上时，形态复杂的花（图 6）才会向传粉者提供丰富的花蜜。然而，当蜜蜂接触位置优越的柱头时，花柱不会分泌花蜜。得益于如此“挑剔”，荷包豆可以孕育出量大质优的种子。如果它轻易地接受其他传粉者，就不可能做到这样了。

对页

菜农们可以通过豆子的形态来识别豌豆，传粉者则会通过花的结构来辨认它们。荣格、科赫和奎恩泰尔在他们惯用的黑色背景上非常明显地展示出豌豆的花的结构：由 5 枚花瓣组成，这些花瓣有着不同的名称和功能：最外侧的像大牡蛎壳的花瓣被称为“旗瓣”，是迎接传粉者的旗帜；旗瓣前方的一对花瓣被称为“翼瓣”，最内侧的一对花瓣被称为“龙骨瓣”。它们依偎紧靠在一起，将花药包裹起来，使传粉者在没有相当大的力量的情况下无法接触到花药和花柱。在一对龙骨瓣的顶部有一个非常小的顶端开口，当龙骨瓣被下压时，花药和花柱就会显露出来。花粉在花朵开放前就释放出来了，这意味着龙骨瓣包裹形成的“小袋子”很快就被填满，花柱上也会被花粉附着。当豌豆花完全开放后，传粉者只能采集少量的花粉。因此，豌豆通常是自花传粉的。

右图

名称： 豌豆

作者： 海因里希・荣格，弗里德里希・奎恩泰尔

绘制者： 戈特利布・冯・科赫

语言： 不详

国家： 德国

系列/书目：《新植物挂图》

图序号： 13

出版者： 弗曼和莫里安（德国达姆施塔特）；
哈格曼（德国杜塞尔多夫）

时间： 1928年；1951—1963年

Jung-Koch-Quentell
Lehrmittelverlag Hagemann, Düsseldor

许多插画家和植物学家都对豆科植物花朵的结构进行了研究。然而，尤金纽斯·瓦尔明（Eugenius Warming）在这幅图中主要展示了放大数倍的种子发芽的不同阶段（图 1、图 2、图 3）和正在生长的叶子。只有一个部分包括了花（图 6），但它的尺寸太小，无法探究豆科植物花朵特有的形态。在这幅图中，雌蕊和雄蕊仅作为参考，瓦尔明没有对它们与龙骨瓣之间的关系进行直观的描绘解释（见前文）。虽然瓦尔明在这幅图中省略了花的解剖图，但他描绘了裂开的豆荚和蔓生的卷须。

右图

名称：豆科植物

作者：尤金纽斯·瓦尔明

绘制者：维尔赫尔姆·巴尔斯列夫（Vilhelm Balslev）

语言：丹麦语

国家：丹麦

系列/书目：《植物学教学挂图》

图序号：4

出版者：卡托出版社（丹麦哥本哈根）

时间：1910年

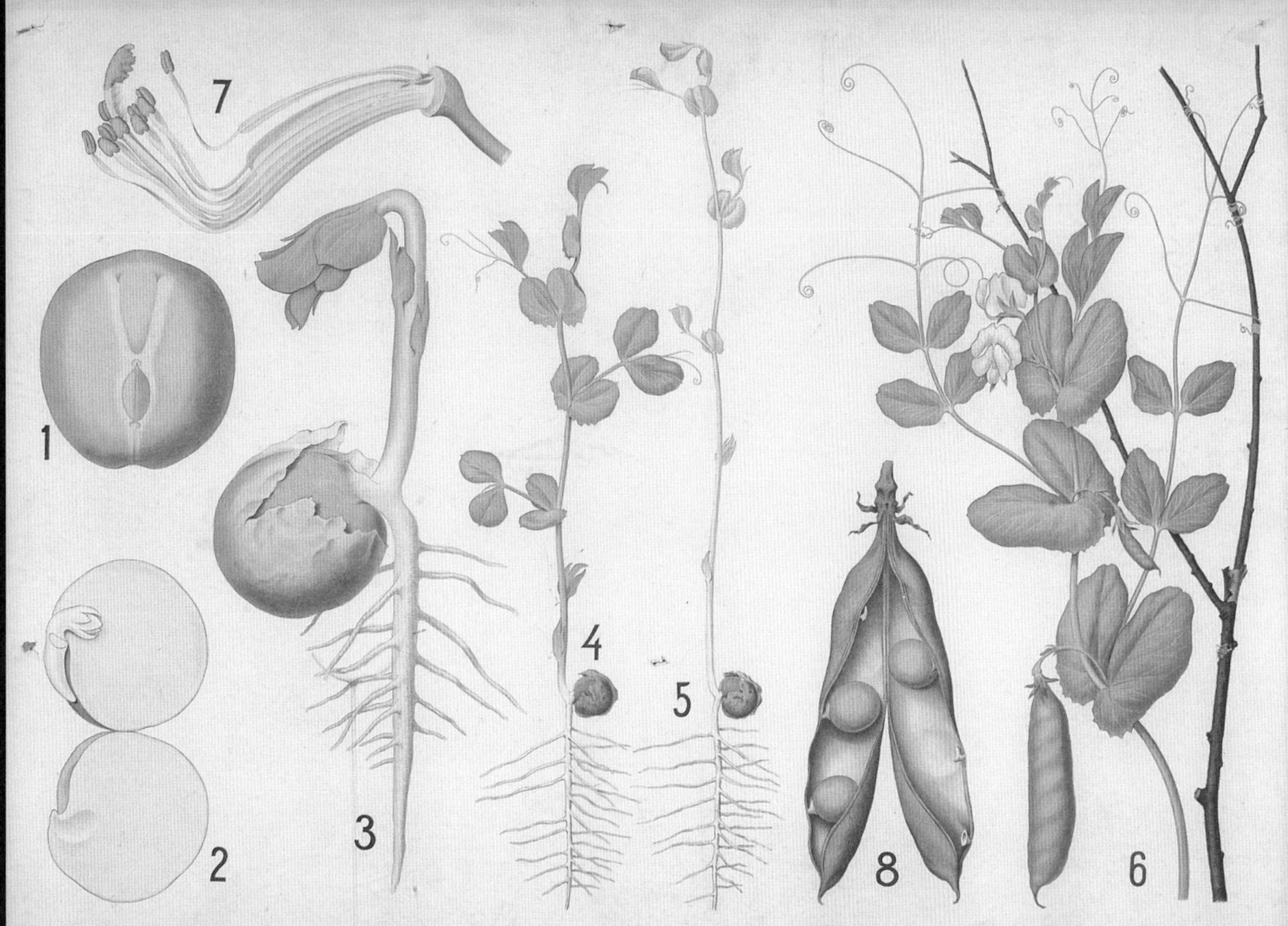
7
1
3
4
5
2
8
6
Copyright by Chr Cato, Copenhagen

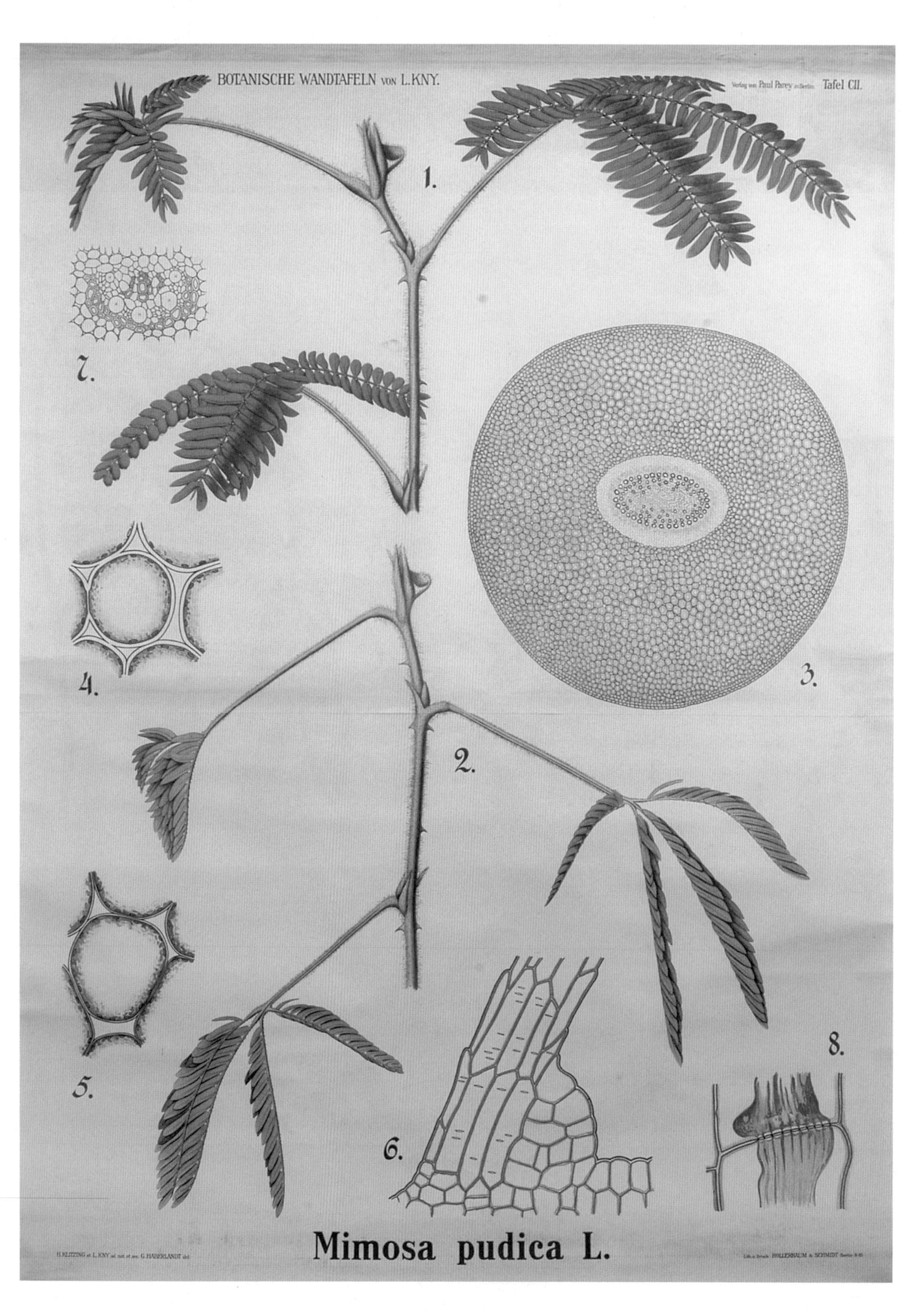
BOTANISCHE WANDTAFELN von L. KNY.
Verlag von Paul Parey in Berlin.
Tafel CII.
1.
2.
3.
4.
5.
6.
7.
8.
Mimosa pudica L.

几个世纪以来，含羞草一直吸引着园艺学家、作家和植物学家，让他们产生好奇心。它纤巧的流苏状的叶片可以在手指或昆虫翅膀轻触时折叠起来，科学界对它的这一反应感到惊奇。这是它在灵魂的支配下与我们交流吗，或者仅仅是对刺激的一种自发反应？在 19 世纪，含羞草在文学创作中经常被提及，作家将其拟人化为富有哲理性的物种，赋予它各种各样的与女性有关联的绰号，比如软弱、恐惧和羞耻等。最终，经过几个世纪辩论，新工具的出现使有关含羞草的谈论从与女性相关的特质转移到对其机能的研究。英国科学家罗伯特・胡克（Robert Hooke）在 17 世纪时因运用显微镜进行研究而闻名，他是最早发现植物的运动是植物内部水分运动的结果的人之一。水分从细胞液泡中流出，导致细胞功能受损甚至死亡。在这幅图中，利奥波德克・尼展示了含羞草的羽状复叶（图 1、图 2）的不同状态和相应的细胞结构在显微镜下的细节（图 3 ~ 图 8），揭示了含羞草叶片闭合的机制。

左图
名称：含羞草
作者：利奥波德克・尼
语言：德语
国家：德国
系列/书目：《植物学挂图》
图序号：102
出版者：保罗・帕雷（德国柏林）
时间：1874年

哈斯林格描绘了一株生机勃勃的箭舌豌豆，它将整幅图一分为二。箭舌豌豆的卷须和叶子将花、豆荚、种子等部分分开。箭舌豌豆的茎被切断，藤蔓分向四边。哈斯林格描绘了箭舌豌豆的根，这样可以让教师在课堂上更好地介绍豆科植物的固氮能力。箭舌豌豆裂开的豆荚同样是值得注意的特征，它的种子会被弹射出去，这是许多豆科植物进化出来的一种常见机制，可以把植物的种子投掷到远离植物的地方。这幅图还描绘了一朵枯萎的紫色小花，这是一种非常好的适应能力，一些植物以这种方式来表明花朵已经完成授粉过程了。蜜蜂喜欢粉色的花朵，因此授粉后的花朵逐渐变蓝，从而使蜜蜂将注意力转向未授粉的粉色花朵。

右图

名称：箭舌豌豆

作者：奎林・哈斯林格

语言：德语

国家：奥地利

系列/书目：《学校用途：哈斯林格植物学挂图》

图序号：不详

出版者：泰纳斯公司（德国肯彭）

时间：1950年

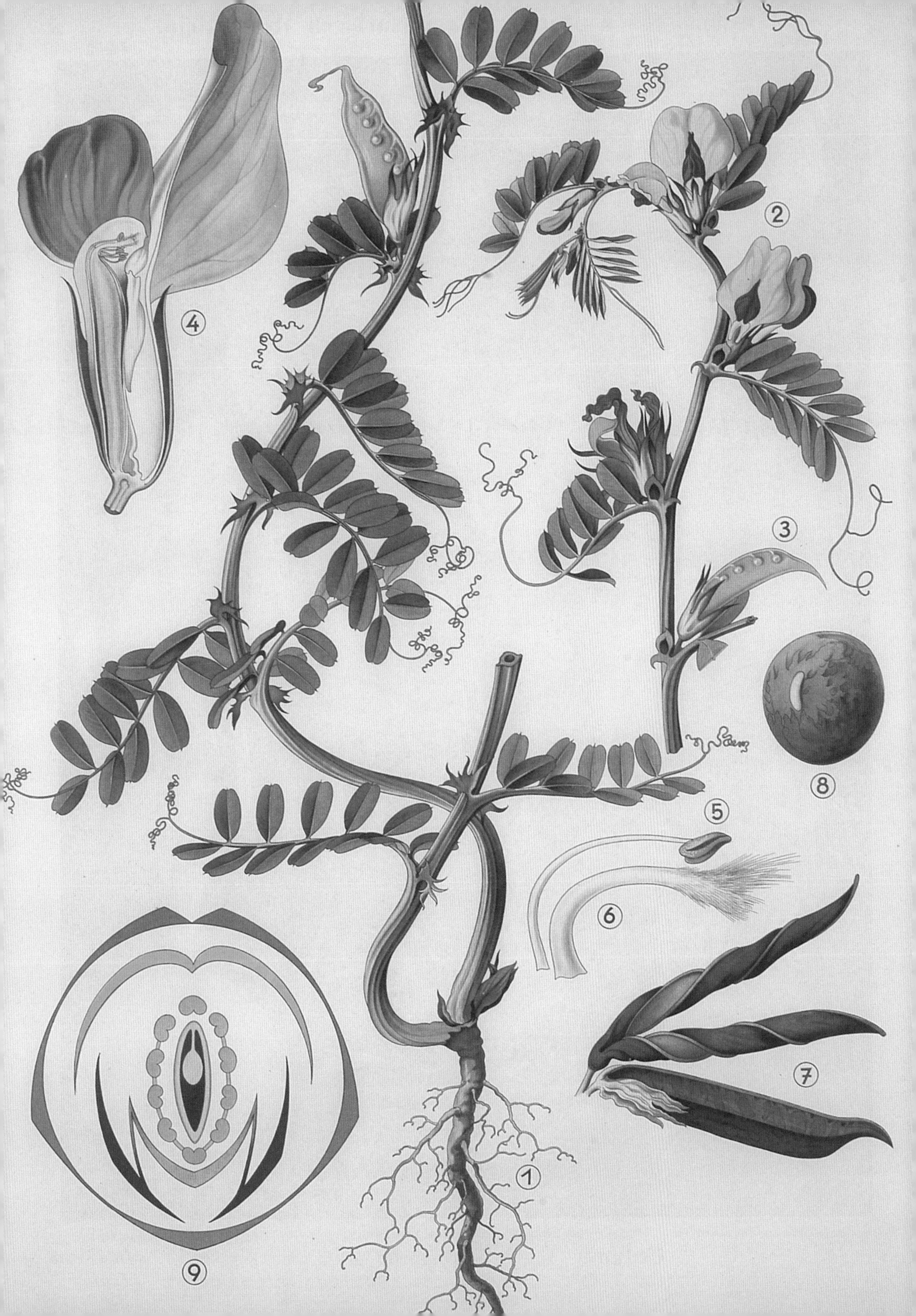

④
②
③
⑧
⑤
⑥
⑦
①
⑨

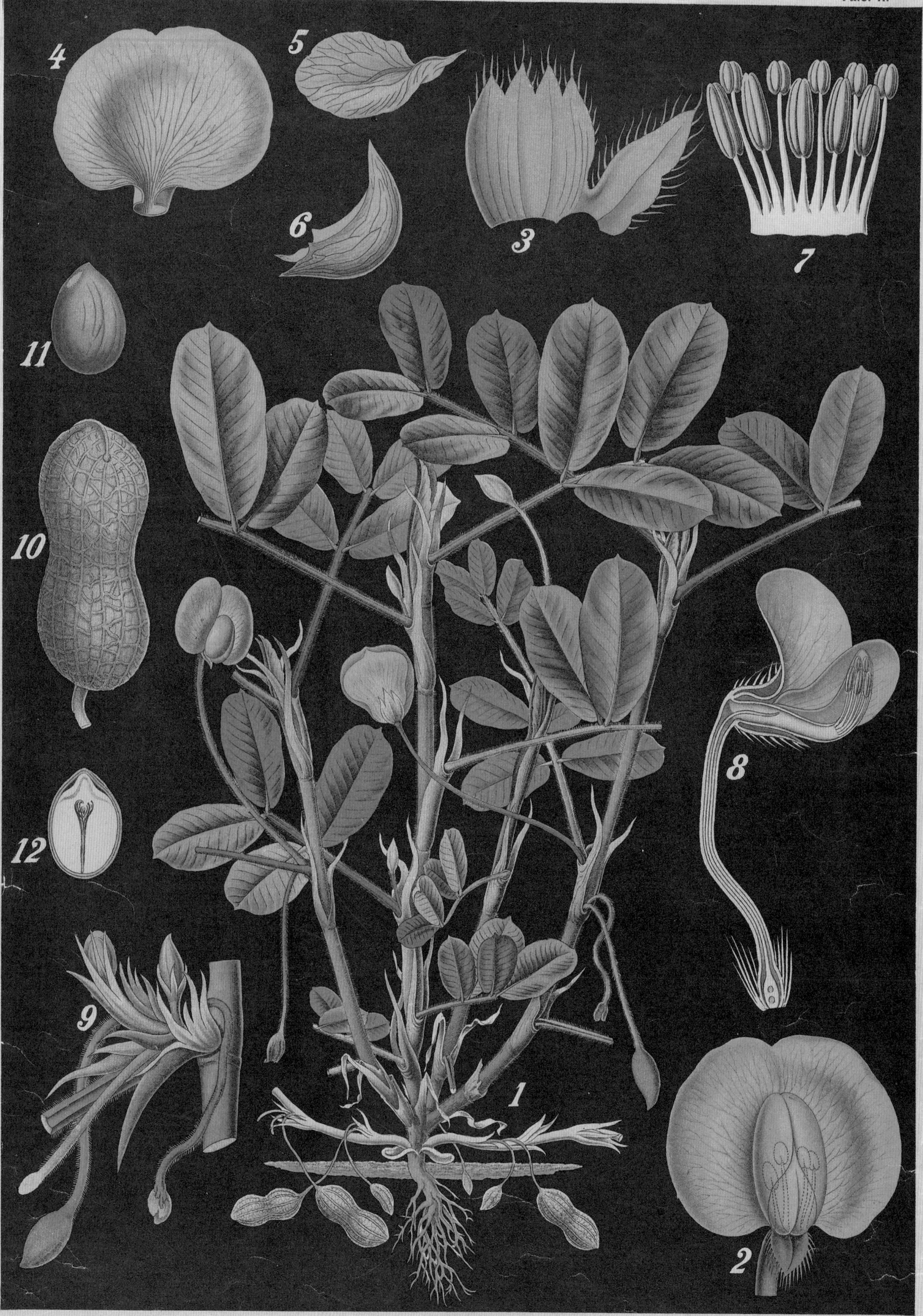

Verlag von FRIEDR. VIEWEG & SOHN, Braunschweig. Nach H. ZIPPEL bearbeitet von O. W. THOMÉ, gezeichnet von CARL BOLLMANN. Lith.-art. Inst. von CARL BOLLMANN, Gera, Reuss j. L.

Erdnuss (Arachis hypogaea Linné). Nach der Natur.

1. Pflanze; *Vergr. 2.* — 2. Oberer Teil der Blüte; *Vergr. 10.* — 3. Saum des Kelches; *Vergr. 12.* — 4. Fahne, 5. Flügel, 6. Kiel der Blumenkrone; *Vergr. 10.* — 7. Oberes Ende der geöffneten Staubblattröhre; *Vergr. 20.* — 8. Blüte im Längsschnitte; *Vergr. 10.* (Nach Taubert in Engler-Prantl.) — 9. Stengelknoten nach Entfernung der Nebenblätter; rechts neben dem rinnenförmigen Blattstiele sind drei stielartige verlängerte Blütenachsen, welche an ihrer Spitze eine junge Frucht tragen; an der Frucht rechts ist der Kelch gesprengt, an der Frucht links abgeworfen; *Vergr. etwa 8.* (Nach Bentham.) — 10. Frucht; *Vergr. 10.* — 11. Same; *Vergr. 10.* — 12. Same im Längsschnitte; zahlreiche Blattanlagen sind bereits erkennbar; *Vergr. 10.*

齐佩尔和波尔曼没有刻意强调落花生在地下发育的果实或黄色的蝶形花，而是出人意料地重点描绘了落花生的叶片，不过落花生的叶片并不是那么独特。他们刻意减少花朵数量的做法并不奇怪，由龙骨瓣、旗瓣和翼瓣组成的花对落花生属植物来说并不是独一无二的（其他蝶形花亚科植物也有这样的花），而且也不是落花生为人们熟知的特征。但人们想看到落花生完整的样子，很大程度上是因为豆科植物的果实是在地面上发育的，而落花生却不同。它的雌蕊在受精后，子房柄迅速生长，向地面弯曲，使子房插入土中，并迅速成长发育，形成荚果（图 1、图 9）。

左图

名称：落花生

作者：赫尔曼·齐佩尔

绘制者：卡尔·波尔曼

语言：德语

国家：德国

系列/书目：《彩色异域作物》

图序号：第三部，11

出版者：弗里德里希·维耶格和佐恩（德国布伦瑞克）

时间：1897年

13

水鳖科和睡莲科

水鳖科和睡莲科植物有沉水植物、浮水植物和挺水植物，它们为一年生或多年生水生植物，在全球范围内都有分布，在热带地区尤为常见。虽然这些植物中也有一些生活在海洋中，但它们主要生活在淡水中。水鳖科共有 16 个属，包括 133 种植物；睡莲科共有 8 个属，包括 70 种植物。睡莲科植物主要作为观赏植物，其中的睡莲属和萍蓬草属植物有着艳丽的花朵，芡实属和王莲属植物有着巨大的叶片。古埃及人将蓝睡莲视为圣花。有些水鳖科植物具有净化水体的功效，但因为被船带到其他地方而成为入侵生物，阻塞水道、侵占栖息地。这些水鳖科植物包括水蕴草、伊乐藻、黑藻和大卷蕴藻等。

水鳖科植物的特征包括：叶子形状各异，但多数有明显的叶柄和叶片；通常为 3 枚萼片和 3 枚花瓣，花被为两轮；一到多枚雄蕊；花序通常高于水面，佛焰苞合生；果实多为蒴果，极少数为浆果。

睡莲科植物的特征包括：有粗壮的根状茎；叶为卵形、圆形、盾形，革质，长叶柄；花单生，漂浮或高于水面，通常有 4 枚分化不明显的萼片，雄蕊数量多，花瓣往往颜色鲜艳；果实为浆果。

右图
名称：水鳖科植物
作者：艾尔伯特・彼得
语言：德语
国家：德国
系列/书目：《植物挂图》
图序号：34
出版者：保罗・帕雷（德国柏林）
时间：1901年

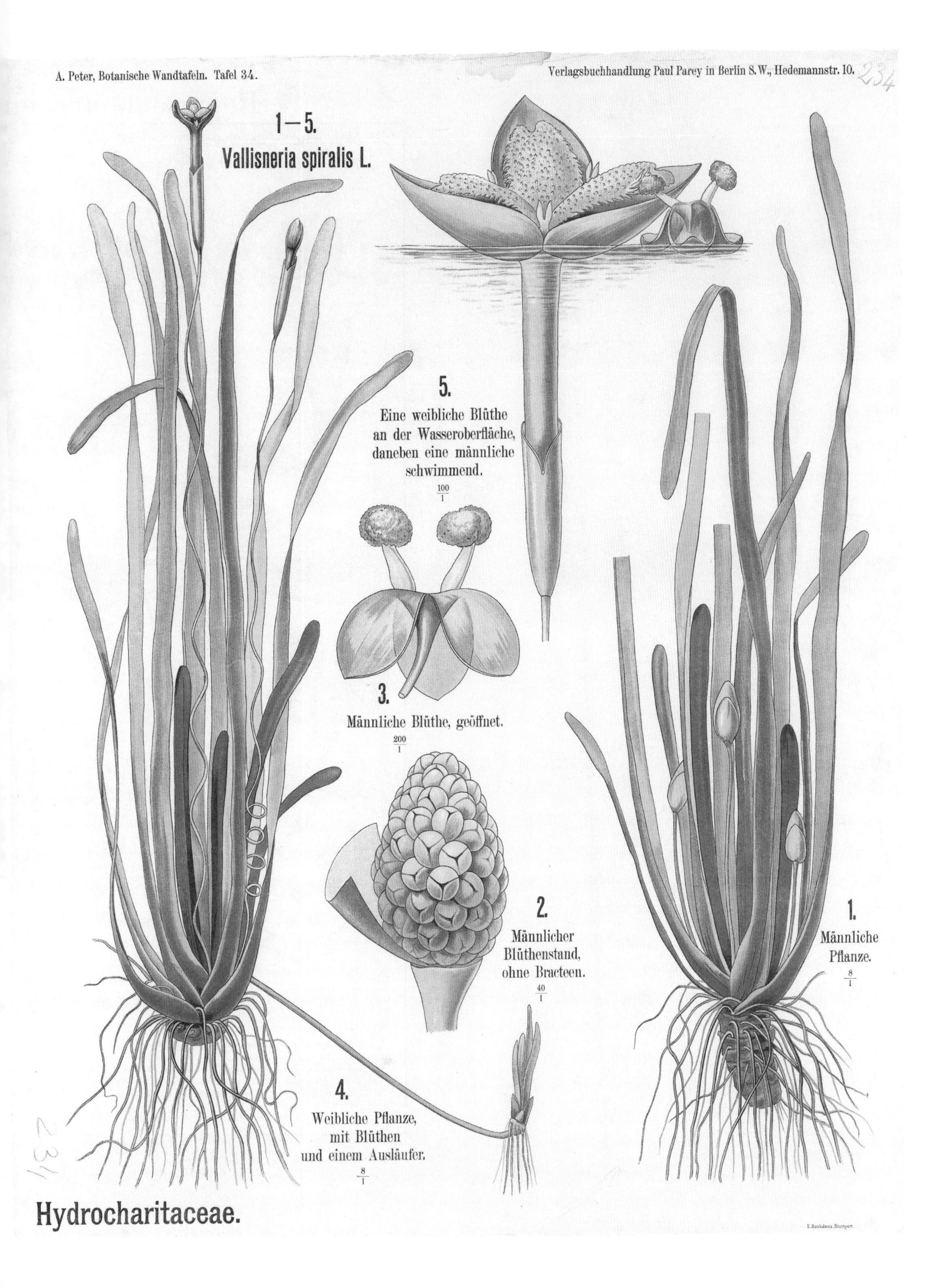

A. Peter, Botanische Wandtafeln. Tafel 34.
Verlagsbuchhandlung Paul Parey in Berlin S.W., Hedemannstr. 10.
1—5.
Vallisneria spiralis L.
5.
Eine weibliche Blüthe an der Wasseroberfläche, daneben eine männliche schwimmend.
100/1
3.
Männliche Blüthe, geöffnet.
200/1
2.
Männlicher Blüthenstand, ohne Bracteen.
40/1
1.
Männliche Pflanze.
8/1
4.
Weibliche Pflanze, mit Blüthen und einem Ausläufer.
8/1
Hydrocharitaceae.

前页

欧亚苦草，别名为鳗鱼草，生长在热带和亚热带地区。这种植物为雌雄异株，叶基生，长带状，叶片向水面生长，花挺水开放。彼得的绘画通常是不太平衡的。在这幅图中，他将雄性植株（图 1）和雌性植株（图 4）对称放置以便比较。与图左侧的雌性植株相对应，图右侧有一株大小相同、花序不同的雄性植株。在这两株植物之间，有一朵去掉苞片的雄花（图 2）、一朵开放的雄花（图 3），以及漂浮在水面上的雌花和雄花。（图 5）

右图

对植物学家而言，植物分类学长期以来都是一个含混不清、充满争议的学科。对学生来说，这种情况尤为明显。比如这幅图描绘的 2 种植物形态上相似，但属于不同的科。欧水鳖（图 1）是水鳖科的一种小型水生植物，有浮叶。浮萍（图 2）是天南星科的一种小型水生植物，有浮叶。除了外表相似，这两种植物几乎没有什么共同之处。欧水鳖有白色小花和肾形叶，浮萍几乎不开花且有椭圆形叶。将有着相似结构和栖息地的 2 种植物进行对比观察的方法很有效，这也让人们理解了齐佩尔和波尔曼将这两种植物描绘在一起的原因。不过，如果将浮萍与它所在的天南星科植物做比较，也许会更有趣。

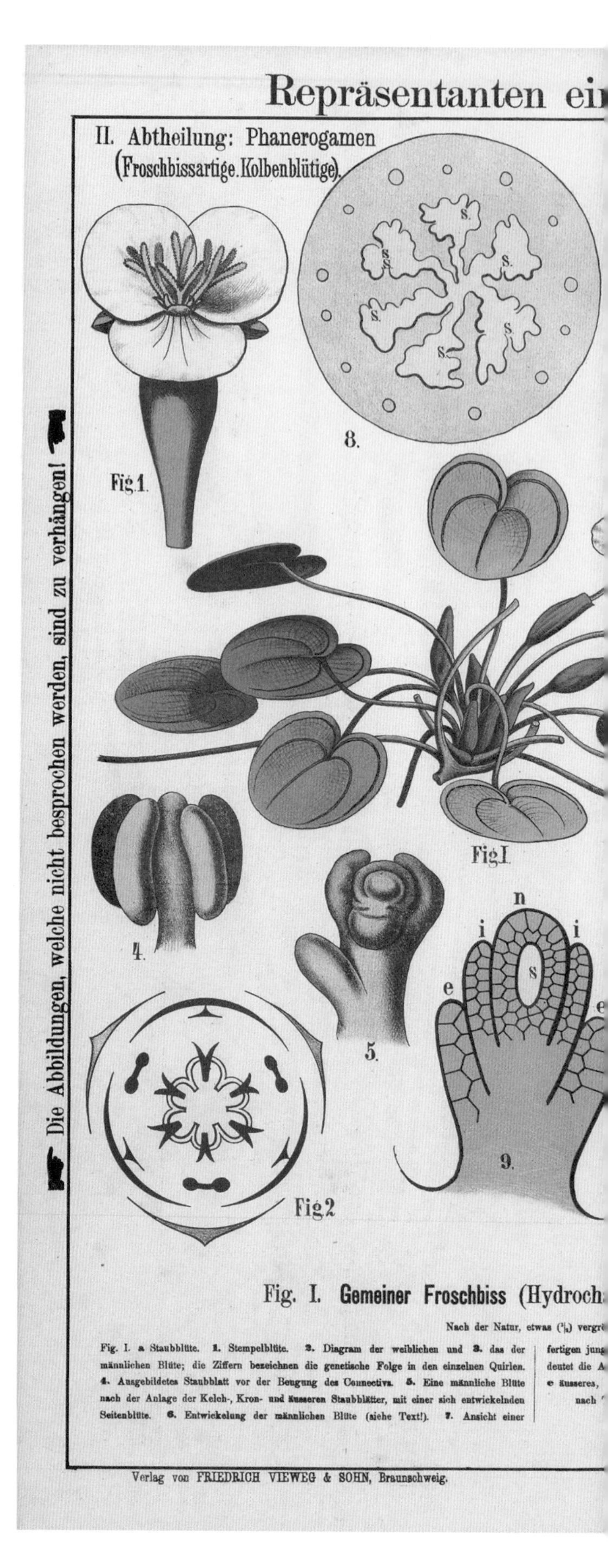

右图

名称：显花植物（水鳖科和天南星科）

作者：赫尔曼·齐佩尔

绘制者：卡尔·波尔曼

语言：德语

国家：德国

系列/书目：《本土植物典例》

图序号：第二部，5

出版者：弗里德里希·维耶格和佐恩（德国布伦瑞克）

时间：1879年

…mischer Pflanzenfamilien in bunten Wandtafeln mit erläuterndem Text.

…orsus ranae L.)

…en Blütenanlage. **8.** Querschnitt durch den Fruchtknoten; **s** be…akte der Samenknospen. **9.** Samenknospe in der Entwickelung; …ntegument (Samenschale), **n** Knospenkern, **e** Embryo. Fig. 1 … 2 und 3 nach Eichler, die übrigen Details nach Rohrbach.

Fig. II. Gemeine Wasserlinse (Lemna minor L.)

Nach der Natur

1. Blühender Spross von Lemna Valdiviana. **2.** Blütenapparat von Lemna minor. **3.** Pistill, Seitenansicht. **4.** Längsschnitt eines reifen Samens (**h** siehe Text!) **c** Keimblatt, **pl** Knöspchen, **r** Nebenwurzel desselben, **te** äussere, **ti** innere Samenhaut, **ch** Chalazza (Keimfleck), **o** Samendeckel, **en** Endosperm. * **5.** Keimpflanze von oben gesehen, **r** Wurzel, ***pl** Knöspchen, ***f** Tochterspross, **c** Cotyledo, **ch** Chalazza (Keimfleck). **6.** Plumula mit Tochterspross (**f**) und Nebenwurzel (**r**). **n** Grenze der Tasche, aus welcher der Tochterspross entspringt.
* **Berichtigung:** **f** bedeutet Knöspchen, **pl** Tochterspross.

7. Tochterspross der Plumula einer Keimpflanze mit 2 jungen Enkelsprossen. **8.** Basis eines halbentwickelten 0,58 mm. langen Sprosses. **n** die die beiden Unterlippen der Taschenmündungen verbindende Querfalte, **cc'** Taschenhöhlen, **mm'** Taschenmündungen, **ff'** Tochtersprosse, **r** Wurzel. **9.** Querschnitt einer Wurzel nahe über der Spitze; **c** Wurzelhaube, **e** Wurzelepidermis; **v** innerste den axilen Strang umgebende Rindenzellenschicht. Fig. 3—9 nach Hegelmaier. **10.** Spross mit Tochterspross und Frucht.

Herausgegeben von HERMANN ZIPPEL und CARL BOLLMANN.

Zeichnung, Lithogr. und Druck des lithogr.-artist. Instituts von Carl Bollmann, Gera.

Dodel-Port, Atlas.
Fig.2
Fig.3
Fig.1
Fig.4
2200/1
Fig.2
VI
III
IV
B.
V.
II
I
Fig.1
Arnold Dodel-Port ad. nat. del.
Elodea canadensis, Caspary.
J. F. Schreiber, Esslingen Jmpr.

伊乐藻是19世纪植物学家经常研究的一种水草。植物学家阿诺尔德·杜贝尔–伯特和卡洛琳娜·杜贝尔–伯特在他们的《植物解剖学和植物生理图集》中解释了原因："……伊乐藻是原生质从循环运动向旋转运动演变的最佳活体示例。"与其他物种不同的是，伊乐藻的"全部原生质、叶绿素颗粒和细胞核都在不断运动"。

这种多年生水生植物原产于北美洲，在19世纪中期被引入英国，并在欧洲迅速传播。伊乐藻的种子几乎都无法发芽，只能依靠无性繁殖，因此伊乐藻的种群全部为雄性或雌性。阿诺尔德·杜贝尔–伯特和卡洛琳娜·杜贝尔–伯特指出："欧洲从未出现过雄性伊乐藻，因此我们通过美国的植物学家得知其授粉和结果的过程。"

阿诺尔德·杜贝尔–伯特和卡洛琳娜·杜贝尔–伯特在这幅图中没有描绘雄性伊乐藻，而是画了整株雌性伊乐藻（图1）、部分雌性伊乐藻（图2）及其花朵（图3）、放大了的有着锯齿状边缘的叶的片段（图4）。人们可以从叶的片段中观察到前面提到的原生质运动。细胞内的箭头代表原生质的运动方向。他们推荐将欧亚苦草（见前文）作为研究细胞内原生质运动的对象，同时认为伊乐藻是更适合的研究对象，因为"……有《植物解剖学和植物生理图集》的学校应该都很容易获得它们（伊乐藻），不必花费太多精力"。

左图

名称：伊乐藻

作者：阿诺尔德·杜贝尔–伯特和卡洛琳娜·杜贝尔–伯特

语言：德语

国家：德国

系列/书目：《植物解剖学和植物生理图集》

图序号：28

出版者：J. F. 施赖伯（德国埃斯林根）

时间：1878—1893年

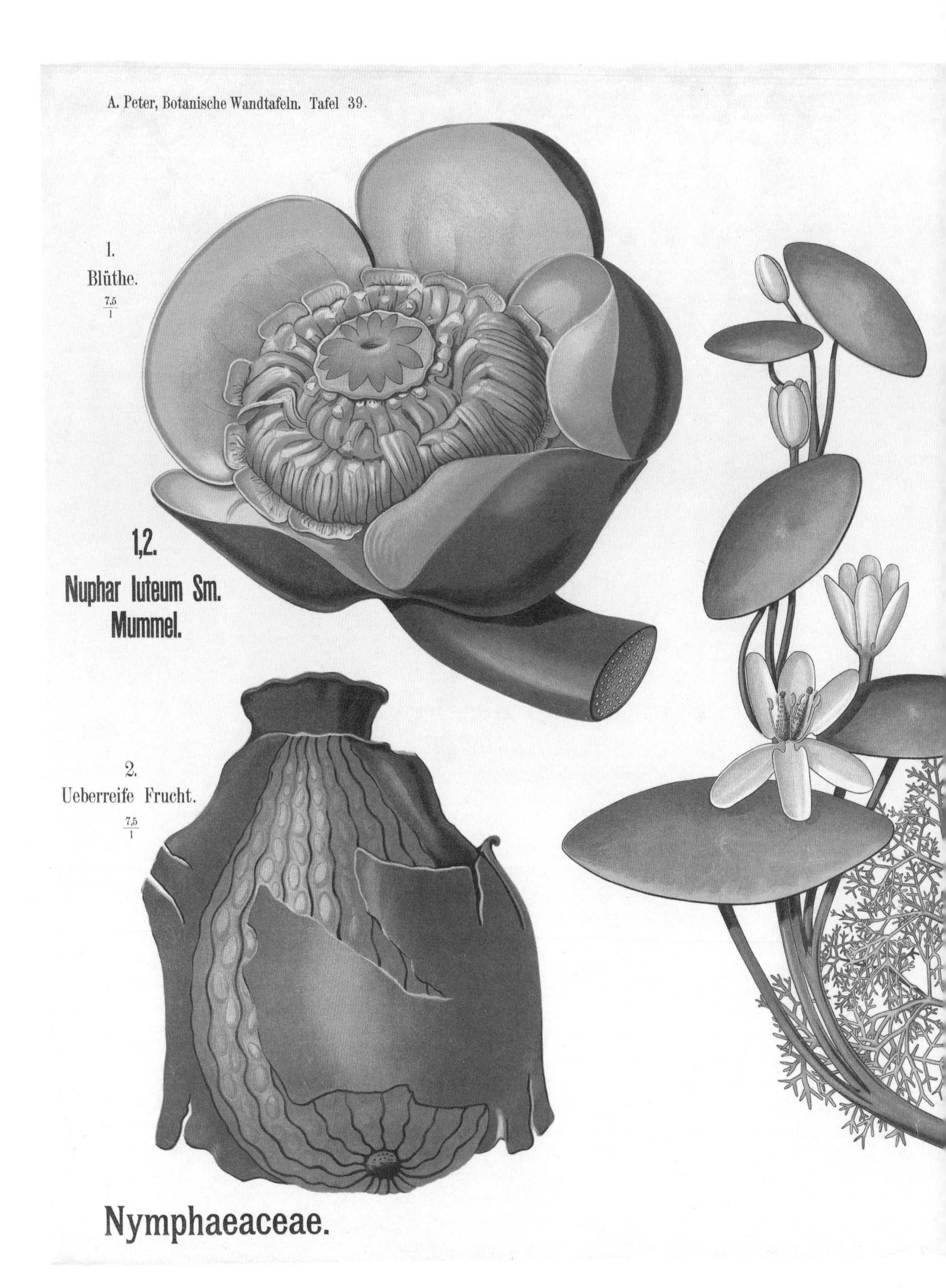
A. Peter, Botanische Wandtafeln. Tafel 39.
1.
Blüthe.
7,5/1
1,2.
Nuphar luteum Sm.
Mummel.
2.
Ueberreife Frucht.
7,5/1
Nymphaeaceae.

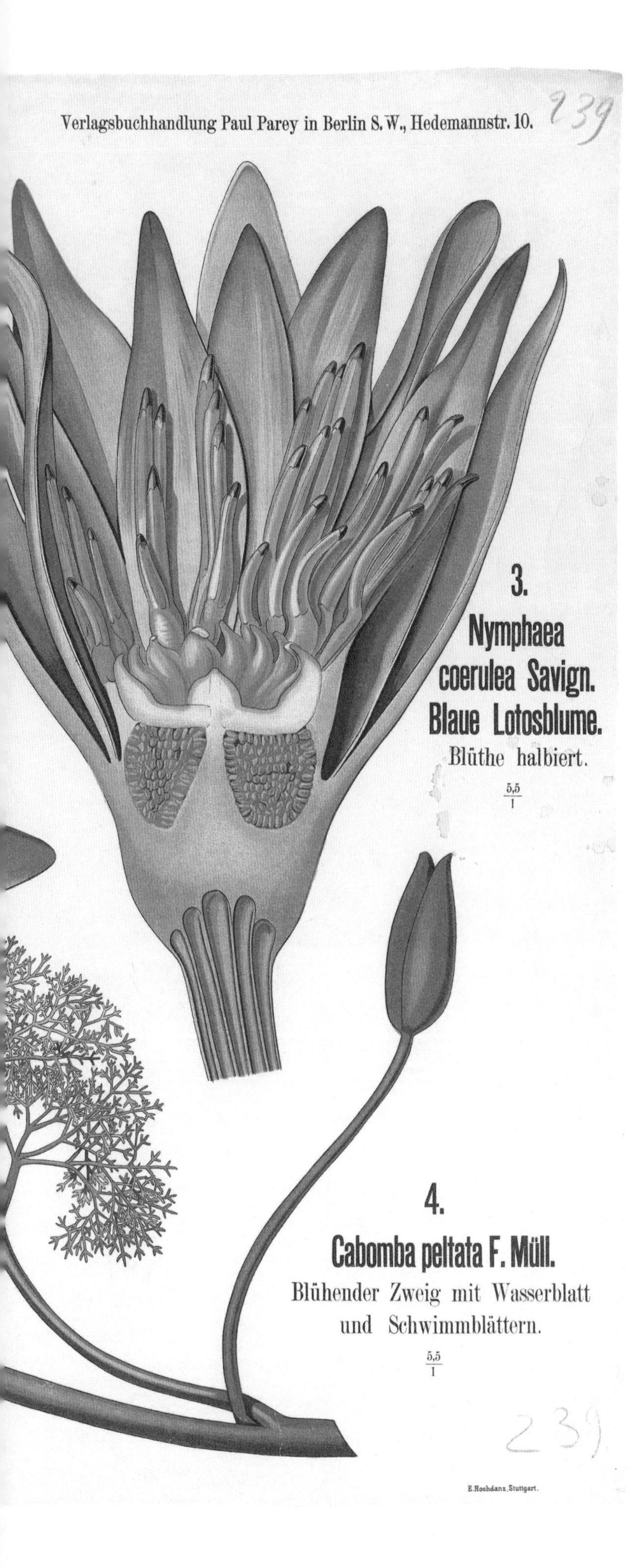

同往常一样，彼得的挂图围绕着他经常难以理解的美学和科学逻辑提出了一些有趣的问题。他既没有用一个共同的部分（如花、叶、果）来介绍这 3 种植物，也没有在挂图中给它们相同的空间，甚至连比例也不一样。彼得以非同寻常的方式描绘每一种植物，既没有对单种植物进行概述，也没有对睡莲科植物进行总体介绍。

这幅图中唯一的整株植物是莼菜（图 4），彼得可能是为了展示莼菜在水下如同羽毛的水中茎。蓝睡莲（图 3）花朵的纵剖面展示了众多尖端为蓝紫色的高挑的花药，这是蓝睡莲的显著特征。花朵硕大、颜色亮眼的欧亚萍蓬草（图 1），在图中尤为夺目。其下是与它等比例放大（7.5 倍）的大而多籽的果实（图 2）。

莼菜后来被划分到以它名称命名的莼菜科下，但其他 2 个物种仍属睡莲科。

左图

名称：睡莲科植物

作者：艾尔伯特・彼得

语言：德语

国家：德国

系列/书目：《植物挂图》

图序号：39

出版者：保罗・帕雷（德国柏林）

时间：1901年

荣格、科赫和奎恩泰尔的《新植物挂图》是一本主要以黑色为背景重点介绍花和植物不同部位剖面的挂图集。这幅图是其中极少数改变背景的图之一，令人惊艳不已。图中白睡莲和欧亚萍蓬草漂浮在灰蓝色水面的池塘中，水下的部分为灰褐色（荣格、科赫和奎恩泰尔很少颜色交替暗示画面的空间层次变化）。

这幅图左边的白睡莲因其根状茎的药用价值而闻名。在过去，它的根状茎被碾碎、煎煮、提炼、切块，并用于治疗多种疾病（僧侣和修女还曾将其作为春药服用）。在这幅图中，浸没在水中的叶呈箭头状，莲叶和白色的花朵漂浮在水面。位于图片左中部的白睡莲的果实（其横截面和纵剖面在右下部）是一个大的蒴果，它在水下成熟并裂开，释放出种子。种子被有气泡的假种皮包裹着漂浮在水面上。几天后，假种皮与种子分离，种子（右中部是种子和种子的横截面）沉入水中。

一株小巧的欧亚萍蓬草在白睡莲旁摇曳，它有2朵花和1枚正在发育的果实。它的下方有一株欧亚萍蓬草的幼苗。

在这幅图的底部，我们可以看到植物的神奇之处：某些植物有改变其器官的能力。这里描绘了白睡莲的花瓣转变成雄蕊的过程，黄色色素在花瓣顶部沉着是这一过程的开始。

右图

名称：白睡莲，欧亚萍蓬草

作者：海因里希·荣格，弗里德里希·奎恩泰尔

绘制者：戈特利布·冯·科赫

语言：不详

国家：德国

系列/书目：《新植物挂图》

图序号：7

出版者：弗洛曼和莫里安（德国达姆施塔特）；
哈格曼（德国杜塞尔多夫）

时间：1928年；1951—1963年

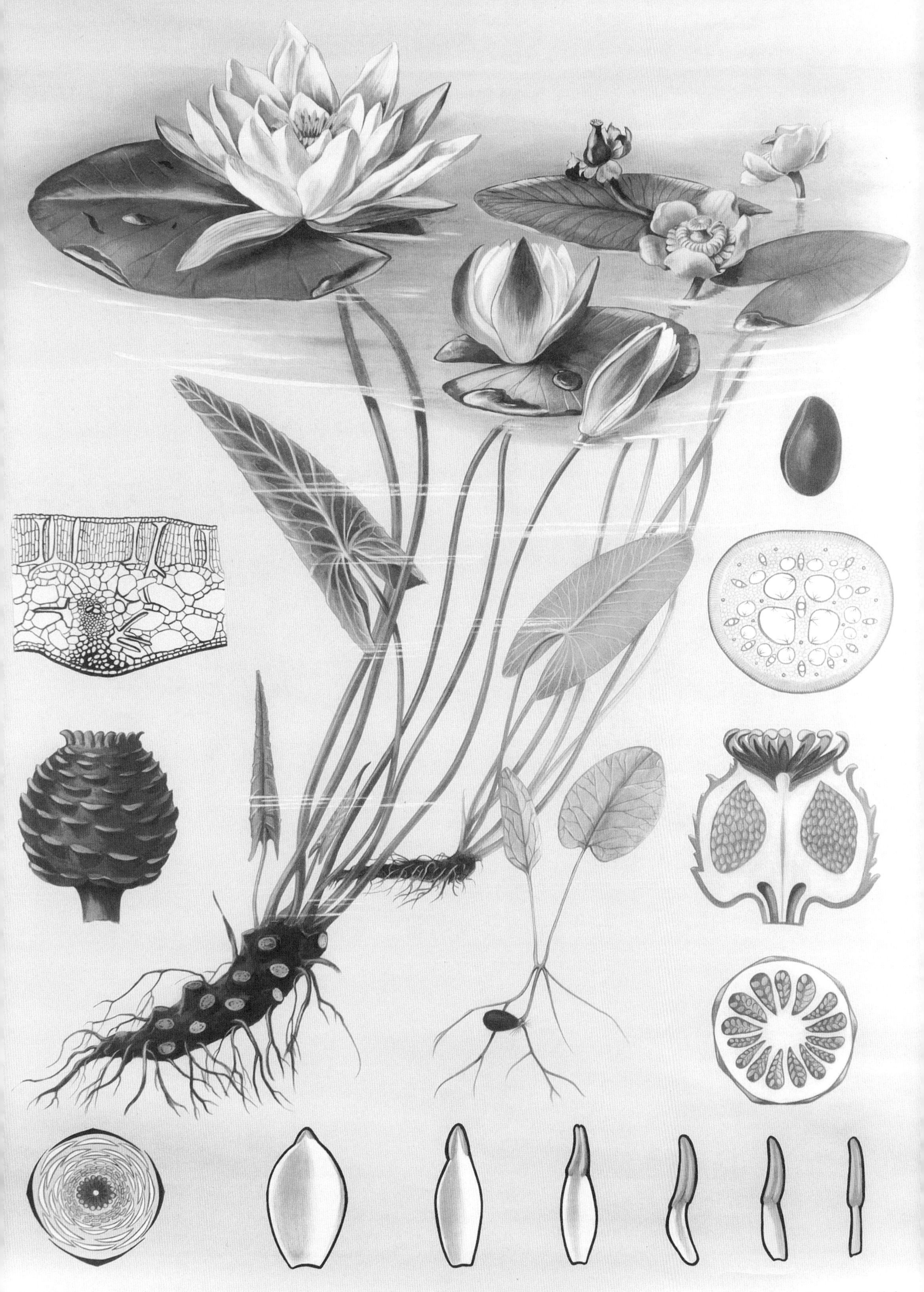

ng-Koch-Quentell

Lehrmittelverlag Hagemann, Düsseldorf

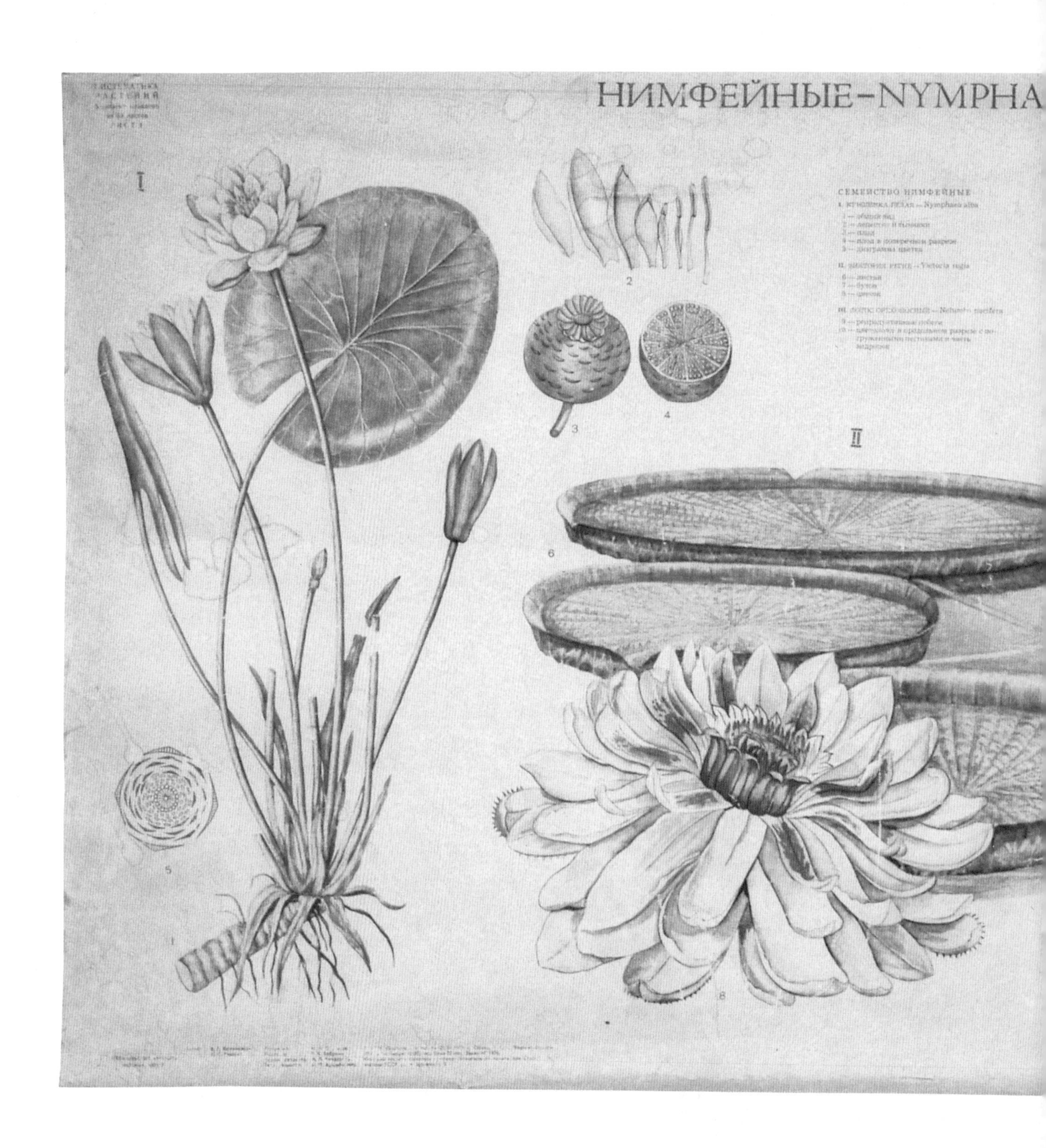

上图

名称：睡莲科植物

作者：V. G. 科拉诺斯基

语言：俄语

国家：俄罗斯

系列/书目：《植物系统学：附53幅图》

图序号：4

出版者：科洛斯出版社

时间：1971年

这幅图的左侧有一株从水底生长到水面的白睡莲（图 1），与荣格、科赫和奎恩泰尔创作的挂图几乎相同。科拉诺斯基描绘了白睡莲花朵在 3 个时期的不同形态、截断的根状茎、严重卷曲的水面下的叶片和宽大的莲叶。科拉诺斯基在这幅图中也画了花瓣到雄蕊的变化过程（图 2）。这或许是巧合，或许是插画师参考了其他资料（一般来说，大多数植物挂图都不是直接按照植物的自然形态绘制的，而是参考已有的植物挂图）。科拉诺斯基为了表现透视效果，从倾斜的角度描绘了白睡莲与众不同的未成熟的果实（图 3）及其横截面（图 4）。

19 世纪早期有关植物探寻活动的刊物中充满了对亚马孙王莲的诗意描述，这种花有着超大的尺寸、醉人的芳香和神秘而美丽的外形。“植物猎人”们记录下在寻找亚马孙王莲（曾名为维多利亚王莲）时，他们在亚马孙流域的野外遭遇的惊险经历。亚马孙王莲是世界上最大的莲花。从 1801 年被人们发现以来，它一直是维多利亚时期园艺学家的宠儿。正如一位园艺师所写：“它有着无与伦比的美丽造型，这绝非谬赞，而是众望所归。”这也难怪世人会惊叹：亚马孙王莲的花朵在傍晚绽放，第一晚是白色的，第二晚是粉红色的，它散发着甜美的香气，在夜空中四处飘散。它的叶片直径可达 3 米，叶脉交错，底部有棱纹，被称为“大自然的工程杰作”。它也给建筑师约瑟夫・帕克斯顿爵士（Sir Joseph Paxton）设计水晶宫提供了灵感，这座水晶宫是为 1851 年的“世界博览会”而建造的。约瑟夫・帕克斯顿放心地将他的女儿放在亚马孙王莲的叶片上来测试他的构想。在这幅图中，由于没有比例尺或标注来表示叶子的大小，插画师大概推断后画出 3 片亚马孙王莲的叶片以展示它们超乎想象的尺寸。这 3 片叶子漂浮在一片雾蓝色的水面上，成为花朵的背景。虽然两者大小不同，但都是那么与众不同。

14

百合科

百合科植物在过去种类众多，但现在只有 18 个属，包括 746 种植物。它们形态各异，大多是多年生草本植物，有根状茎、鳞茎或块茎，其中有些有须根，而另一些有木质茎或为攀缘植物。它们分布广泛，在北温带尤其常见。

百合科中的蝴蝶百合属、猪牙花属、贝母属、百合属、油点草属和郁金香属植物的花朵大而绚丽。因此，它们不仅是花园里的热门观赏植物，还是花卉产业的中流砥柱。数百年来，百合和郁金香在宗教、文学和艺术领域备受推崇。百合通常是标志性的基督教象征，而 17 世纪是郁金香最受欢迎的时期，一枚郁金香球茎的价格甚至可以抵得上一所房子。

百合科植物的特征包括：单叶，线形，往往基生或轮生，平行脉；通常为 6 枚花被片，离生或合生，在萼萼内分为两轮；通常为 6 枚雄蕊；合生花柱，有 3 个柱头；单生花或伞形花序、簇生花序、总状花序、圆锥花序；果实通常为三室的蒴果或浆果。

对页

名称：郁金香

作者：海因里希·荣格和弗里德里希·奎恩泰尔

绘制者：戈特利布·冯·科赫

语言：不详

国家：德国

系列/书目：《新植物挂图》

图序号：34

出版者：弗洛曼和莫里安（德国达姆施塔特）；
哈格曼（德国杜塞尔多夫）

时间：1928年；1951—1963年

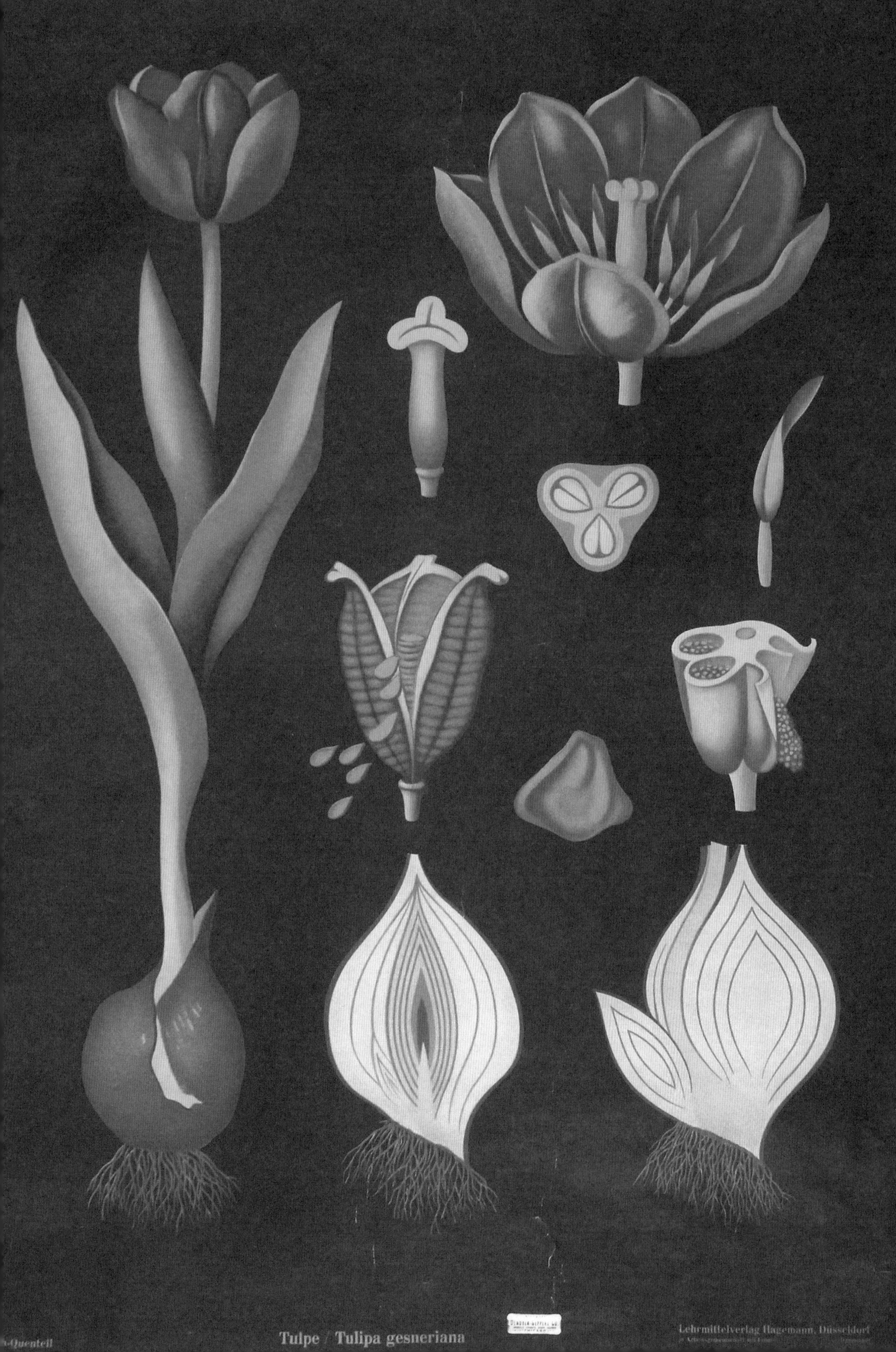
Tulpe / Tulipa gesneriana
Lehrmittelverlag Hagemann, Düsseldorf

前页

最晚从 10 世纪开始，郁金香就被作为观赏植物在波斯种植了，但它们的真正辉煌是从位于土耳其的奥斯曼帝国开始的。在 16 世纪中叶，郁金香被引入西欧。郁金香花瓣上不同寻常的条纹使它们受到西欧民众的追捧。实际上，这些条纹是由一种病毒引起的，这种病毒会影响花瓣中表皮细胞液泡的花青素的数量，也会使郁金香衰败。1634—1637 年，“郁金香泡沫”席卷荷兰，那是一场投机热潮，郁金香价格疯涨，有些人甚至愿意用他们的土地和毕生积蓄换取一枚郁金香的鳞茎。

荣格、科赫和奎恩泰尔细致地描绘了郁金香的花瓣，以此说明郁金香的繁殖器官。和所有具有鳞茎的植物一样，郁金香有两种繁殖方式：通过鳞茎分生的无性繁殖；通过授粉产生种子的有性繁殖。在这幅图中，我们可以看到种子整齐地从位于挂图中心的枯萎的种荚中脱落。

对页

奥托・施密尔选择芬芳迷人的香花郁金香作为百合科植物的代表。当时，“郁金香泡沫”已经过去了两个多世纪，所以郁金香受到大众欢迎并不是因为其是财富的象征，恰恰相反，因为它数量众多，遍布于花园中，正如施密尔所写：“即使是一个对植物漠不关心的人也会（因为看到郁金香而）感到快乐。”

施密尔创作的挂图与荣格、科赫和奎恩泰尔的主题相同，但绘画手法大相径庭。荣格、科赫和奎恩泰尔倾向于描绘概要，但施密尔把郁金香繁殖的各个阶段的状态完整地展现出来。

在这幅图的底部，一枚扎根于土地的鳞茎（图 1）整装待发；在它的右边，郁金香长出幼嫩的叶片，然后开花、结果（图 2 ~ 图 4）；在最右边，郁金香在开花后长出了子球（图 5）。图 6 ~ 图 10 描绘了郁金香有性繁殖的不同阶段，从待放的花苞（图 8）到正在迎接传粉者的花朵（图 6），最后是裂开的蒴果，种子回到大地的怀抱（图 10）。

右图

名称：郁金香

作者：奥托・施密尔

语言：德语

国家：德国

系列/书目：《植物学挂图》

图序号：1

出版者：万乐和迈尔（德国莱比锡）

时间：1907年

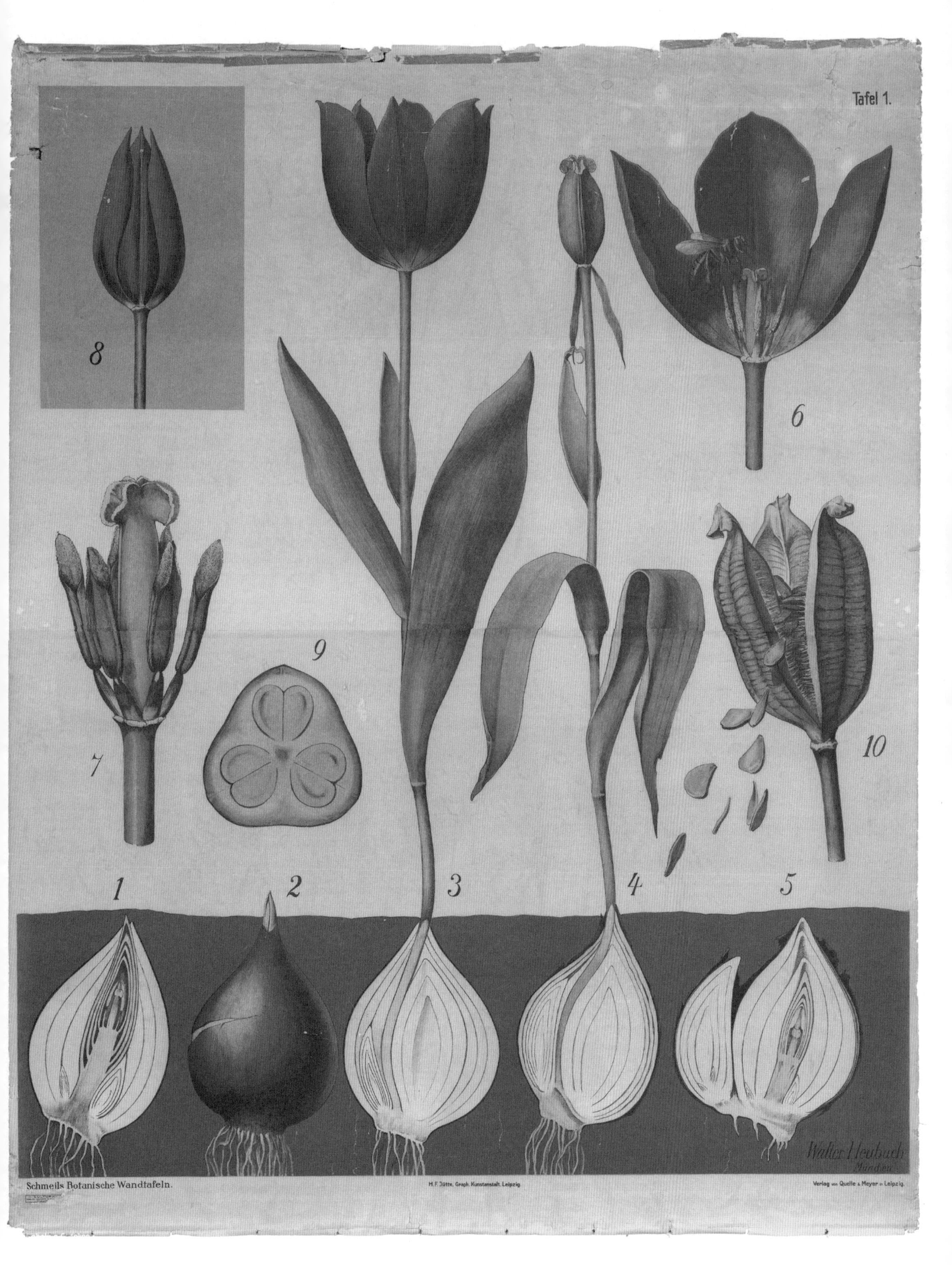
Tafel 1.
8
6
7
9
10
1
2
3
4
5
Walter Heubach
München
Schmeils Botanische Wandtafeln.
H. F. Jütte, Graph. Kunstanstalt, Leipzig.
Verlag von Quelle & Meyer in Leipzig.

阿诺尔德·杜贝尔－伯特和卡洛琳娜·杜贝尔－伯特在他们的《植物解剖学和植物生理图集》中给了欧洲百合同其他物种一样的盛誉。同往常一样，他们给出了具体的解释：“欧洲百合是被子植物擅长繁殖的典型例子。它不仅可以依靠昆虫传粉繁殖，还可以在没有昆虫传粉的情况下自花传粉，成效显著。”它也是英国花园最早种植的百合科植物之一。1596 年出版的由园艺师约翰·杰勒德（John Gerard）创作的《植物名录》中就有关于欧洲百合的记载了。欧洲百合（*Lilium martagon*）的名字源于一种叫作“martagon”的土耳其统治者戴的头巾，它们都有类似的垂坠状的外形。因此，欧洲百合也被叫作“土耳其帽百合”（Turk's cap lily）。

与大多数被子植物一样，我们可以通过理解欧洲百合的花朵的繁殖使命来了解它：它要吸引传粉者，便于传粉者接触繁殖器官，并用令其难以抗拒的奖励回馈悠闲造访的传粉者。经过高度进化，欧洲百合以其外形、色彩、香气、纹理和稀有的金黄色花蕊吸引特定的传粉者。

以花瓣为例：当花药成熟时，花瓣向后弯曲，呈现出在基部集中的深紫色的渐变斑纹，将传粉者的注意力引向提供花蜜的淡绿色的蜜腺，但只有特定的传粉者才能够进入。和其他拥有隐蔽蜜腺的植物一样，郁金香的蜜腺也是如此，传粉者必须悬停在雄蕊上才能用喙接触蜜腺。小豆长喙天蛾是欧洲百合首选的传粉者。在这幅图中，它一边拍打着花粉室，一边抖动花药，将花粉裹在腿上。欧洲百合的花药室里布满了一层油性物质，使花粉粒聚集在一起，因此当花药被挤压时，大量花粉就被释放出来。

右图

名称：欧洲百合

作者：阿诺尔德·杜贝尔–伯特和卡洛琳娜·杜贝尔–伯特

语言：德语

国家：德国

系列/书目：《植物解剖学和植物生理图集》

图序号：33

出版者：J. F. 施赖伯（德国埃斯林根）

时间：1878—1893年

Dodel-Port. Atlas.
Fig. 1.
1/1
Fig. 2.
10/1
Fig. 3.
6.5/1
Fig. 5.
1000/1
Fig. 4.
60/1
Lilium Martagon. L. fol: A.
Arnold Dodel-Port ad nat. del. (Juli-August 1878)
J. F. Schreiber. Esslingen. Impr.

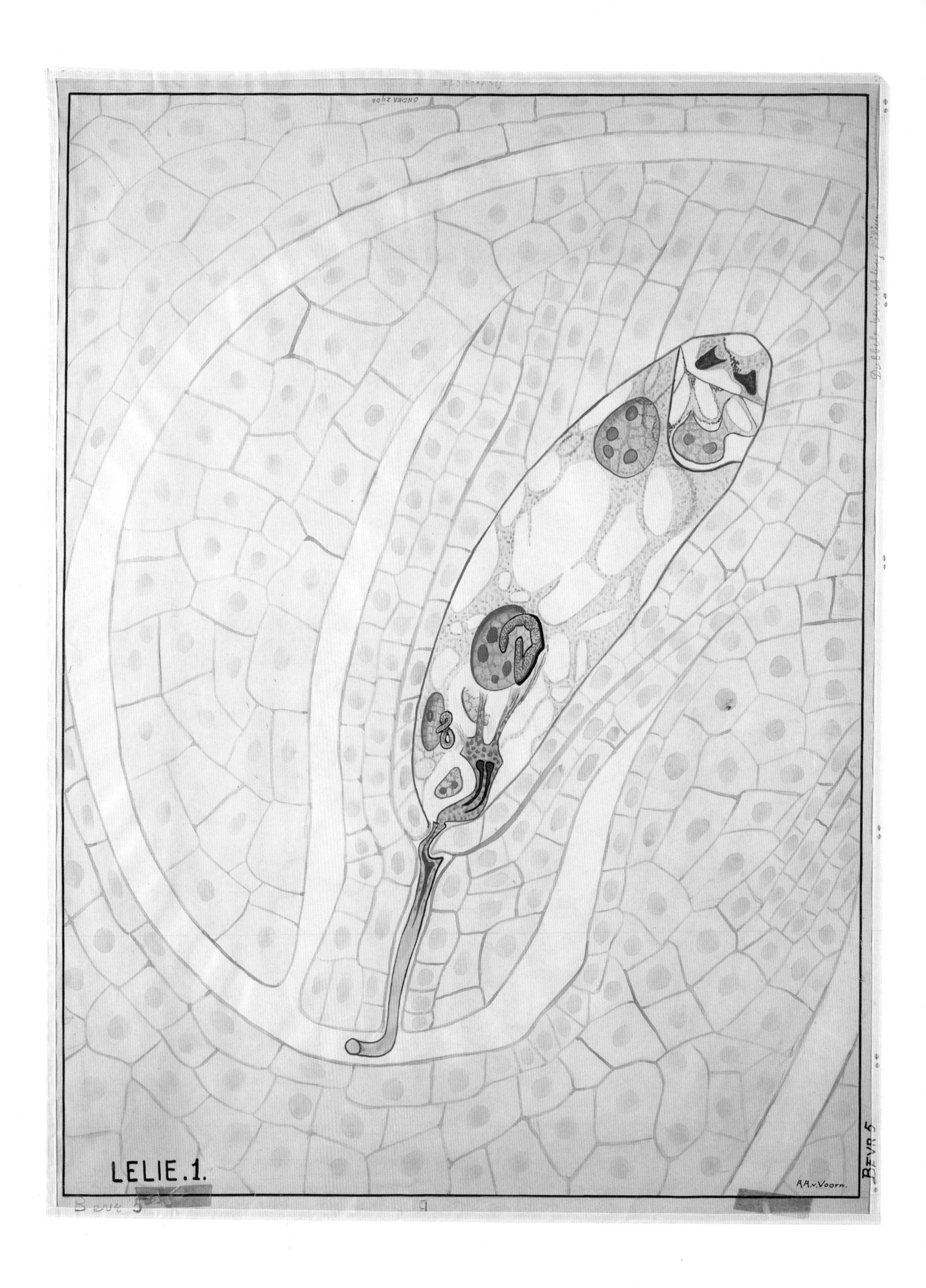

LELIE.1.
A.A.v.Voorn.
BEVR 5

1898年，俄罗斯植物学家谢尔盖·纳瓦申（Sergei Navashin）发现了被子植物繁殖的惊人特点——双受精，即必须有两个精细胞到达子房。这一过程从有黏性的柱头开始，花粉粒（含有精细胞的保护性结构）附着在那里，并长出一根花粉管，到达胚珠所在的子房。A. A. 范·沃恩（A. A. van Voorn）用欧洲百合的标本解释说明了上述过程的下一个阶段。欧洲百合和百合属的东方贝母（*Fritillaria orientalis*）是人们最早利用经典光学显微镜观察到双受精现象的物种。

在这幅图中，我们可以看到通过花粉管进入子房的两个精细胞。一个精细胞与卵细胞结合形成合子，另一个精细胞与两个极核融合形成初生胚乳核，初生胚乳核发育成胚乳，最终将生长中的合子包裹起来。成熟的种子包含胚、胚乳和种皮：由合子发育而成的胚，最终成为幼苗；种皮起保护作用；胚乳为胚提供营养。胚乳也是谷类作物为人们提供食物和饲料的营养源。

左图

名称：欧洲百合的双受精现象

作者：A. A. 范·沃恩

语言：荷兰语

国家：荷兰

系列/书目：不详

图序号：不详

出版者：不详

时间：不详

哈萨克斯坦有着丰富的郁金香资源，大约有 34 个野生品种，这里很有可能是郁金香的发源地。有 3 种原产于哈萨克斯坦的郁金香在人工培育郁金香的过程中起到了极其重要的作用，其中 1 种是画在这幅图左边的格雷格郁金香。它是以 1764 年加入俄罗斯海军的苏格兰人塞穆尔・格雷格（Samual Greig）的名字命名的。塞穆尔・格雷格在俄罗斯先后对土耳其和瑞典的战争中做出了突出贡献。这里分别展示了这一古老物种的成熟的花（图 1）、修剪过的茎和鳞茎（图 2）、雄蕊和雌蕊（图 3）、子房的横截面（图 4）和花朵结构图（图 5）。

位于这幅图中间的铃兰现在属于天门冬科，它曾被归入百合科。虽然它毒性很强，但由于气味甜美，铃兰被广泛用于英国切尔西花展以及顺势疗法——在俄罗斯，铃兰曾用于治疗癫痫。在一本 1884 年出版的关于顺势疗法的杂志里，有关于如何准备和使用顺势疗法的内容："在约一升的瓶子里装满花，倒入液体，然后在阳光下浸泡一周。一周后，将两种酊剂的混合剂倒入瓶中，将瓶子装满。根据病人患病年数确定用药剂量，一年一滴，配合一勺佐餐葡萄酒在早中晚各服用一次。"

位于这幅图右边的是生长在俄罗斯的百合属植物卷丹。和其他百合属植物相似，卷丹的花也是长在直立的茎上。但与其他百合的区别在于，卷丹的茎的叶腋会长出紫黑色的"珠芽"。卷丹于 1804 年被引入欧洲，它也生长在中国、日本和朝鲜半岛的草地、山坡和河谷中。它的植株很大，最高可达 1.8 米，花朵下垂，花梗弯曲。卷丹为蜜蜂、蝴蝶所喜爱，但不幸的是，鹿和啮齿动物也很喜欢它们。

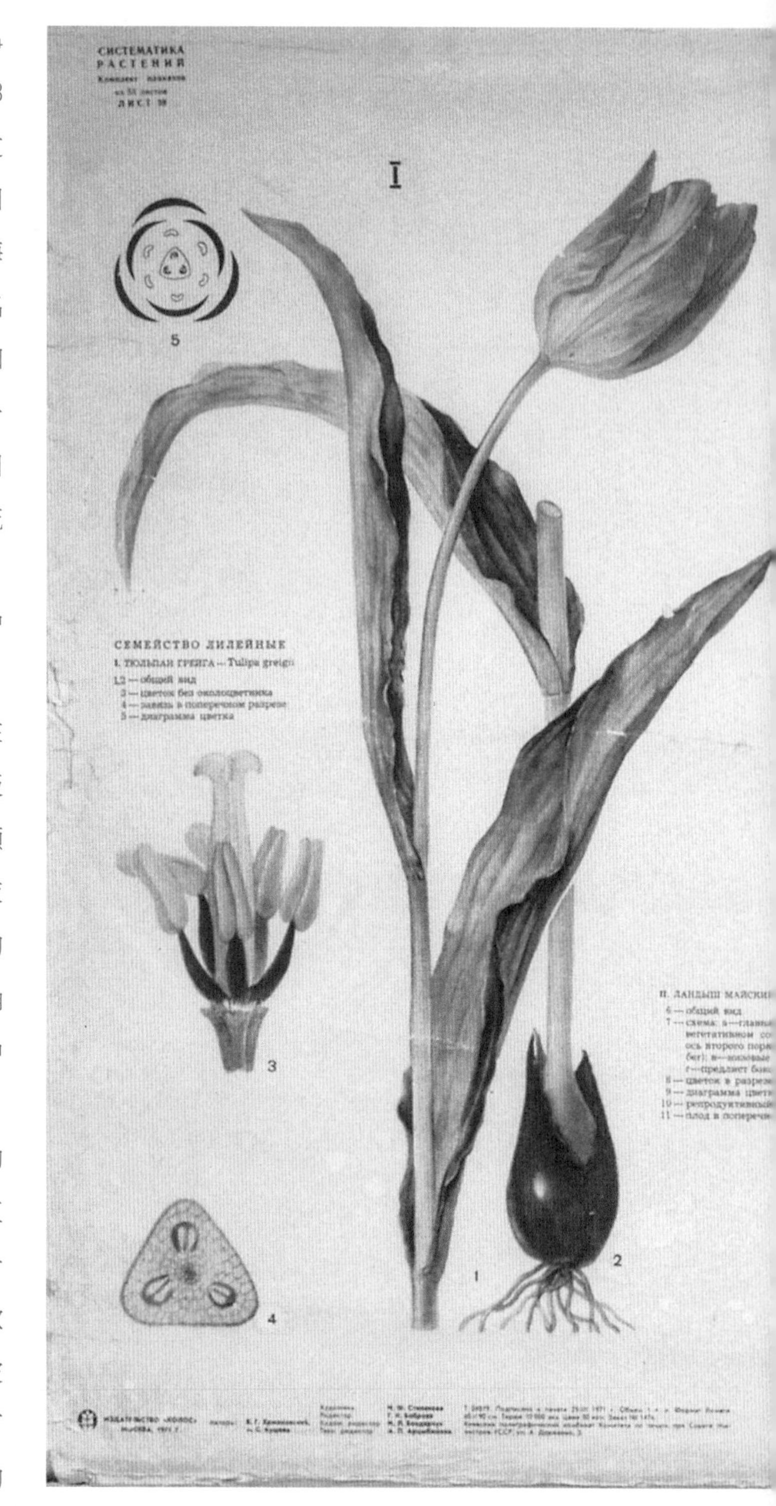

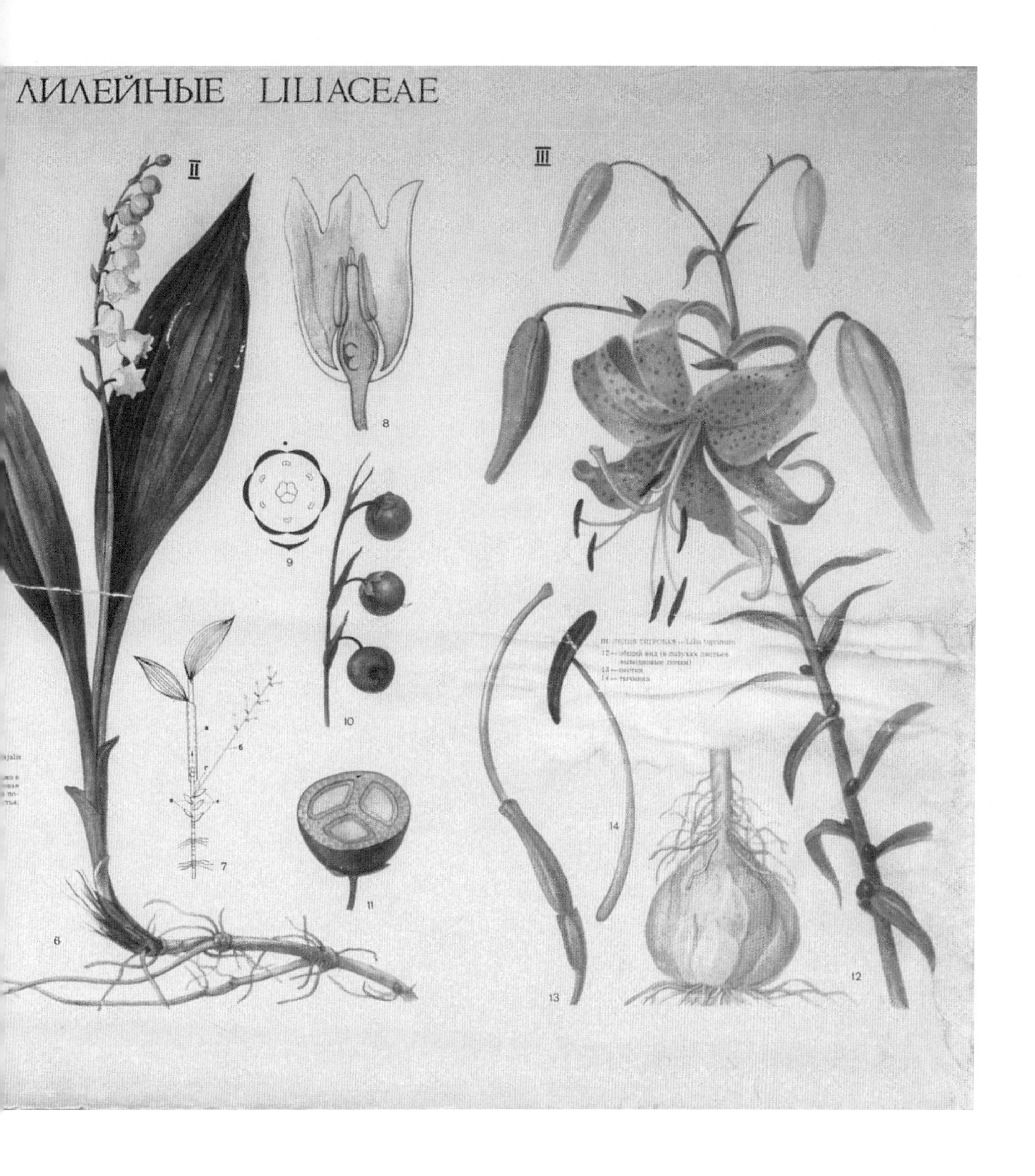

上图

名称：百合科植物

作者：V. G. 科拉诺斯基

语言：俄语

国家：俄罗斯

系列/书目：《植物系统学：附53幅图》

图序号：39

出版者：科洛斯出版社

时间：1971年

15

芭蕉科和凤梨科

芭蕉科只有 3 个属，包括 78 种植物，分布在非洲和亚洲的热带地区。象腿蕉属植物通常是观赏植物，芭蕉属植物则有重要的经济价值。目前人工种植的香蕉绝大部分是小果野蕉的变种。香蕉不是树，而是常绿的多年生草本植物，结果后枯死。

凤梨科植物数量庞大，种类繁多，共有 52 个属，包括 3 320 个物种，其中包括凤梨。除了生长在非洲西部的菲利斯艳红凤梨，凤梨科植物都生长在美洲大陆。凤梨属为多年生草本植物，对恶劣环境表现出强大的适应能力，包括附生植物和气生植物。它们通常有着引人注目的形态和色彩，因此常被作为观赏植物，尤其适合在温带地区的室内环境种植。不幸的是，有些凤梨属植物濒临灭绝，比如被当地人称为“安第斯皇后”的普雅凤梨属植物安第斯皇后（*Puya raimondii*）。这种原产于安第斯山脉的植物长有惊人的最高可达 12 米的穗状花序。

芭蕉科植物的特征包括：层层重叠的叶鞘包成假茎；叶片巨大，长圆形至椭圆形，叶脉明显，具长叶柄；苞片腋部有下垂的巨大聚伞花序，通常雌花在基部，雄花在顶部；果实多为圆柱形肉质浆果，有些芭蕉科植物的果实为蒴果。

凤梨科植物的特征包括：叶片常基生，莲座式排列，形成可以储存水和营养物质的“叶杯”；边缘多为刺状或锯齿状，常有盾状鳞片；通常有明显的彩色花苞片；有 3 枚萼片、3 枚花瓣、6 枚雄蕊；花序多种多样，有单生花序、总状花序、穗状花序、圆锥花序和头状花序（缩头状花序）；果实为浆果或蒴果；常有特化的附生根。

右图
名称：凤梨
作者：赫尔曼·齐佩尔
绘制者：卡尔·波尔曼
语言：德语
国家：德国
系列/书目：《彩色异域作物》
图序号：第二部，7
出版者：弗里德里希·维耶格和佐恩（德国布伦瑞克）
时间：1897年

Ausländische Kulturpflanzen in farbigen Wandtafeln.

II. Abteilung. Tafel 7.

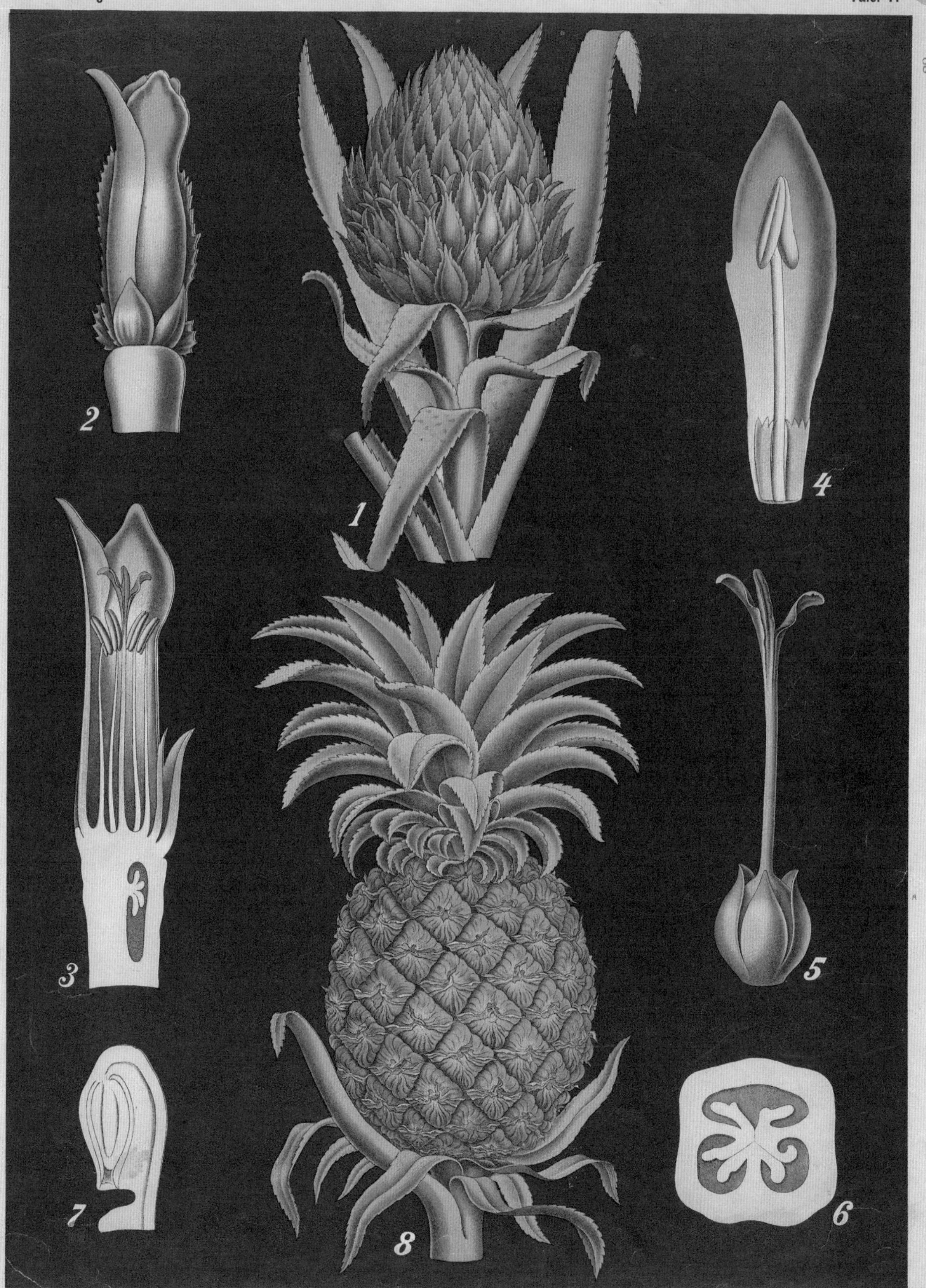

Verlag von FRIEDR. VIEWEG & SOHN, Braunschweig. Nach H. ZIPPEL bearbeitet von O. W. THOMÉ, gezeichnet von CARL BOLLMANN. Lith.-art. Inst. von CARL BOLLMANN, Gera, Reuss j. L.

Ananas (Ananas sativus Schult.).

1. Blütenstand; *etwas vergr.* — 2. Blüte; *Vergr. 5.* — 3. Blüte im Längsschnitte; *Vergr. 6.* — 4. Blumenkronblatt mit den beiden Schüppchen und dem an seinem Grunde angewachsenen Staubblatte; *Vergr. 8.* — 5. Kelch und Stempel; *Vergr. 8.* — 6. Querschnitt durch den Fruchtknoten; *vergr.* — 7. Samenanlage; *vergr.* — 8. Fruchtstand; *natürl. Größe.* — Figur 1 nach K. Koch in Engler-Prantl; 2 bis 7 nach Le Maout und Decaisne.

前页

在过去的几百年里，菠萝一直被欧洲人认为是一种充满异域风情的奇异之物，并且是财富和皇室的象征（路易十五曾在凡尔赛宫种植菠萝）。但到了 19 世纪末，加糖的切片菠萝成了常见的招待客人的食品。与往常一样，齐佩尔和波尔曼在书中也加入了一些有关该物种的描述："近年来，得益于快速轮船的发展，它们（凤梨）在欧洲的消费量显著增加。"他们创作的挂图从一个将要膨胀为果实的花序开始（图 1），随后是一朵花（图 2）、花的纵剖面（图 3）、雄蕊（图 4）、雌蕊和花萼（图 5）、子房的横切面（图 6）、胚珠的纵剖面（图 7）和一个成熟的菠萝（图 8）。凤梨的果实是聚花果，一个花序的花一起结出一颗果实，表面的每个突起原本都是一朵花，这又被称为果序。

对页

从对大蕉及其实际用途的概述，到对大蕉维管束的微观观察，我们可以得知由维管束构成的维管系统是所有维管植物输导水分、无机盐和有机营养物质的主要传输系统。维管植物包括蕨类植物、裸子植物和被子植物；非维管植物包括绝大部分苔藓类和藻类植物。维管系统由多种不同的组织构成，其中最重要的是木质部（xylem）和韧皮部（phloem），利奥波德克·尼在这幅图中把它们分别标记为 Xyl. 和 Phl.。木质部主要负责运输植物需要的水分和矿物质，而韧皮部主要负责将有机营养物质运送到需要它们的地方。

右图

名称：大蕉

作者：利奥波德克·尼

语言：德语

国家：德国

系列/书目：《植物学挂图》

图序号：55

出版者：保罗·帕雷（德国柏林）

时间：1874年

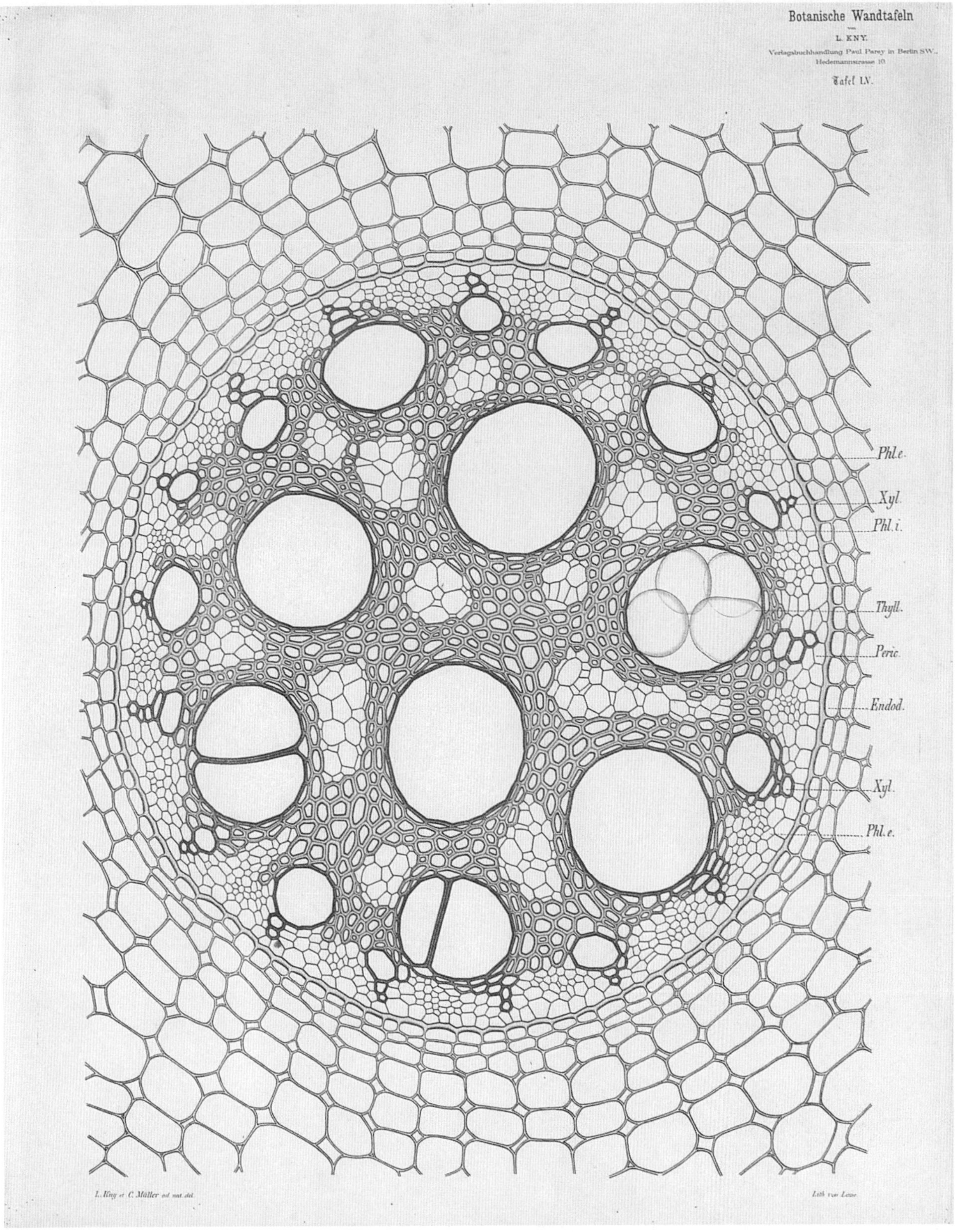

Botanische Wandtafeln

von

L. KNY.

Verlagsbuchhandlung Paul Parey in Berlin SW., Hedemannstrasse 10.

Tafel LV.

Phl.e.

Xyl.

Phl.i.

Thyll.

Peric.

Endod.

Xyl.

Phl.e.

L. Kny et C. Müller ad nat. del.

Lith. von Laue

Ausländische Kulturpflanzen in farbigen Wandtafeln.
II. Abteilung.
Tafel 11.
2b
4
st
g
1
2
2a
5
3
Verlag von FRIEDRICH VIEWEG & SOHN, Braunschweig.
Herausgegeben von HERMANN ZIPPEL, gezeichnet von CARL BOLLMANN.
Lith. art. Inst. von C. BOLLMANN, Gera, Reuss j. L.
Wohlfeile Ausgabe.
Banane (Musa sapientum L.).
der natürl. Gröſse.
Wohlfeile Ausgabe.
1) Männliche Blüte, st Staubblätter; 2) weibliche Blüte, g Griffel; 2a das gröſsere, 2b das kleinere Blatt der Blütenhülle;
3) Fruchtknoten im Querdurchschnitt; 4) Früchte der Banane; 5) Frucht vom Pisang.

对页

说来奇怪，齐佩尔和波尔曼绘制的这幅图并没有突出大蕉的果实，而叶片则引人注目。他们从中观察发现叶片“呈右螺旋状排列”。

让我们从大蕉本身的角度来考虑一下作者这样布局的原因。大蕉的果实比小果野蕉培育出来的卡文迪许香蕉（*Musa acuminata*）的果实小，味道也没有那么甜，但后者在这幅画完成几十年后才风靡全球。当时，大蕉被认为是热带地区重要的经济作物。事实上，齐佩尔和波尔曼对这种植物的许多有用部分进行了详细的描述：第一，这种水果可以煮熟吃也可以生吃，与水混合后可当作饮料饮用；第二，大蕉的花在中国南方被作为蔬菜食用；第三，它的叶鞘和根茎，远销埃塞俄比亚；第四，它的叶子在加热后会变得“像纸一样柔软、柔韧，还能防水，是一种很好的包装材料”，可以用来制作天花板、雨伞或绳子；第五，它的叶鞘纤维，可编织成垫子或工艺品；第六，它的叶鞘纤维可以制成蕉麻，蕉麻可以和丝绸一起纺成制作“奢侈品”的布料或制成纸。因此，当整个植物本身就有这么多不同的用途时，其果实的价值就显得微不足道了。

后页

彼得在这幅图中描绘了 4 种凤梨科植物。右下方的植物（图 1）叫作鹦哥丽穗凤梨，原产于巴西，雄蕊和花柱冲出了红色、黄色的花瓣的包围圈。

松萝凤梨（图 2）也叫西班牙苔藓，但它既不原产于西班牙，也不是苔藓。它是由法国探险家命名的，他们看到这种植物想起了西班牙征服者的长胡子，所以就把它命名为“西班牙胡子”。它是一种附生被子植物，会像银灰色的毯子一样覆盖在树木上。它的花并不显眼，因此彼得在这幅图上描绘了放大的雄蕊、柱头和子房。虽然松萝凤梨可以进行有性繁殖，但它更多是通过分株来繁殖。当一段松萝凤梨的茎被风刮走或被鸟带走（用作筑巢的材料）后，一旦它落在一个可以生长的地方——理想情况是在热带沼泽地里生长的一棵茁壮的树——这段茎将会长成一株完整的植物。

二穗水塔花（图 3）是一种原产于墨西哥的凤梨科植物，是凤梨科植物中的“爆竹”，管状苞片会“爆炸”为黄绿色和粉色的“流苏”。彼得没有说明它标志性的特征，而是解剖了包含 10 枚胚珠的子房，它将发育成包含多枚种子的果实。

在这幅图的左侧，彼得描绘了一个看起来很好吃的凤梨（图 4）。他同样对凤梨的外部形态进行了细致的描绘，以便读者对果实进行研究和观察。读者可以看到凤梨的内部由多个果实融合而成的纤维状果肉，其中还夹杂着一些种子。

左图

名称：大蕉

作者：赫尔曼·齐佩尔

绘制者：卡尔·波尔曼

语言：德语

国家：德国

系列/书目：《彩色异域作物》

图序号：第二部，11

出版者：弗里德里希·维耶格和佐恩（德国布伦瑞克）

时间：1897年

右图

名称：凤梨科植物

作者：艾尔伯特・彼得

语言：德语

国家：德国

系列/书目：《植物挂图》

图序号：17

出版者：保罗・帕雷（德国柏林）

时间：1901年

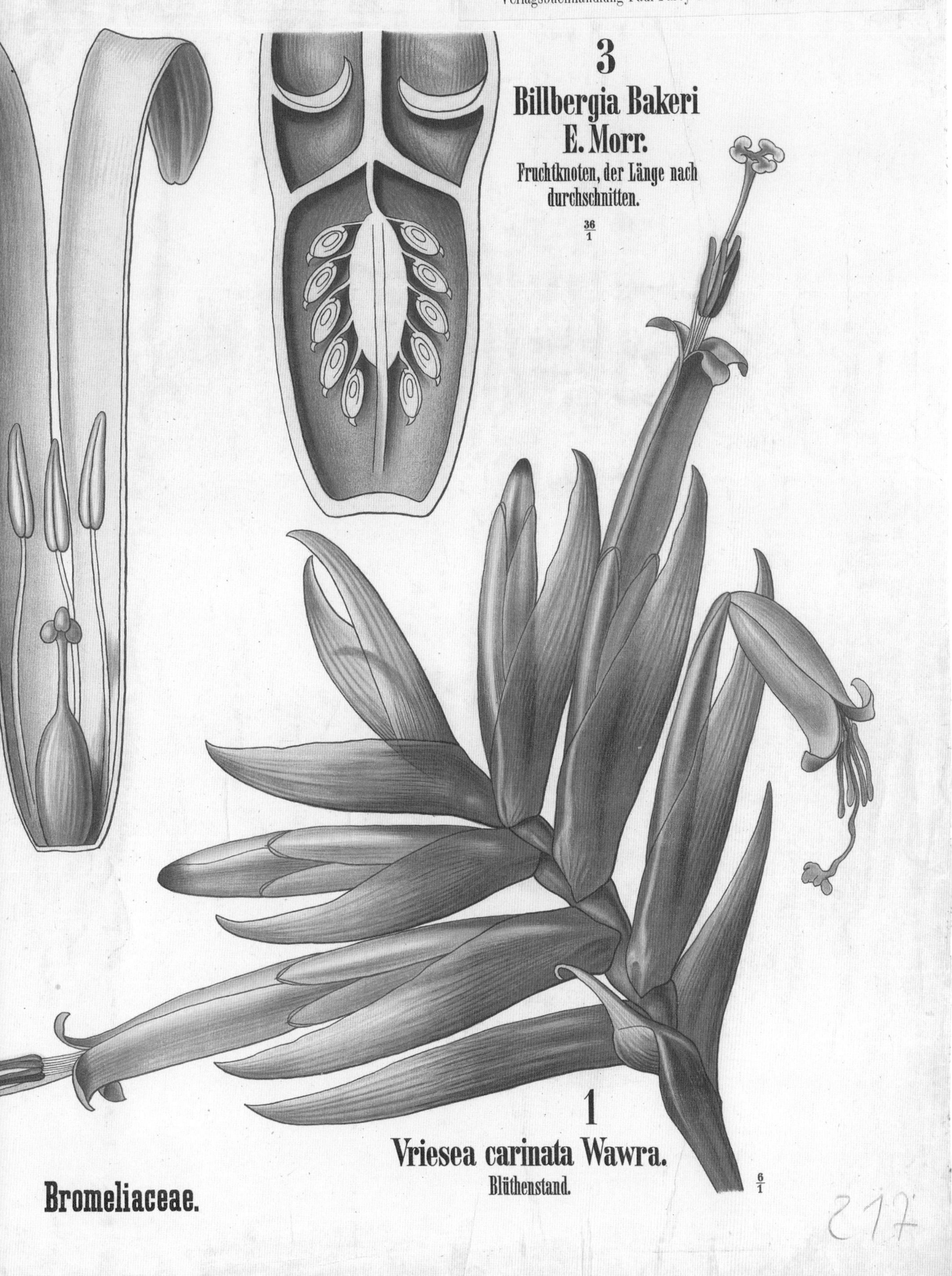
217
Verlagsbuchhandlung Paul Parey in Berlin SW., Hedemannstr. 10.
3
Billbergia Bakeri
E. Morr.
Fruchtknoten, der Länge nach
durchschnitten.
36/1
1
Vriesea carinata Wawra.
Blüthenstand.
6/1
Bromeliaceae.
217

16

木犀科

木犀科植物包括乔木、灌木和一些木质藤本植物，共有25个属，包括688种植物。它们分布在世界各地，但主要生长在东亚、东南亚和澳大利亚。木犀科的落叶植物主要生长在北温带，木犀科的常绿植物主要生长在气候温暖的区域。木犀科（*Oleaceae*）得名于木犀榄属的油橄榄（*Olea europaea*）。自古以来，油橄榄就因产出果实和油脂而被人们当作一种重要的经济作物。木犀科植物的木质坚硬且不易腐朽，如梣属的白蜡树，因此可作木材使用。茉莉油是从木犀科大花野茉莉和素馨花的花朵中提取出来的，可用于制作香水。木犀科中的连翘属、木犀属、女贞属、总序桂属和丁香属植物经常被种植在花园中，它们通常有艳丽、芳香的花，或是被作为树篱。

木犀科植物的特征包括：叶通常对生，无托叶，单叶或羽状复叶。花通常为白色，聚伞花序排列为圆锥花序，辐射对称；通常有4枚合生萼片、4枚花瓣，2枚着生于花冠筒上的雄蕊；果实为蒴果、翅果、核果或浆果。

右图

名称：紫丁香

作者：冯・恩格勒

绘者：C. 迪特里希

语言：德语

国家：德国

系列/书目：《冯・恩格勒的自然历史挂图：植物学》

图序号：55

出版者：J. F. 施赖伯（德国埃斯林根）

时间：1897年

b
e
l
a
c
f
g
h
i
k
d
55
Gez. v. Fr. Engleder. (München), unter Mitwirkung von J. Eichler, (Stuttgart.)
Lith. J. F. Schreiber. Esslingen bei Stuttgart.

前页

冯·恩格勒选了两种截然不同的植物作为木犀科的代表，它们分别是欧丁香和欧梣。

自 16 世纪开始，欧丁香就被广泛种植于欧洲了。欧丁香以淡紫色的圆锥花序和高脚碟形花冠而闻名，花冠的筒状结构放大了欧丁香甜蜜的花香。冯·恩格勒创作的挂图包括一段开花的小枝（图 a），一截有着绽放的花、花苞和外露的雌蕊、雄蕊的枝条（图 b），露出花药的花的纵剖面（图 e），雌蕊（图 d），花萼和雌蕊（图 c），裂开的有 2 个子房室和 2 粒种子的果实（图 f、g、h），种子（图 i、k），花的结构图（图 l）。

对页

欧梣，又名欧洲白蜡树，从形态上来说，它在木犀科中是个异类。它的花没有花瓣，通常也没有花萼。每棵树都能开雄花、雌花、两性花，但是开单性花的树更常见。此外，同一棵树可以在第一年都开雄花，在第二年都开雌花（反之亦然）。冯·恩格勒画了有雌花的树枝（图 a）、有雄花的树枝（图 b）、雄花花序（图 c）；雄花（图 d）、两性花（图 e）、子房的纵剖面（图 f）、有叶子和未发育成熟的果实的树枝（图 g）、发育成熟的翅果（图 h）、种子在翅果内的纵剖面（图 i）、种子的横剖面（图 k）、发芽的种子（图 l）和幼苗（图 m）。

右图

对页：欧梣

作者：冯·恩格勒

绘制者：C. 迪特里希

语言：德语

国家：德国

系列/书目：《冯·恩格勒的自然历史挂图：植物学》

图序号：56

出版者：J. F. 施赖伯（德国埃斯林根）

时间：1897年

15.338
b
c
d
a
e
g
h
i
k
f
l
m
56
Gez. v. Fr. Engleder. (München), unter Mitwirkung von J. Eichler, (Stuttgart.)
Lith. J. F. Schreiber. Esslingen bei Stuttgart.

除了创作植物挂图之外，阿洛伊斯・波科尼还以在“自然印刷”方面取得的成就而闻名。自然印刷是19世纪中期奥地利流行的一种印刷技术。通过研究植物标本，波科尼形成了他对美学的独特见解，这反映在他创作的挂图中。他的风格极简而自然，让人想起栩栩如生的植物标本。在这幅挂图中，他以不同的比例对不同的部位进行放大，油橄榄树枝的左侧为花萼、雌蕊、花瓣和雄蕊，右侧为发育中的果实和成熟果实的纵剖面。波科尼通过油橄榄的树枝说明了上述部位的大小，从精致的白花到发育中的果实，再到底部成熟的最终呈现出黑色光泽的果实。

右图
名称：油橄榄
作者：阿洛伊斯・波科尼
语言：不详
国家：德国
系列/书目：《植物学挂图》
图序号：不详
出版者：斯米乔夫（德国纽波特）
时间：1894年

A.J.Nystrom & Co.

不在种植园中生长的油橄榄是什么样的呢？在这幅图中，一位意大利佚名作者描绘了油橄榄以及它所生活的环境：在温暖的地中海的海边，阳光照耀下的有许多岩石的树林。如果以我们的标准来看，这里的景色就像田园诗般美妙。对油橄榄来说，这里同样是个充满诗情画意的地方。图中的人正在采收油橄榄的果实，他们收获满满。油橄榄在地中海地区具有非常重要的经济价值，约 90% 收获的油橄榄果实被制成橄榄油。为了更清楚地说明其经济价值，作者在这幅图的右边画出了油橄榄结满了硕果的树枝、花和果实的纵剖面。在这幅图的右上角，桑科植物无花果的枝头挂着成熟的果实——无花果的果实是一种很受欢迎的水果——与这幅图右下角的小灌木相呼应。

右图

名称：油橄榄

作者：不详

语言：意大利语

国家：意大利

系列/书目：不详

图序号：不详

出版者：G. B. 帕拉维亚出版集团（意大利都灵、罗马、米兰、佛罗伦萨、那不勒斯、巴勒莫）

时间：不详

G. B. Paravia e C.
Torino-Roma-Milano-Firenze-Napoli-Palermo
D 6

17

兰　科

兰科的植物数量仅次于菊科，是被子植物中第二大的科，有 899 个属，包括 27 801 种植物，广泛分布于热带和温带地区。兰科植物多种多样，形态各异，有一系列令人眼花缭乱的自然杂交品种，通常为陆生、腐生或附生多年生草本植物。香荚兰早在 16 世纪前就被阿兹特克人种植，它的果荚含有香兰素等成分，是天然食用香料。有一些兰科植物还可以制作一种叫作兰茎粉的调味料。许多兰科植物有美丽、引人注目的花朵，花期长，有些还有浓郁的芳香，因此被当作观赏植物，例如卡特兰属、兰属、石斛属、堇花兰属、齿舌兰属、兜兰属、蝴蝶兰属和万代兰属植物。兰科植物有一些独有的特征，尤其是花朵的外形方面。

兰科植物的特征包括：花左右对称，有 6 枚花被片，有 1 枚花瓣特化为“唇瓣”。唇瓣本应该是位于上方的，但由于花梗和子房 180 度扭转而位于下方，成为传粉者落脚的平台。兰科植物的雄蕊通常与花柱、柱头结合成为“合蕊柱”，花粉黏合成蜡质的有黏性的花粉块。兰科植物有根状茎或附生根；具叶鞘，位于基部，叶脉多为平行脉，有时为网状脉。许多兰科植物有假鳞茎，是由茎的基部膨大形成的，可以储存营养和水分。兰科植物的果实是蒴果，能够产生多达百万颗微小的种子。

右图

名称：晚蛛眉兰

作者：阿诺尔德・杜贝尔–伯特和卡洛琳娜・杜贝尔–伯特

语言：德语

国家：瑞士

系列/书目：《植物解剖学和植物生理图集》

图序号：30

出版者：J. F. 施赖伯（德国埃斯林根）

时间：1878—1893年

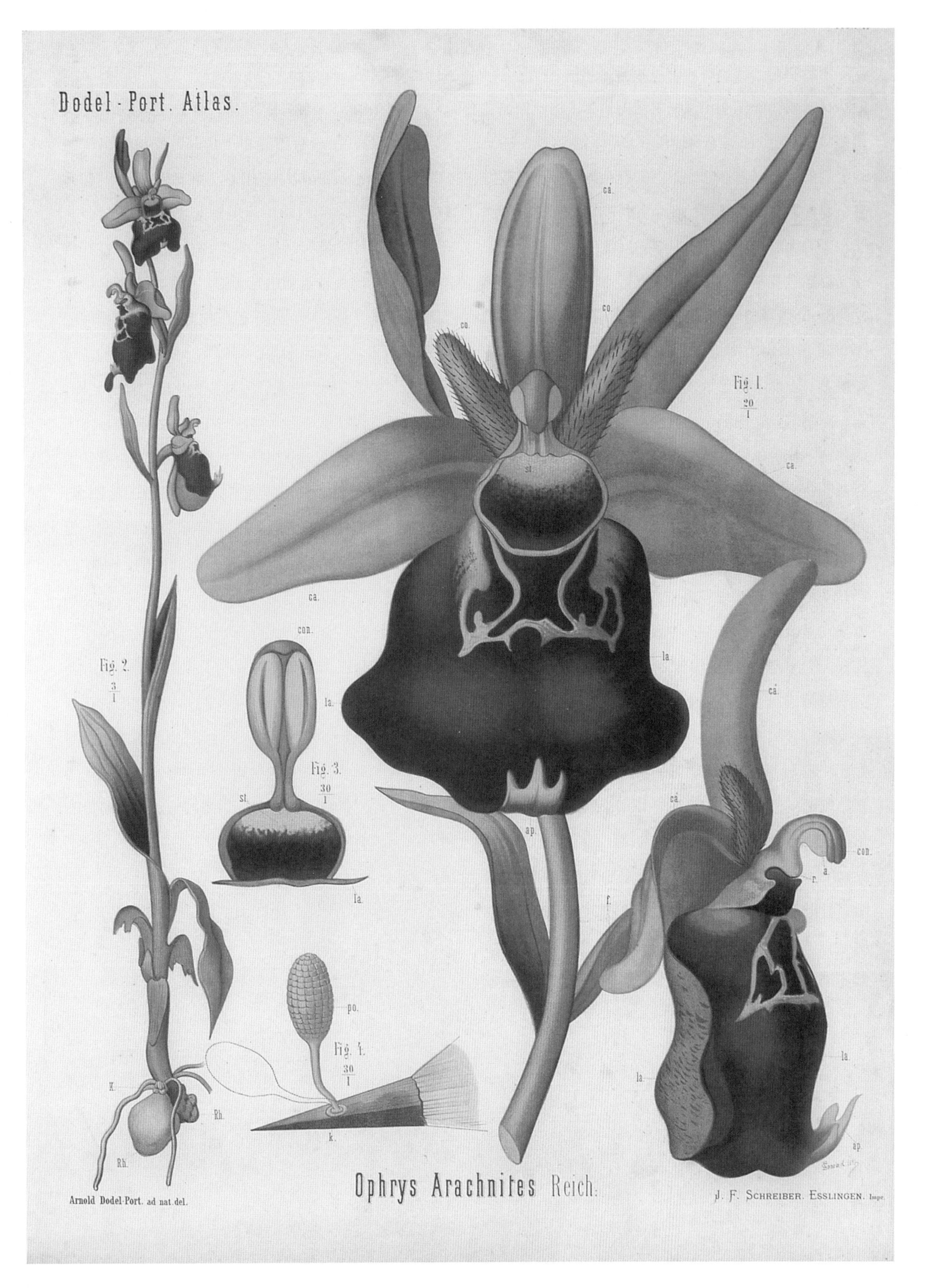
Dodel-Port. Atlas.
Fig. 1.
20/1
Fig. 2.
3/1
Fig. 3.
30/1
Fig. 4.
30/1
ca.
co.
st.
la.
con.
ap.
f.
a.
r.
po.
k.
K.
Rh.
Ophrys Arachnites Reich.
Arnold Dodel-Port. ad nat. del.
J. F. Schreiber. Esslingen. Impr.

前页

阿诺尔德·杜贝尔－伯特和卡洛琳娜·杜贝尔－伯特在《植物解剖学和植物生理图集》中这样描述兰科植物："这个种类丰富的科在热带和温带地区的土地上到处都是，它们非比寻常的花朵为众多自然爱好者所喜爱，并且由于它们花朵独特的结构，研究植物形态学的人对它们产生了浓厚的兴趣。"

虽然兰花常常被用来比喻女性，但其实兰花的英文"orchid"源于希腊文"orchis"，意为睾丸。其原因可见于这幅图图 2 描绘的兰花底部的块茎。这 2 枚块茎，1 枚承载着地上的茎，"看上去已经软弱无力，空荡荡的，而另 1 枚则蓄满了备用的养料"。阿诺尔德·杜贝尔－伯特和卡洛琳娜·杜贝尔－伯特解释道，"今年蓄满了养料的块茎会熬过冬天，明年成为根和茎"。

兰花也因其"性欺骗"现象而"名声在外"，它们有花样百出的手段欺骗传粉者。眉兰属（*Ophrys*）植物尤其擅长"色诱"各种雄蜂，因此也被称为"蜂兰"，这个属的植物模仿雌蜂的外表和信息素气味以吸引雄蜂进行"拟交配"，毫不知情的传粉者试图与花交配。在这个过程中，传粉者的身上会沾上花粉，然后把花粉带给另一朵"愚弄"传粉者的花。在这里，阿诺尔德·杜贝尔－伯特和卡洛琳娜·杜贝尔－伯特描绘了晚蛛眉兰。它早期的拉丁名为 *Ophrys arachnites*，arachnites 的意思是"蜘蛛"，描述了它怪异的像蛛形纲生物的外貌。现在，它的拉丁名为 *Ophrys fuciflora*，fuciflora 的意思是"蜂花"。这可能更准确，因为晚蛛眉兰试图吸引的是蜂，而不是蜘蛛。

对页

亨丽埃特·席尔图斯画了至少 6 幅以兰花为主题的挂图。在这幅图的右上角，她描绘了吊桶兰（*Coryanth macrantha*）的花。这种附生植物的花香气浓郁，它们利用气味来吸引雄性长舌蜂为其传粉。吊桶兰所谓的"桶"是一个高度进化的花瓣。在花香的吸引下，雄性长舌蜂达到唇瓣，一不小心就会掉进充满液体的"桶"中。由于翅膀被液体浸湿，雄性长舌蜂必须通过花朵后部的由唇瓣和合蕊柱形成的"专用通道"才能"挤"出去。吊桶兰进化出这样的结构，就是为了确保花粉块会牢牢地粘在长舌蜂的背上。

席尔图斯特别谨慎地处理她描绘植物的角度。虽然她没有把重点放在果实或植物某个部位的截面上，但她会调整植物的花的角度以探索花的整体形态，就像她描绘吊桶兰时所做的那样。与此同时，一种生长于南美洲沼泽的兰花——苞片玉凤兰（*Habenaria bractescens*）占据了大部分画面。与更艳丽的吊桶兰相比，苞片玉凤兰可能并不引人注目（尽管我们在图画中心看到令人印象深刻的向下延伸成 U 形的花苞片），但它也让席尔图斯展示了自己的艺术才华。温婉的苞片玉凤兰与华丽的吊桶兰形成对比，在这幅图上形成了美丽的对称性，它们都散发出优雅和高贵的气质。

右图

名称：兰科植物的花

作者：亨丽埃特·席尔图斯

语言：不详

国家：荷兰

系列/书目：不详

图序号：25

出版者：女青年工业学校（荷兰阿姆斯特丹）

时间：约1880年

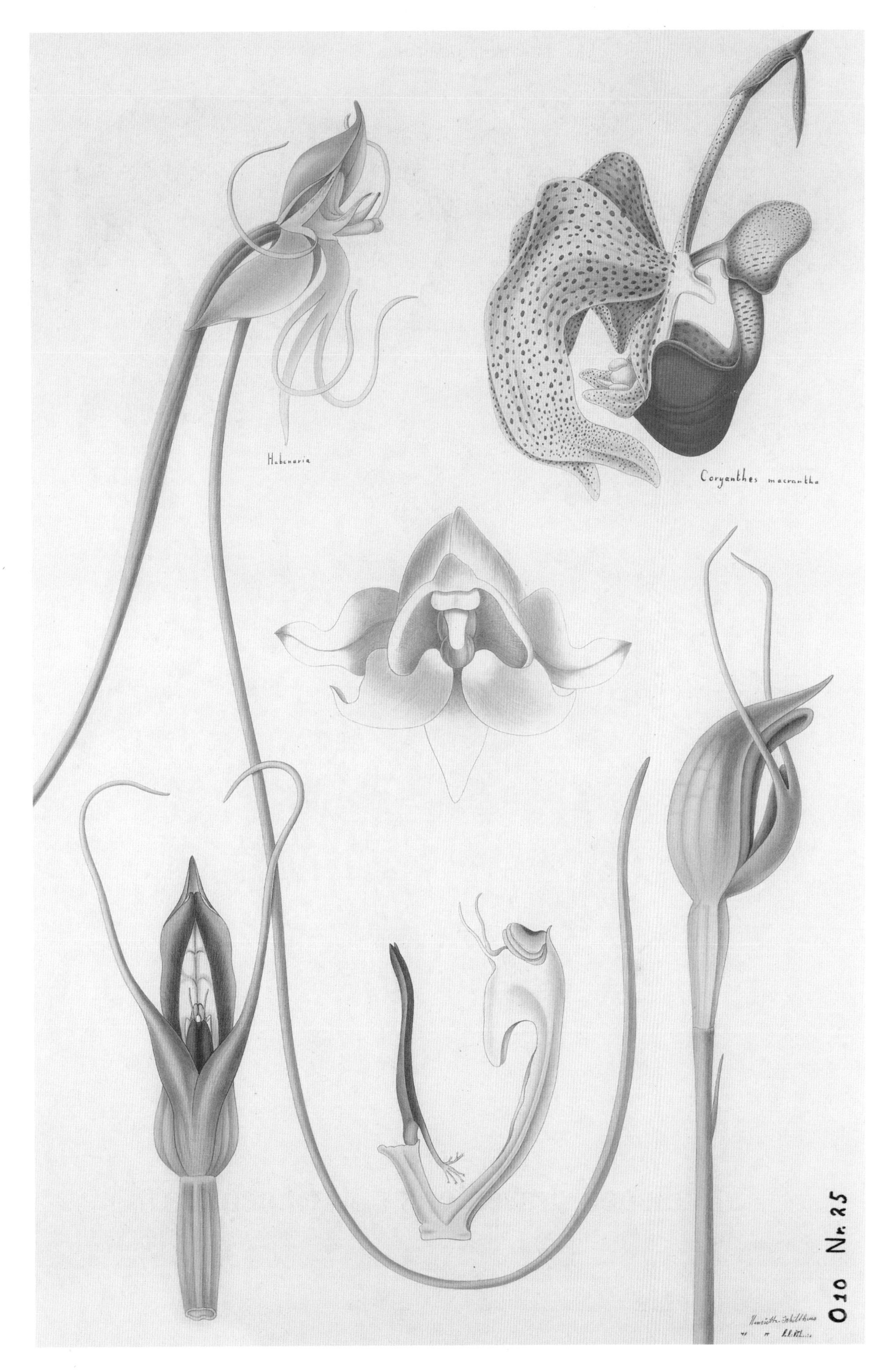
Habenaria
Coryanthes macrantha
O 10 Nr. 25

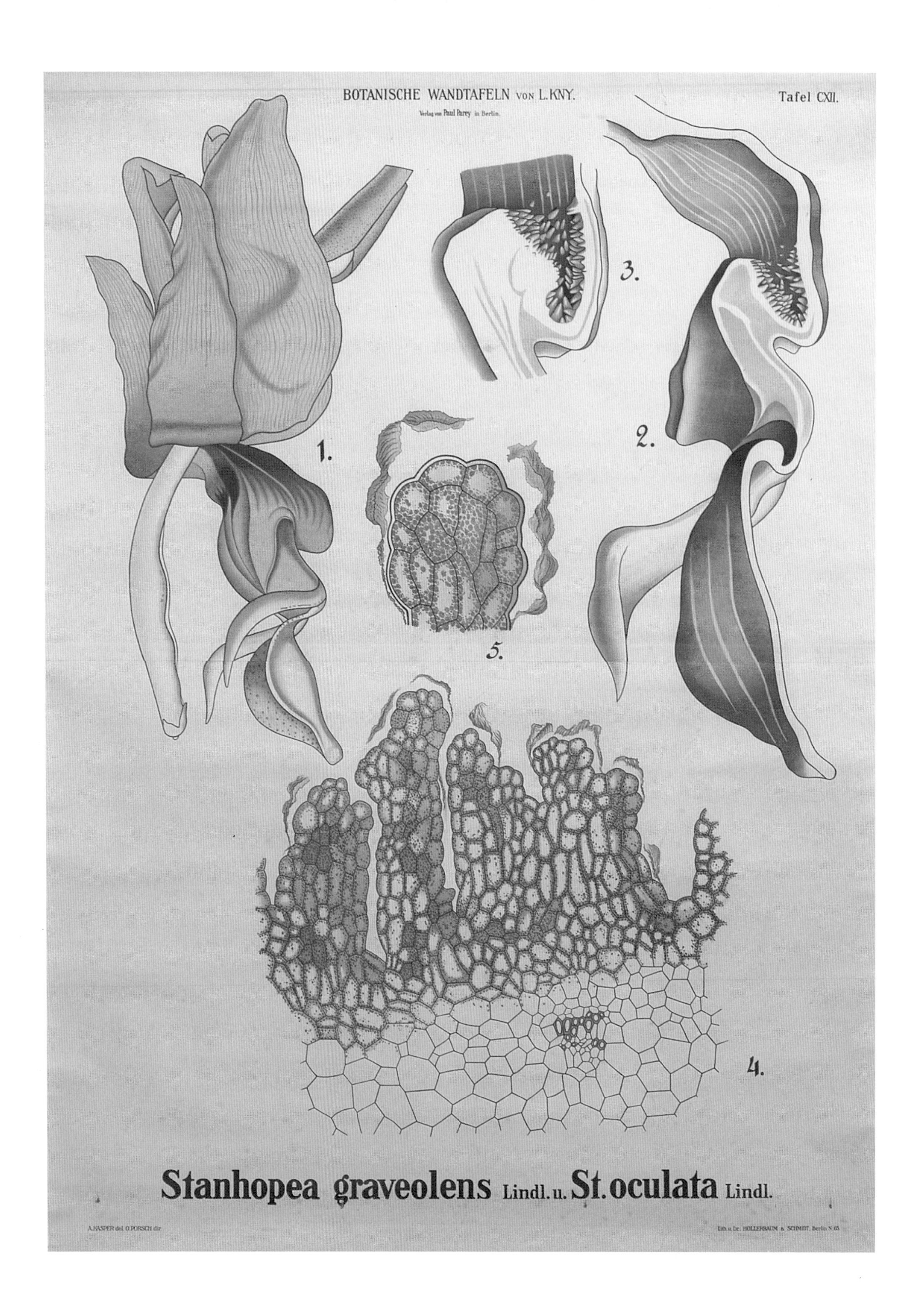
BOTANISCHE WANDTAFELN VON L. KNY.
Verlag von Paul Parey in Berlin.
Tafel CXII.
1.
2.
3.
4.
5.
Stanhopea graveolens Lindl. u. St. oculata Lindl.
A. KASPER del. O. PORSCH dir.
Lith. u. Dr.: HOLLERBAUM & SCHMIDT, Berlin N. 65

有时，部分使用彩色比全图使用彩色效果更好，就像利奥波德克·尼和 F. G. 科尔描绘的兰科植物挂图。

在他惯常画的细胞研究图旁，利奥波德克·尼一反常态地描绘了一朵盛开的花，他用黄色、橙色和红色展现了充满活力的香味奇唇兰（图 1）。奇唇兰属植物都是附生植物，所有的传粉工作都是由雄性长舌蜂完成的。这些长舌蜜蜂被位于唇瓣内的特殊腺体结构——气味腺产生的香味所吸引。显然，长舌蜂主要依靠气味识别该属植物，而外形则是辅助的。

利奥波德克·尼在他所画的眼斑奇唇兰的插图中通过使用单一色调强化了这个原则。眼斑奇唇兰的突出特点为乳头状突起的气味腺。利奥波德克·尼用 4 幅图描绘了气味腺的细节（图 2 ~ 图 5）。

利奥波德克·尼绘制的这幅挂图精妙绝伦，因为它描绘了奇唇兰属的两个特征：第一，它的形态（图 1）；第二，通过描述一个气味腺的轮廓，从而呈现出一种看不见的特点，学生们因此能够感受到奇唇兰属植物非常强烈的香味，这是它们吸引传粉者的主要手段。

左图

名称：香味奇唇兰和眼斑奇唇兰

作者：利奥波德克·尼

语言：德语

国家：德国

系列/书目：《植物学挂图》

图序号：112

出版者：保罗·帕雷（德国柏林）

时间：1874年

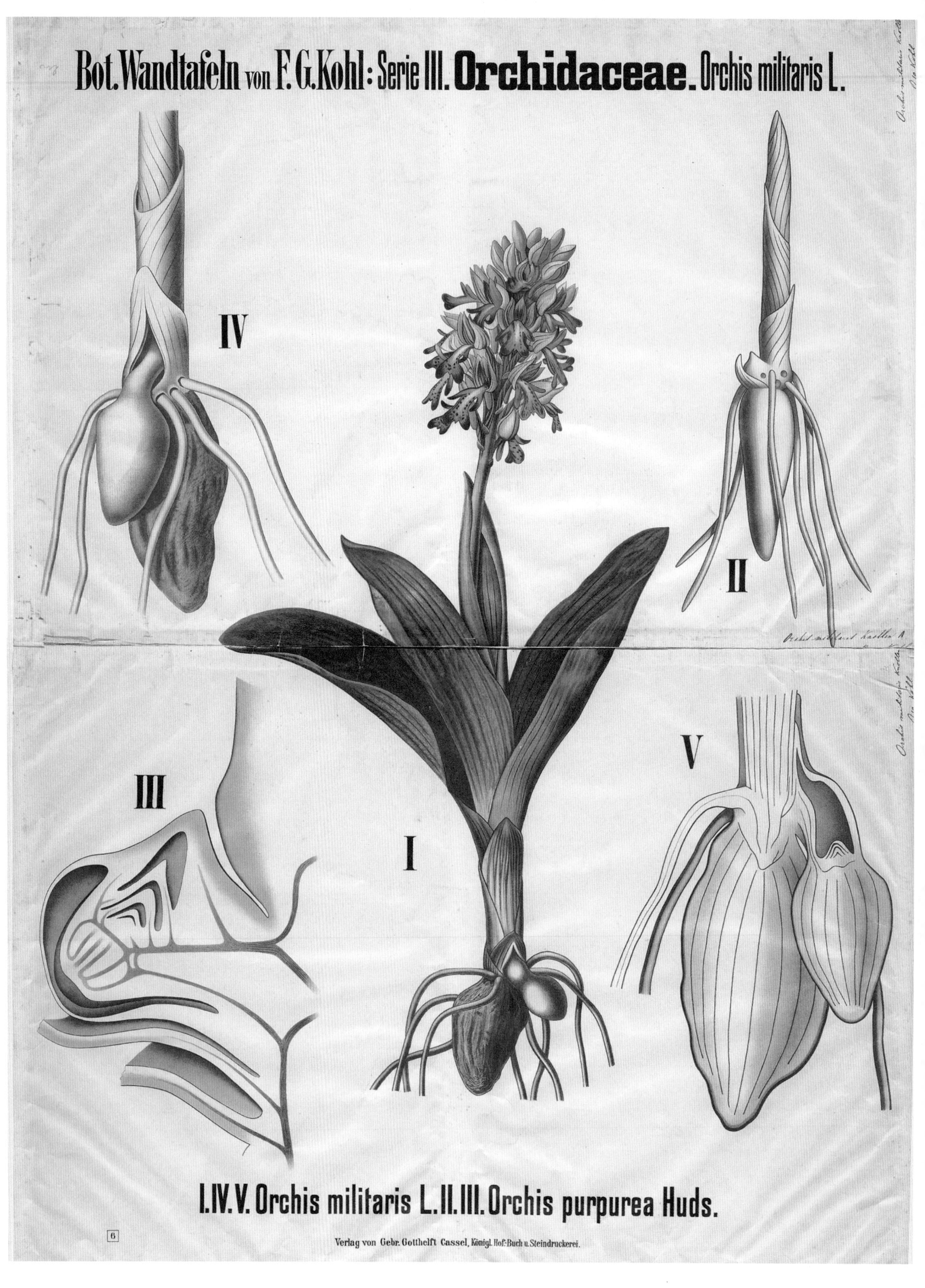
Bot. Wandtafeln von F. G. Kohl: Serie III. Orchidaceae. Orchis militaris L.
IV
II
III
I
V
I. IV. V. Orchis militaris L. II. III. Orchis purpurea Huds.
6
Verlag von Gebr. Gotthelft Cassel, Königl. Hof-Buch u. Steindruckerei.

德国马尔堡大学的植物学教授 F. G. 科尔（F. G. Kohl）描绘了四裂红门兰和紫花红门兰，这 2 种兰花的花序相似，可能导致人们将它们弄混了。这 2 种花的穗状花序都是由紫色的有头盔状花被片的花朵组成的。乍一看，科尔选择用块茎和根系来描绘它们，而不是关注这 2 种植物之间最明显的差异——唇瓣形状，还是会让人感觉很奇怪。然而，要完全区分这 2 种植物几乎是不可能的，在 19 世纪的欧洲，四裂红门兰和紫花红门兰自然杂交的频率极其高。在具有足够密度和适当生长条件的生态环境，四裂红门兰和紫花红门兰自然杂交产生的杂交种可以茁壮成长。科尔的挂图向学生们说明，植物学家也会对如何鉴定不同的植物感到困惑。

左图

名称：四裂红门兰

作者：F. G. 科尔

语言：德语

国家：德国

系列/书目：《科尔植物挂图》

图序号：第三部，兰科植物 9、10

出版者：戈特哈尔夫兄弟公司（德国卡塞尔）

时间：1898年

18

罂粟科

罂粟科植物主要分布在北温带地区，共有 41 个属，包括 920 种植物。它们习性相似，主要是一年生到多年生草本植物，也有一些亚灌木和灌木，如大罂粟属植物。许多罂粟科植物，如蓟罂粟属、紫堇属、花菱草属、海罂粟属、博落回属、绿绒蒿属和罂粟属，都因其美丽且色彩丰富的花朵而被种植在花园中。有些罂粟科植物还容易被认为是杂草，例如白屈菜。

早在公元前 5000 年，罂粟（*Papaver somniferum*）就被人们种植，人们从罂粟中提取鸦片，其提取物也是多种镇静剂的原料。罂粟拉丁名中的“somniferum”的意思是“催眠”。因此，几个世纪以来，罂粟在文学和艺术上一直与睡眠和死亡联系在一起。1821 年，英国著名散文家、批评家托马斯·德·昆西（Thomas De Quincey）受这种思潮影响，写下了《一个英国鸦片吸食者的自白》（*Confessions of an English Opium-Eater*）一书。在第一次世界大战期间及战后，被炮火轰炸过的战场上开满了佛兰德斯红罂粟（虞美人），佛兰德斯红罂粟就成为纪念阵亡士兵的象征。

罂粟科植物的特征包括：茎生叶互生，基生叶通常为莲座状，无托叶，常有深裂叶；汁液为乳白色、透明或黄色、红色，有些罂粟科植物的乳胶是有毒的。花的结构相对简单：通常为 2 ~ 3 枚萼片，早脱；花瓣多样，通常 4 ~ 6 枚，在花苞状态时是折叠的；雄蕊众多；单室子房。果实为裂开的蒴果。

右图
名称：佛兰德斯红罂粟、花椒罂粟和白屈菜
作者：欧塔科·泽里克（Otakar Zejbrlik）
语言：捷克语
国家：捷克
系列/书目：《药用植物》
图序号：不详
出版者：库尔帕克与库恰尔斯克公司
时间：1943年

MÁK VLČÍ - *Papaver rhoeas* L. - Kvetoucí rostlina, dole zralá makovice a zvětšené semeno ze strany a od poutka

MÁK POLNÍ - *Papaver argemone* L. - Kvetoucí rostlina, dole pestík s několika tyčinkami a zralá makovice

VLAŠTOVIČNÍK VĚTŠÍ - *Chelidonium majus* L. - Kvetoucí [illegible]

前页

当提起罂粟时，人们通常会想到其有纸状褶皱的红色花瓣和像胡椒瓶一样的种子荚。捷克的插画师欧塔科·泽里克按照学生的期望，把佛兰德斯红罂粟放在挂图的中心位置。位于中间的有4枚花瓣的花正在绽放，展示其内部点彩似的蓝黑色花药，而其周围的花朵却向其他方向开放。在佛兰德斯红罂粟的根部附近，一颗胖乎乎的裂开的果实早就按捺不住，开始散播种子。

花椒罂粟好像因为相对娇小的花瓣和纤细的果实而羞于见人，躲在这幅图的左侧。

在消除了所有关于这是一幅罂粟科植物的挂图的疑虑之后，泽里克在这幅图中描绘了罂粟科植物中一个异类——白屈菜。白屈菜毫不在乎地展示绿色的像是豆科植物结出的果实、像是毛茛属植物长出的花朵和柔软的锯齿状叶子，长得高大，它是罂粟科植物家族里的“黑绵羊”（准确地说是“黄绵羊”）。白屈菜是白屈菜属里唯一的一种植物。与其外形相似的“小白屈菜”是属于毛茛属的榕叶毛茛。但白屈菜可以很自豪地声称自己是罂粟科植物，因为它和其他罂粟科植物有着同样数量的雄蕊以及相同的花瓣构造，而且它的身上也长满了细毛，这可是泽里克在绘画中强调再三的细节。

对页

佛兰德斯红罂粟鲜红花瓣与绿色叶片，和荣格、科赫与奎恩泰尔在挂图中惯用的黑色背景形成鲜明对比。在这幅图的左边，他们展示了一朵盛放的花，茎被淡黄色刚毛，4枚花瓣形成了一条倒过来的“花裙子”。在这朵花的右边，一朵花蕾刚刚开始脱下它的“斑点头巾”。在花蕾下，一株幼苗刚刚开始生长。一片叶子直直地挺立着，羽状分裂，位于这幅图的正中。任何一个在罂粟地走过的人都会熟悉这种叶片。在右上角，荣格、科赫和奎恩泰尔画了一朵花的纵剖面，描绘了佛兰德斯红罂粟特有的蓝色花药和数量众多的种子。花的纵剖面的下面有一个顶孔裂开的蒴果，微小的种子从这些小孔中散播出去。位于蒴果下方的蒴果的横截面进一步说明了佛兰德斯红罂粟有数量众多的种子，这也是它分布广泛的原因。

顶孔裂开的蒴果通常不会把种子播撒到很远的地方，种子会大量落在植物周围，形成大量储备的种子。在翻土整理之前，这些种子可能一直处于休眠状态。因此，佛兰德斯红罂粟又被称为“田野罂粟”，因为它很容易在开阔的田野上生长。一株佛兰德斯红罂粟可以产生6万多颗种子，而一片土地上几乎不会只有一株佛兰德斯红罂粟，所以一片土地上有数亿颗佛兰德斯红罂粟的种子也是很有可能的。虽然因其数量众多而常被人们当作杂草，不过佛兰德斯红罂粟已经成为纪念在第一次世界大战中牺牲士兵的象征。

在佛兰德斯战场，虞美人盛放，
成行成排，在殇者的十字架之间，
那是我们倒下的地方。在天空中，
云雀依然勇敢地歌唱、飞翔，
歌声湮没在连天的烽火中。

摘自加拿大医生约翰·麦克雷（John McCrae）的诗歌《在佛兰德斯战场上》（*In Flanders Fields*）。

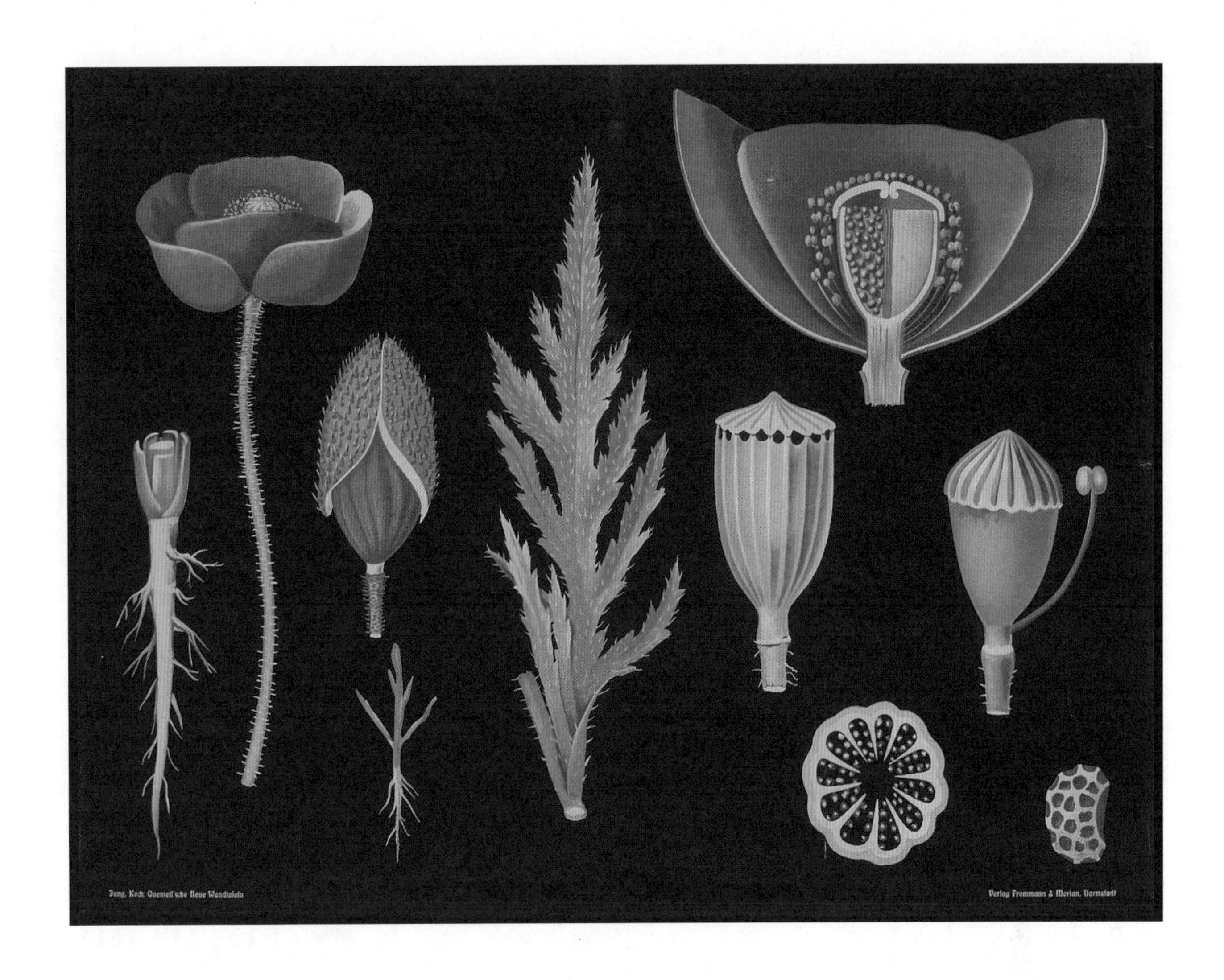

上图

名称：佛兰德斯红罂粟

作者：海因里希・荣格和弗里德里希・奎恩泰尔

绘制者：戈特利布・冯・科赫

语言：不详

国家：德国

系列/书目：《新植物挂图》

图序号：7

出版者：弗洛曼和莫里安（德国达姆施塔特）；
哈格曼（德国杜塞尔多夫）

时间：1902—1903年

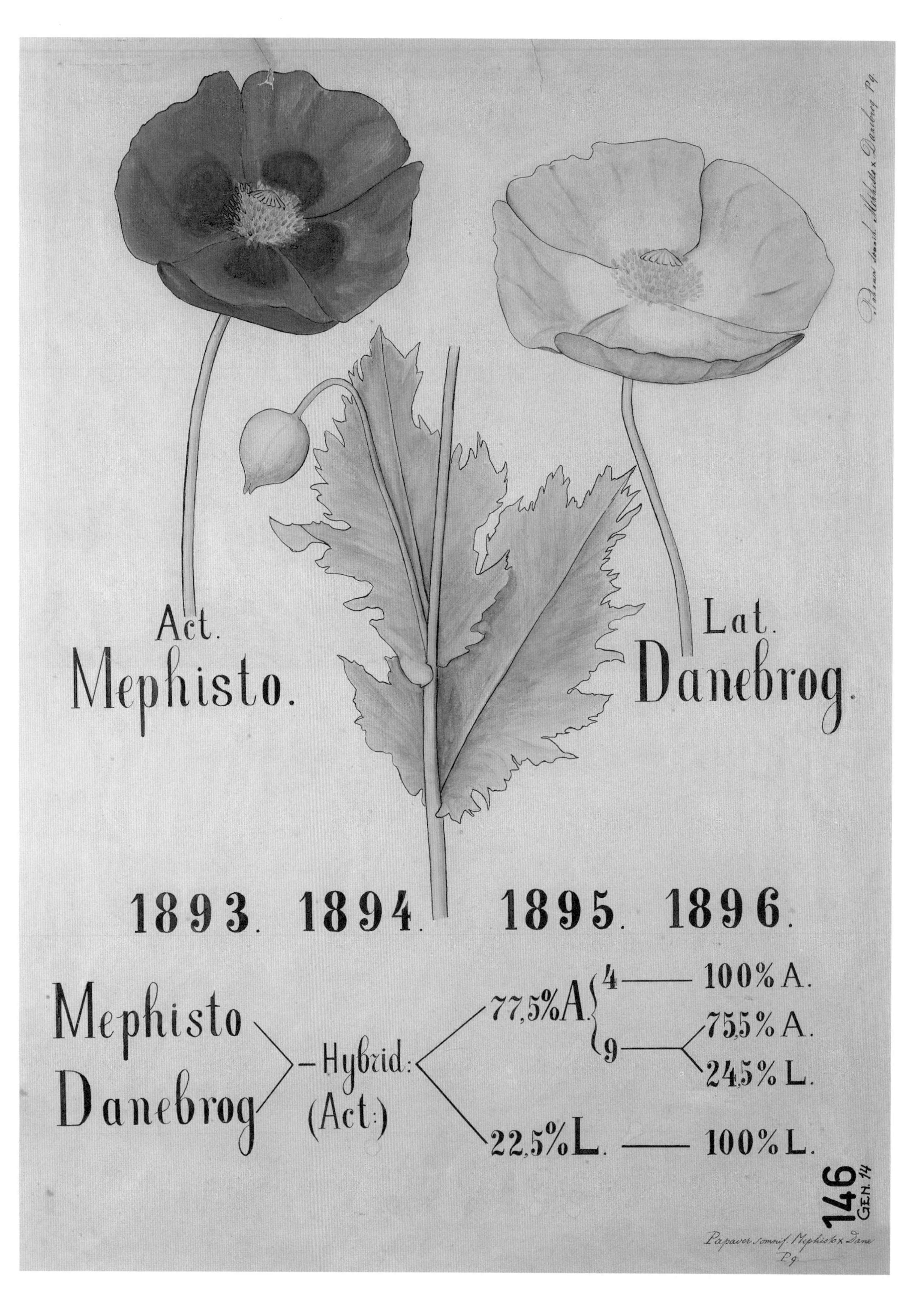
Act.
Mephisto.
Lat.
Danebrog.
1893. 1894. 1895. 1896.
Mephisto
Danebrog
– Hybrid:
(Act:)
77,5% A.
4 —— 100% A.
9
75,5% A.
24,5% L.
22,5% L. —— 100% L.
146
GEN. 14

这是一幅关于两个品种的罂粟、一个人、一场基因革命的看起来像情书的植物挂图。1878 年，雨果・德・弗里斯（Hugo de Vries）被任命为阿姆斯特丹大学的第一位植物学教授。他年轻时“疯狂”地对植物进行研究，收集了荷兰的所有植物的标本，并作为查尔斯・达尔文（Charles Darwin）的门生与他一起研究遗传规律。在达尔文去世后，德・弗里斯满腔热忱地继续收集植物标本，开展植物杂交实验，以完善他导师提出的有缺陷的遗传特征理论“泛生论”。特别值得一提的是，他给自己设定了课题：证明一种“畸形（突变）”可以从一个品种转移到另一个品种。他的想法被令人钦佩且充满魅力的证据——2 个罂粟品种证实了：“正常的”淡粉色花瓣上有白斑的“丹麦”罂粟和“畸形的”红色花瓣上有黑斑的“墨菲斯托”罂粟。“墨菲斯托”罂粟的“畸形”之处在于它的蒴果周围有一圈异常的种子，这是由于雄蕊突变为雌蕊造成的。

在 4 年的时间里，德・弗里斯创造了近乎完美的“正常”品种和“畸形”品种的比例——3 ∶ 1。德・弗里斯在花园中独立发现了遗传学第一定律“分离定律”。德・弗里斯的研究成果让世界为之兴奋。但或许人们会觉得这幅用精致的书法和柔和的调色绘制而成的挂图更可爱。

左图

名称：“墨菲斯托”罂粟与“丹麦”罂粟杂交

作者：雨果・德・弗里斯

语言：荷兰语

国家：荷兰

系列/书目：不详

图序号：不详

出版者：不详

时间：1896年

在《德国有毒植物》系列挂图中，彼得·埃塞尔将罂粟描绘得太诱人了。不过，或许这就是他的意图——一幅和主题一样令人陶醉的挂图。毕竟，这种植物长期以来一直因其催眠和麻醉的功效而被种植。从其未成熟的种荚（图 5）破口处流出的乳白色浆液可以用于提取鸦片，而其种子只含有微量鸦片相关成分。

埃塞尔的挂图包括一朵花苞（图 2）、一朵去除了花瓣的花的纵剖面（图 4）和一株切除了根的植株（图 1）。罂粟的叶子无毛，呈灰绿色；两根茎上各有一朵花，其中未开放的那朵花昏昏欲睡地“垂着头”。

右图
名称：罂粟
作者：彼得·埃塞尔
绘制者：卡尔·波尔曼
语言：德语
国家：德国
系列/书目：《德国有毒植物》
图序号：8
出版者：弗里德里希·维耶格和佐恩（德国布伦瑞克）
时间：1910年

3
2
1
5
8
6
7
4
H 13/13

在这幅挂图中，齐佩尔和波尔曼又把不同科的植物画在一起，他们比较了 2 种罂粟科植物和 1 种睡莲科植物的花和果实。

荷包牡丹（图 1）因其独特的形态而经常被称为“滴血的心”，它有 4 枚花瓣，位于外侧的 1 对淡红色花瓣基部为囊状，形似心脏；位于内侧的 1 对白色花瓣向下伸出，形似水滴。其拱形的总状花序最多可以有 20 朵下垂的花。齐佩尔和波尔曼把描绘的重点集中在花的结构上是可以理解的，他们展示了荷包牡丹的心形花瓣，以及下垂的白色柱头（图 1 第 1 部分），果实就长在那个位置。6 枚雄蕊合成 2 束（图 1 第 2 部分、第 9 部分），像是“心脏”内的“甲胄”。随着时间推移，这种奇特的形态让它有了同样奇特的俗名，比如“维纳斯的马车”“浴室中女士”和“荷兰人的裤子”。

除了荷包牡丹，这幅挂图中还有一种我们更为熟悉的罂粟科植物。一株茁壮的虞美人（图 2）在这幅挂图的中心位置，它大方地展示着蓓蕾和绽放的花朵。

睡莲科植物欧亚萍蓬草（图 3）被放置在这幅挂图的最右侧，可能是因为其葫芦形的果实和罂粟科植物的果实在结构上有几分相似之处。

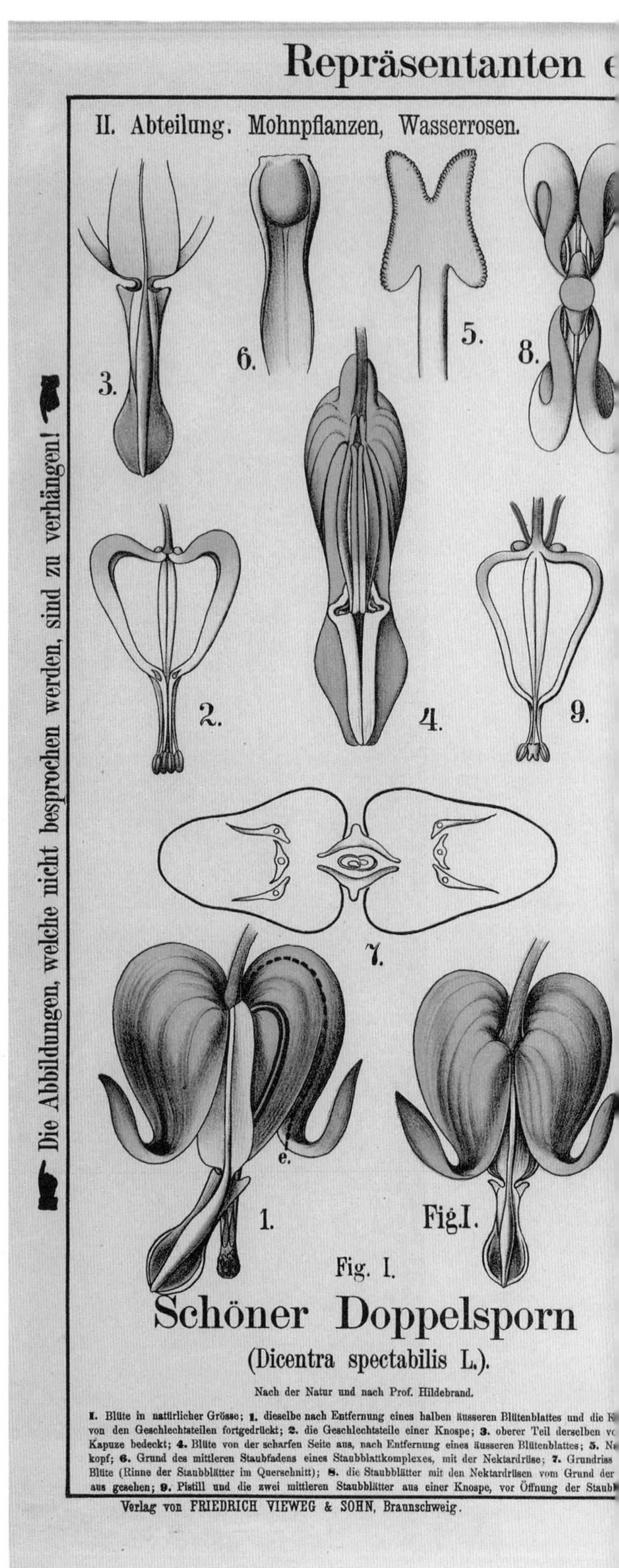

右图

名称：罂粟科植物和睡莲科植物

作者：赫尔曼・齐佩尔

绘制者：卡尔・波尔曼

语言：德语

国家：德国

系列/书目：《本土植物典例》

图序号：第二部，47

出版者：弗里德里希・维耶格和佐恩（德国布伦瑞克）

时间：1879年

eimischer Pflanzenfamilien in bunten Wandtafeln mit erläuterndem Text.

Tafel 47.

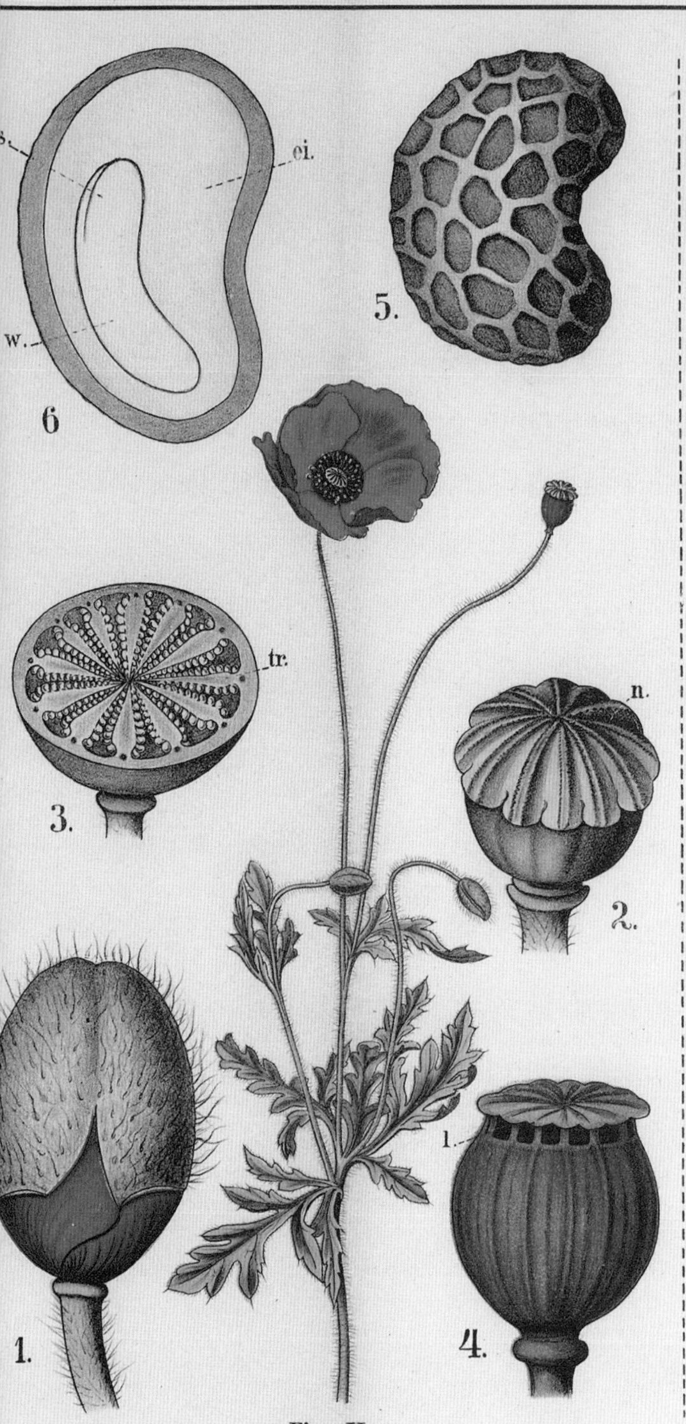

Fig. II.

Klatschmohn

(Papaver rhoeas L.).

Nach der Natur.

1. Knospe im Aufblühen begriffen: **2.** der Stempel, **n** Narbe; **3.** derselbe im Querschnitt, **tr** Samenträger; **4.** die Kapsel, unter der Narbe in Löchern (**1**) aufgesprungen; **5.** Same; **6.** derselbe im Längsschnitt, **ei** Eiweiss. **w** Würzelchen und **s** Samenlappen des Keimlings. Teilzeichnungen sehr vergrössert.

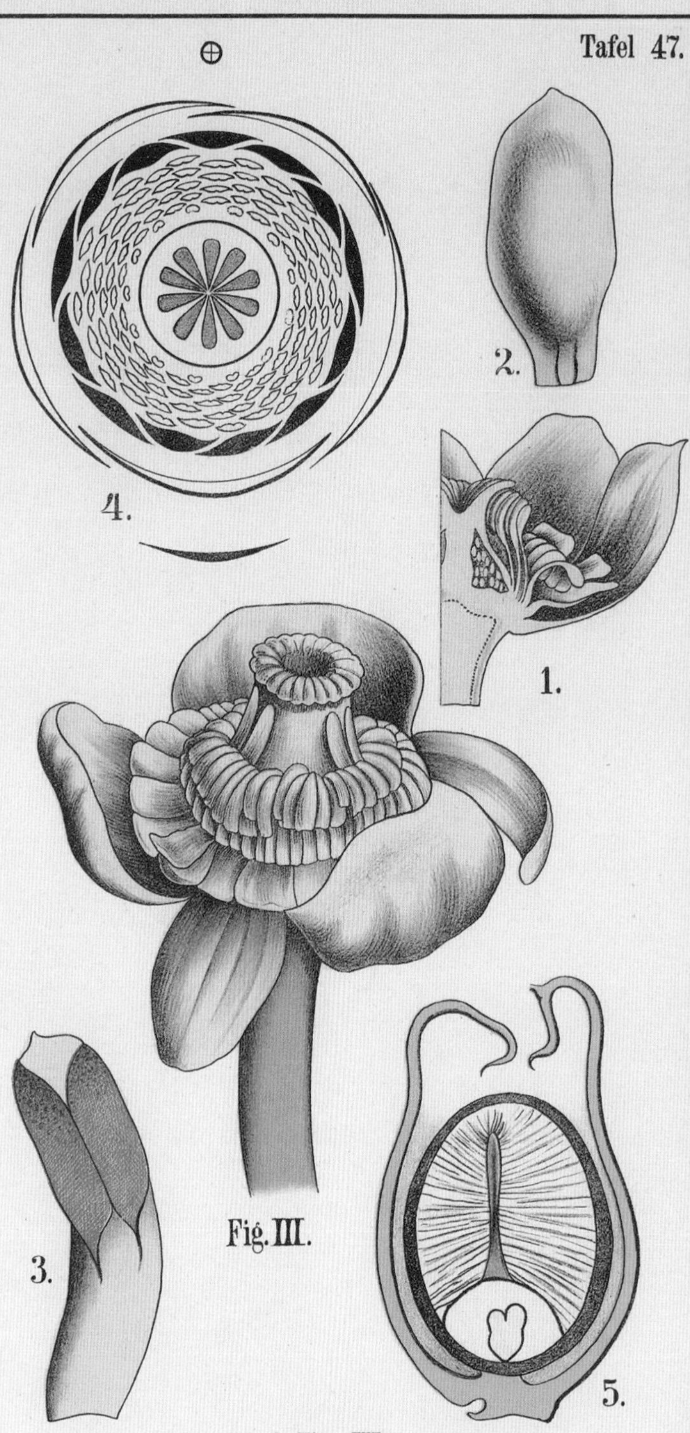

Fig. III.

Gelbe Nixblume

(Nuphar luteum L.).

Vergrössert.

1. Ein Teil der Blüte im Längsschnitt; **2.** ein Kronenblatt von der Aussenfläche; **3.** ein Staublatt; **4.** Blütengrundriss nach Eichler; **5.** der Same mit dem Mantel und dem Keime längs durchschnitten von Nymphaea alba. Einige Figuren nach Schnizlein. Teilzeichnungen sehr vergrössert.

Siehe den ausführlichen Text!

Herausgegeben von HERMANN ZIPPEL und CARL BOLLMANN.

Zeichnung, Lithogr. und Druck des lithogr.-artist. Instituts von Carl Bollmann, Gera.

19

松　科

松科包括 11 个属，共有 255 种植物，是裸子植物中植物种类最多的科。松科植物通常是雌雄同株的，含树脂，常绿（除落叶松属植物和金钱松属植物），广泛分布于北半球，主要分布在温带地区。几乎所有松科植物都是受欢迎的园林植物和景观植物。许多松科植物，如冷杉属、雪松属、云杉属、松属和铁杉属植物，是软木木材、木浆、树脂和精油的主要来源。

黎巴嫩雪松树形优雅，自古以来就因其品质被众多文明——比如巴比伦人、腓尼基人和埃及人——所喜爱。由于人为破坏和气候变化，曾经在黎巴嫩分布广泛的黎巴嫩雪松如今仅生存于面积不大的保护区中。狐尾松生长在从美国内华达州到加利福尼亚州的亚高山地区的条件恶劣的环境中，它的寿命可以长达 5 000 年。因此，古气候学家从幸存下来的树木中采集树芯样本，探究关于气候变化的宝贵信息。

松科植物的特征包括：叶片呈针状或条形，单生或螺旋状排列，有些品种为簇生或束生，具树脂道；雌球花大，有许多螺旋状排列的珠鳞与苞鳞，每枚珠鳞有两个胚珠，通常与苞鳞分离；雄球花为穗状花序，雄蕊呈螺旋状排列，每枚雄蕊上有两个花药；树皮多为鳞片状开裂，多有芽鳞；种子通常为翅果。

右图
名称：欧洲黑松
作者：阿诺尔德·杜贝尔-伯特和卡洛琳娜·杜贝尔-伯特
语言：德语
国家：瑞士
系列/书目：《植物解剖学和植物生理图集》
图序号：30
出版者：J. F. 施赖伯（德国埃斯林根）
时间：1878—1893年

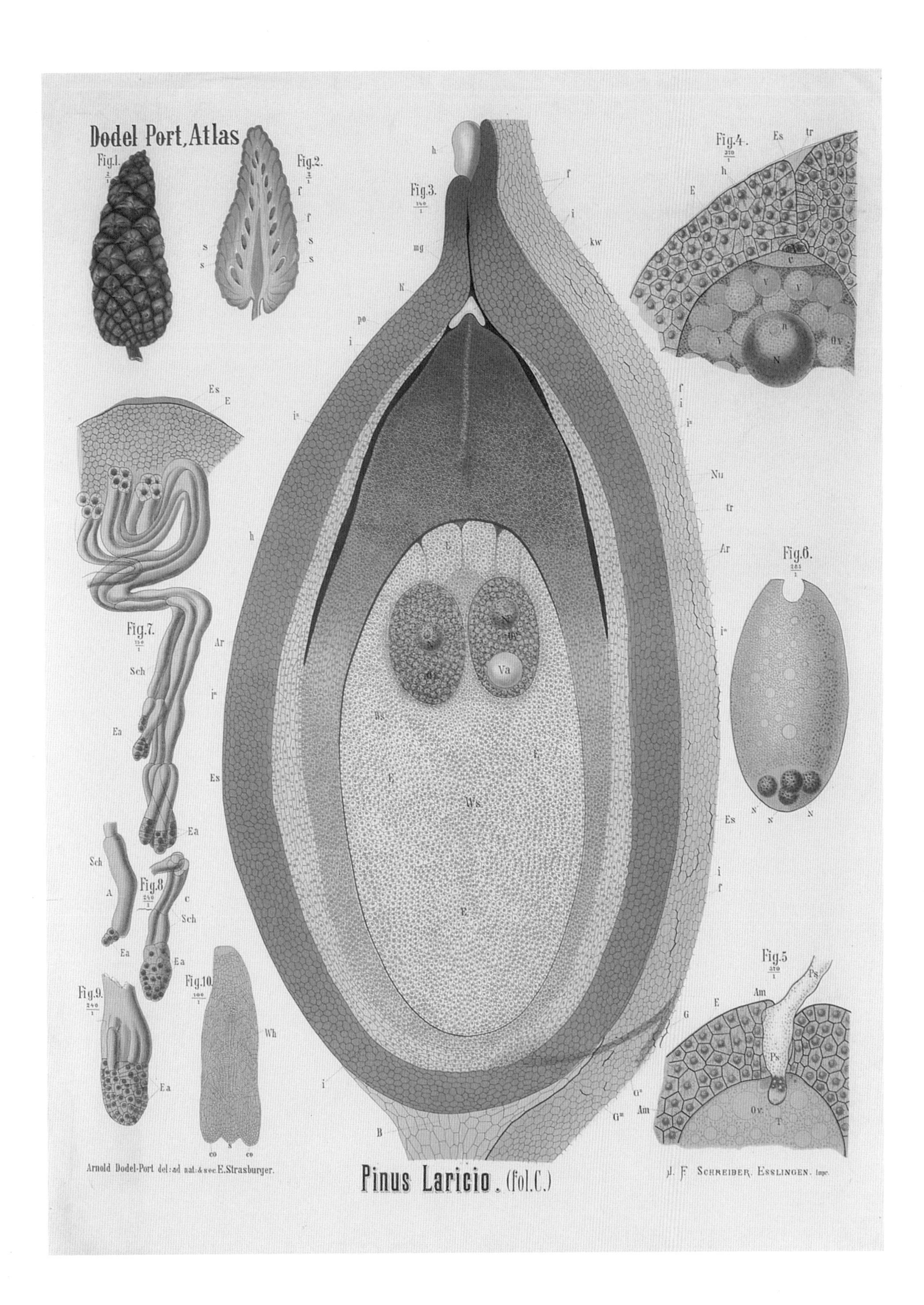
Dodel Port, Atlas
Fig.1.
Fig.2.
Fig.3.
Fig.4.
Fig.5
Fig.6.
Fig.7.
Fig.8
Fig.9.
Fig.10.
Arnold Dodel-Port del: ad nat: & sec E.Strasburger.
Pinus Laricio. (fol.C.)
J. F. Schreiber, Esslingen. Impr.

前页

阿诺尔德·杜贝尔－伯特和卡洛琳娜·杜贝尔－伯特在他们的《植物解剖学和植物生理图集》中收录了3幅欧洲黑松的挂图。杜贝尔－伯特夫妇在前2幅挂图中描绘了雄球花和雌球花的形态。这幅挂图他们是为了满足教师在课堂上讲解植物繁殖过程（尤其是细胞层面）的需求而绘制的。尽管如此，他们认为这些精致的细节“出于教学原因，没有必要出现在这里”。最终，他们同意了教师的要求，并做出解释：“我们遵从委员会的决定，并且在这幅挂图中对欧洲黑松已经授粉的胚珠内的生殖活动进行说明，以填补‘生殖生理学’的一个重要空白。”

对页

约翰·考茨基（John Kautsky）和G. V.贝克（G. V. Beck）的绘画风格与其他人不同，他们创作的挂图包括了近距离特写和全景图。他们创作的挂图只有一个主题——树木，所有的挂图都是将成熟的植物置于美丽的、符合其生长环境的风景之中。在海滨花园里，温和的地中海微风轻轻拂过，这样的环境非常适合海岸松；潺潺的小溪静静地流淌，欧洲银冷杉眺望着绵延巍峨的群山。

海岸松是一种受欢迎的观赏树种，喜湿冬干夏，生长迅速。极其硬的木质使海岸松成为重要的木材来源。这幅图的下半部分是海岸松的一些细节，包括树枝、种子和雌球果等。

右图

名称：海岸松

作者：约翰·考茨基，G. V. 贝克

语言：德语

国家：捷克

系列/书目：《哈廷格挂图》

图序号：不详

出版者：卡尔·格罗德之子（奥地利维也纳）

时间：约1880年

C. Beck
a
b
c
d
e
f
g
h
HARTINGERS WANDTAFELN
BÄUME: TAFEL XXIII
VERLAG VON CARL GEROLD'S SOHN, WIEN
LITHOGRAPHIE U. DRUCK V. ALBERT BERGER, WIEN

HARTINGERS WANDTAFELN
BÄUME TAFEL XI
abete bianco
VERLAG VON CARL GEROLD'S SOHN, WIEN
LITHOGRAPHIE U. DRUCK V. ALBERT BERGER, WIEN

欧洲银冷杉高高地耸立在一片有其他松科植物的小树林的前方。它的高度一般为 40 ~ 50 米，但它并不是最高的松科植物。原产于北美洲的花旗松、巨云杉和壮丽冷杉的高度几乎是欧洲银冷杉的两倍。原产于欧洲的松科植物的高度很少会达到 60 米。在欧洲的松科植物中，欧洲银冷杉是最高的，它的最高纪录达 68 米，这也解释了为什么它在考茨基和贝克的挂图里“一树独大”。

这幅挂图的左上角和右上角分别有两幅细节图，包括了树干的截面、针状叶、球果和种子等。

左图

名称：欧洲银冷杉

作者：约翰·考茨基，G. V. 贝克

语言：德语

国家：捷克

系列/书目：《哈廷格挂图》

图序号：不详

出版者：卡尔·格罗德之子（奥地利维也纳）

时间：约1880年

对页

虽然直接接触标本会让学生拥有触觉体验，但也会带来手上沾满花粉和树液等不便。作为标本的替代品，植物挂图可以使学生们能够一眼就看到植物生命周期的整体情况。因此，图中难免会存在植物的球果、子房、花粉和种子同时出现的状况。

在这幅挂图中，荣格、科赫和奎恩泰尔描绘了一段有分叉的欧洲赤松的树枝，上面有很多成对排列的针叶，2 个有着花粉囊的雄球花和 3 个雌球果——肉粉色的为等待授粉的幼果，绿色的为已受精的幼果，棕色的为种子脱落熟果。这幅挂图的右上角有一对分开的针叶和一对幼嫩的还未分开的针叶。

位于这幅挂图右下角的成熟的雄球花是棕色的，它由成排具有双花药的雄蕊组成。一对还没有分开的雄蕊位于雄球花的上方，而雄蕊上方有一粒未成熟的花粉。未成熟的雌球花位于这幅挂图的左侧偏下的位置，它的大孢子叶大部分为绿色，顶端为红色，每片大孢子叶的腹面都有 2 枚胚珠（位于雌球花的上方）。这些胚珠在整幅挂图中所占的面积很小，却是松科植物非常重要的特征，如果没有暴露在外的种子，那松科植物就不是裸子植物，而是被子植物了。

在雌球果的下方，一片授过粉的大孢子叶和被保护得很好的翅果位于左下角。每个翅果都有一颗落地后会发芽生根的种子。与被子植物不同的是，裸子植物的种子是裸露的，没有果实。

在这幅挂图的底部，欧洲赤松的幼根在土壤中伸展，它的上方是圆月状的茎的横截面。

左图

名称：欧洲赤松

作者：海因里希·荣格和弗里德里希·奎恩泰尔

绘制者：戈特利布·冯·科赫

语言：不详

国家：德国

系列/书目：《新植物挂图》

图序号：41

出版者：弗洛曼和莫里安（德国达姆施塔特）；
哈格曼（德国杜塞尔多夫）

时间：1928年；1951—1963年

后页

这幅挂图和对页的那幅挂图区别不大，但它运用精美的细节、华丽的构图和丰富的渐变色彩等元素展现了植物的活力。在对页的那幅挂图中，荣格、科赫和奎恩泰尔则用他们惯用的黑色背景来展现植物的活力。对插画家来说，在白色背景下画出引人注目的植物的完整形态是比较困难的，他们需要把关注点更多地放在对比、布局和细节上，但奥托·施密尔很好地达到了这些要求。

他描述花粉的文字也很有趣。他在书中这样描写风吹过授粉过的松树的样子：“风把松树的花粉吹到云中，（因此）在雷雨过后，森林……盖上了一层‘黄色的被子’。人们无法解释‘黄色的被子’从何而来，便道‘下了硫黄雨’。”施密尔这样描述两侧都有气囊的花粉粒（图 5）：“从我们发现花粉的地方可以明显看出，这个像热气球一样的东西可以飘到很远的地方，通常离松树有数千米远。”

在这幅挂图的左上角，一枚含有花粉的花药（图 3）刚刚裂开以便花粉传播。在它的左边，一对垂直相邻的花药（图 4）释放出花粉。施密尔提醒读者，松树是风媒传粉的。因此，在没有风的情况下，花粉就会慢慢落到下层的雄蕊上，然后继续向下落在高度更低的球果上，这就是为什么松树的雌球果通常生长在较高位置的树枝上，这是为了防止自花传粉。

很多人也许都想知道为什么这两幅挂图都没有完整地描绘欧洲赤松，尤其是考虑到施密尔非常关注细节，并且热爱欧洲赤松。他认为，欧洲赤松对德国的森林和人民来说都是一大功臣，“欧洲赤松与很多人的福祉紧密相连”。

后页图

名称：欧洲赤松

作者：奥托·施密尔

语言：德语

国家：德国

系列/书目：《植物学挂图》

图序号：3

出版者：万乐和迈尔（德国莱比锡）

时间：1907年

3
4
2
5
10
11
1
F.G. Kohl pinx.
Schmeil, Botanische Wandtafeln
Lithogr. u. Druck v. Wahler & Schwarz

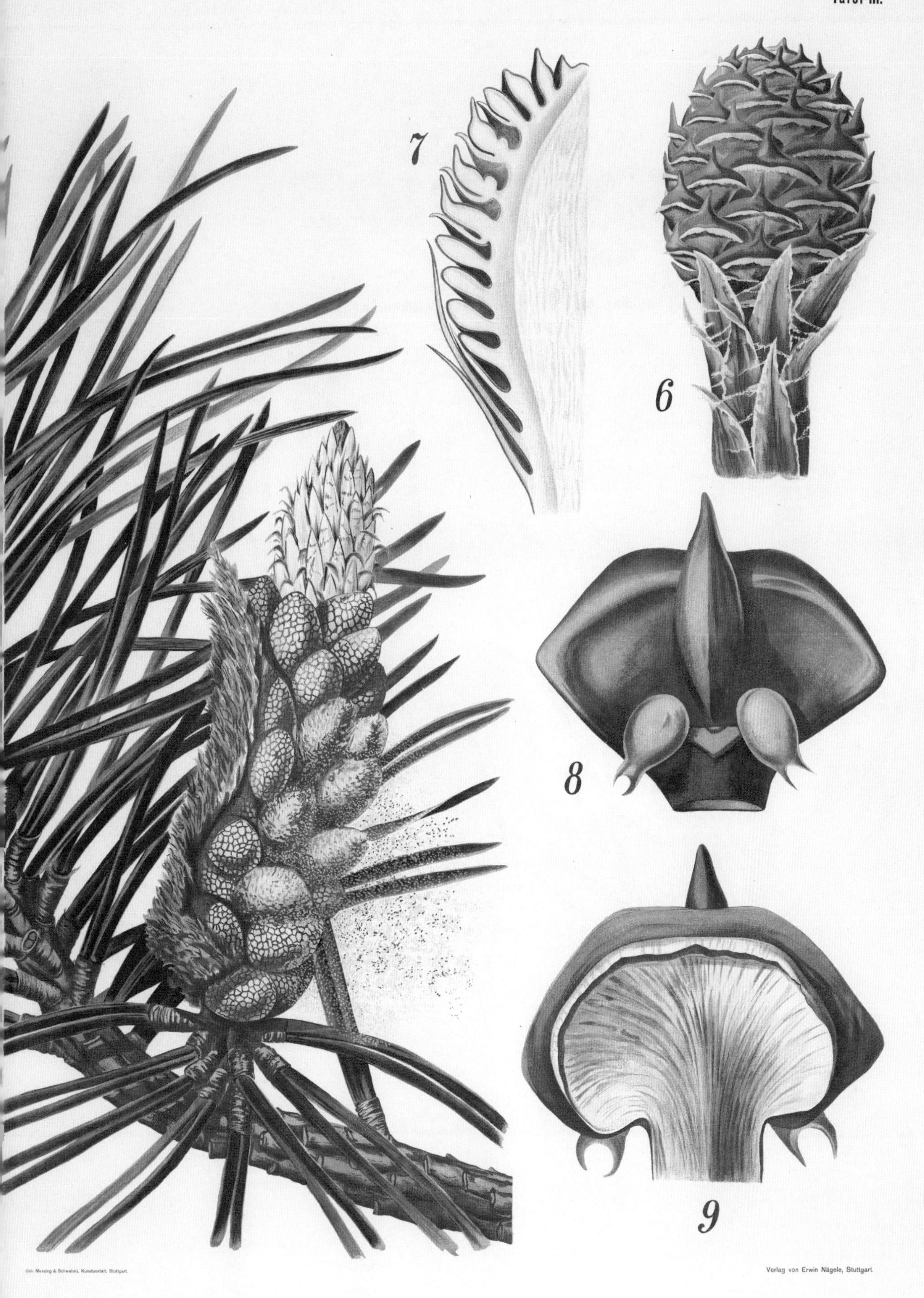
Tafel III.
7
6
8
9
(Inh. Messing & Schwabe), Kunstanstalt, Stuttgart.
Verlag von Erwin Nägele, Stuttgart.

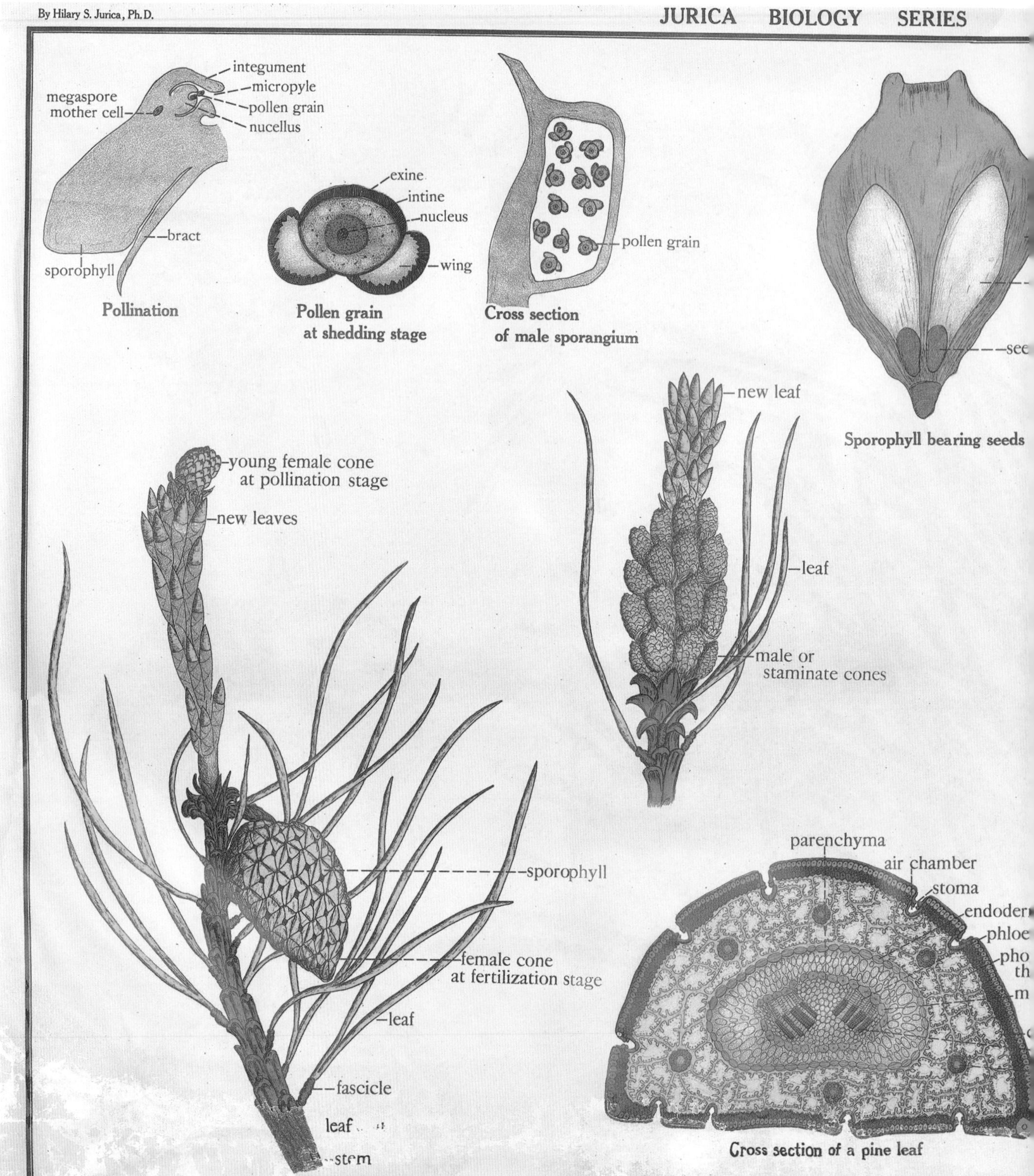

By Hilary S. Jurica, Ph.D.

JURICA BIOLOGY SERIES

integument
micropyle
megaspore mother cell
pollen grain
nucellus
bract
sporophyll

Pollination

exine
intine
nucleus
wing

Pollen grain at shedding stage

pollen grain

Cross section of male sporangium

see

Sporophyll bearing seeds

young female cone at pollination stage
new leaves
sporophyll
female cone at fertilization stage
leaf
fascicle
leaf
stem

Branch bearing cones

new leaf
leaf
male or staminate cones

parenchyma
air chamber
stoma
endoder
phloe
pho
th
m

Cross section of a pine leaf

SPERMATOPHYTA GYMNOSPERMAE

PINE

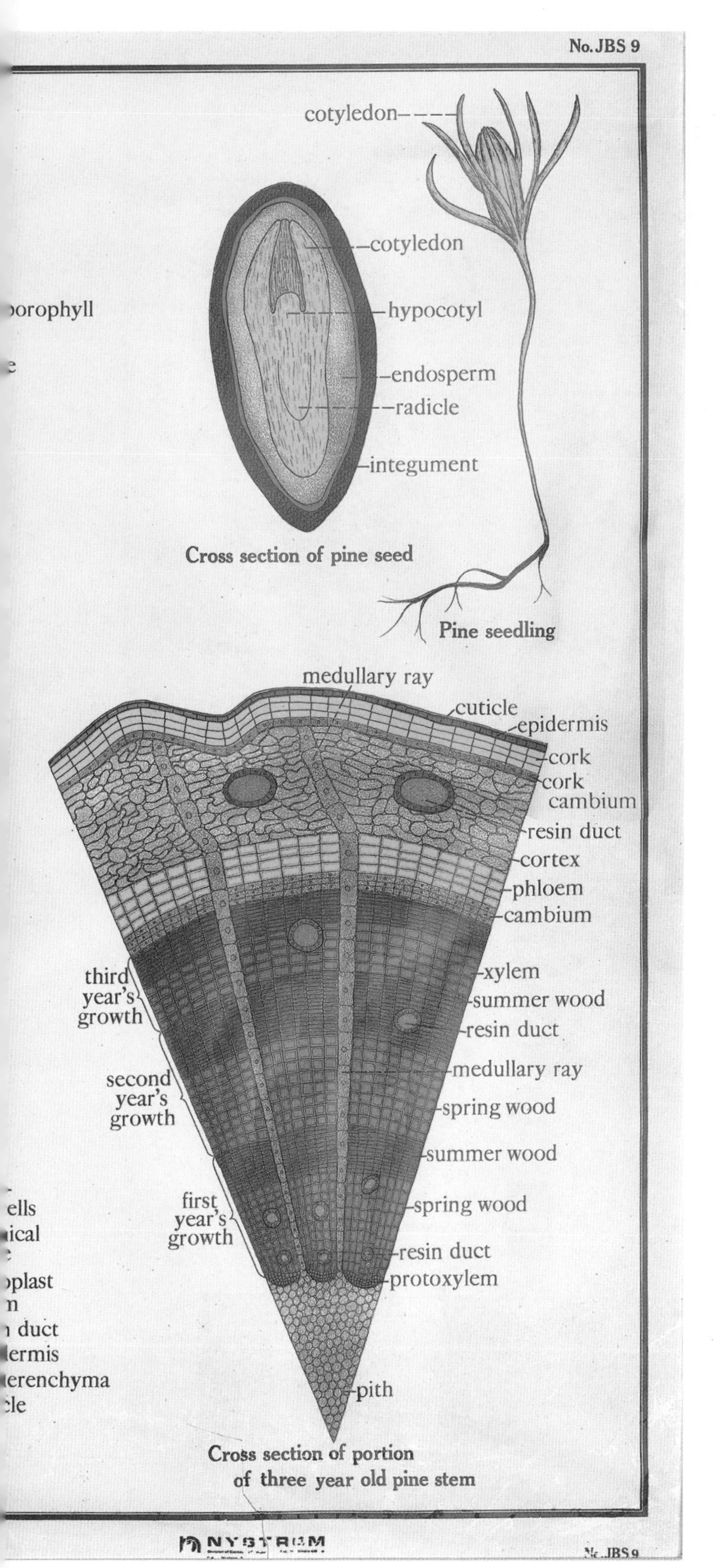

这幅迷人松树的挂图含有树干和针叶的横截面，作者是一名在美国伊利诺伊州的克洛弗代尔长大的斯洛伐克裔修士，名叫希拉里·S. 尤里卡（Hilary S. Jurica）。在获得植物学博士学位后，尤里卡开始在大学教授课程并在美国各地收集植物标本，以此来充实他的课堂，他还绘制挂图。他在自己绘制的挂图上明确标示了植物每个部分的形态，但从未想过把这些挂图在国外发表。

在这幅挂图的左下角，2 个未成熟的雌球果长在枝干的顶端（我们已经知道，这是为了防止自花传粉）。它们右侧是针叶的横截面，其表面有与光合作用和呼吸作用密切相关的气孔。大多数植物的气孔在白天开放，就像这里画的一样。然而，在这些气孔张开后，水分也会蒸发出去，因此气孔的大小可以随着环境变化而变化。

在这幅挂图的右下角，生长了 3 年的松树树干的横截面展示了每年 2 个生长阶段的状况以及外皮部、韧皮部和形成层。髓射线垂直穿过生长轮，从位于外层的形成层向位于内部的更容易受感染的部位输送水分和营养物质。茎和树干上都有树脂道，对松科植物来说，这些树脂道是树木抵御昆虫侵袭的主要防御系统。

左图

名称：松树

作者：希拉里·S. 尤里卡

语言：英语

国家：美国

系列/书目：《尤里卡生物学系列》

图序号：9

出版者：A. J. 奈斯特罗姆公司

时间：约20世纪20年代

Forstliche Bundes-Versuchsanstalt Mariabrunn, Abt. Forstschutz

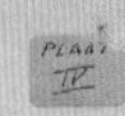

TANNENTRIEBLAUS Dreyfusia Nüsslini C. B.

Erkennen im Winter

Neosistens

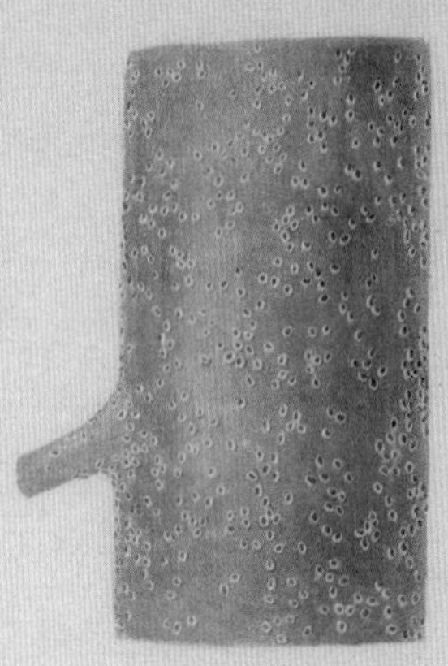

Frühjahr und Sommer

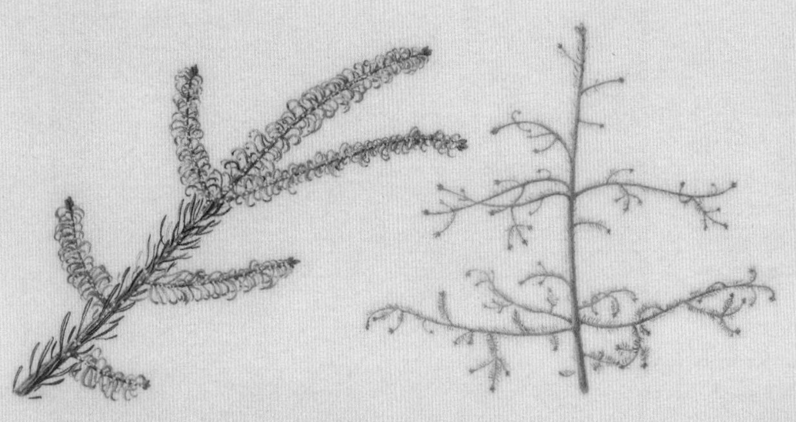

Sistensmütter

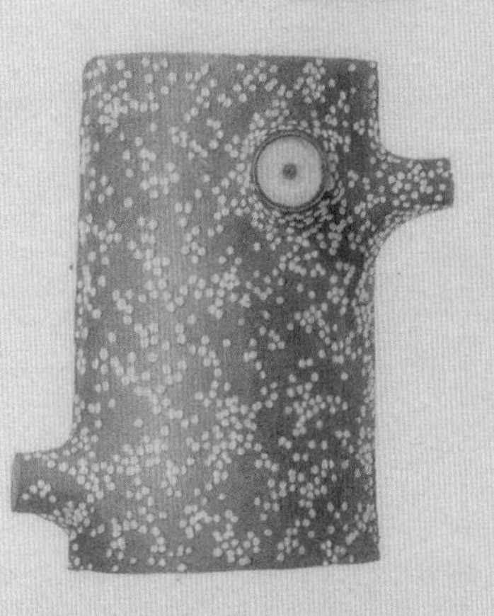

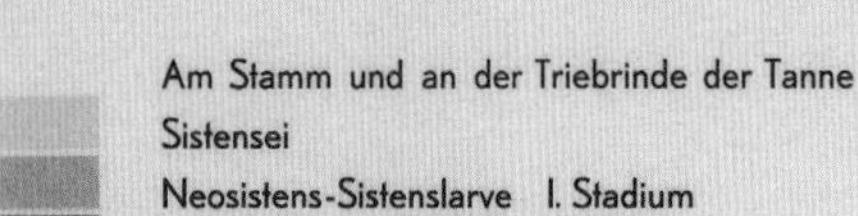

Am Stamm und an der Triebrinde der Tanne

- Sistensei
- Neosistens-Sistenslarve I. Stadium
- Neosistens-Sistenslarve II. Stadium
- Neosistens-Sistenslarve III. Stadium
- Sistensmutter-Eierlegerin

An den Nadeln der Tanne

- Progrediensei
- Progrediens I. Stadium
- Progrediens II. Stadium
- Progrediens III. u. IV. Stadium
- Progrediensmutter-Eierlegerin
- Nymphe der Sexupara

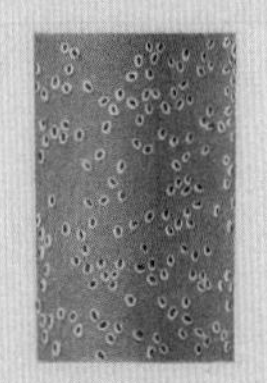

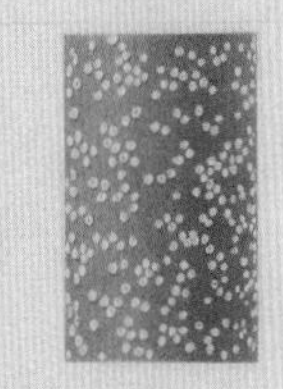

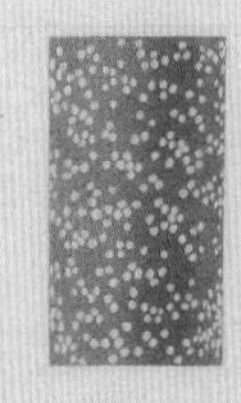

Generationsablauf in kühleren Lagen
(nach E. Schimitschek)

Sept. Okt. Nov. Dez. Jän. Feb. März April Mai Juni Juli Aug. Sept. Okt.

蚜虫是一种害虫，它的生命周期在这张德国出版的挂图中有所概述。这幅挂图中提到的蚜虫为高加索冷杉椎球蚜，1840 年从高加索地区传入中欧，于 1880 年传入德国。这种危害性极大的昆虫能够吸取幼苗的养分导致幼苗死亡。对松科植物等来说，这是最具破坏性的害虫之一。这幅挂图有助于学生了解这种害虫在复杂的生命周期和不同的攻击阶段中对树木的危害。但不幸的是，除了砍伐和焚烧受严重影响的树木外，人们对这种害虫几乎束手无策。

左图
名称：高加索冷杉椎球蚜
作者：不详
语言：德语
国家：德国
系列/书目：不详
图序号：4
出版者：德意志联邦森林研究中心，德意志联邦森林保护中心
时间：不详

20

蔷薇科

蔷薇科包含 104 个属，共有 4 828 种植物，主要分布在北温带地区。蔷薇科植物中有木本植物和草本植物，大部分是多年生植物，少部分为一年生植物。蔷薇科植物中有一些非常著名的园林植物，包括蔷薇属、栒子属、白鹃梅属、棣棠花属、火棘属、羽衣草属和路边青属。蔷薇科植物还包括一些在野外生长的树木，如山楂属和花楸属。许多生长于温带地区的产水果的植物也属于蔷薇科，包括苹果、樱桃、桃子、梨、李子、覆盆子和草莓等。突厥蔷薇（又名大马士革玫瑰）是一种经济价值很高的蔷薇科植物，可以用于提取玫瑰精油。

蔷薇科植物的特征包括：大多数叶片基部有托叶；通常有 5 枚萼片、5 枚离生花瓣；花托中央部分向下凹陷，与花被、花丝的下部愈合形成托杯；雄蕊多；果实多样，通常为梨果（如苹果）、小核果（如黑莓）、核果（如樱桃）、蓇果或坚果。

右图

名称：犬蔷薇（*Rosa canina*）

作者：海因里希·荣格和弗里德里希·奎恩泰尔

绘制者：戈特利布·冯·科赫

语言：不详

国家：德国

系列/书目：《新植物挂图》

图序号：9

出版者：弗洛曼和莫里安（德国达姆施塔特）；
哈格曼（德国杜塞尔多夫）

时间：1928年；1951—1963年

Jung-Koch-Quentell
Lehrmittelverlag Hagemann, Düsseldorf

前页

在这幅挂图中，荣格、科赫和奎恩泰尔将犬蔷薇描绘得十分雅致，它仿佛是玫瑰庭院里一位有教养的淑女。实际上，犬蔷薇是个“野姑娘”，生长在乡间的树篱中，不断向上攀爬。但这种美丽的“农家玫瑰”其实也是有“贵族血统”的：骑士时代的玫瑰纹章就是以犬蔷薇为原型设计的。

后页

虽然奥托·施密尔创作的挂图与荣格、科赫和奎恩泰尔创作的挂图有很多相同的元素，但这两幅挂图对犬蔷薇的描述却大相径庭。

奥托·施密尔向我们描绘了犬蔷薇在乡村的生长环境，使得这种植物看起来别具一格。施密尔所画的犬蔷薇是一丛带刺的灌木。仔细观察挂图的右上角，我们可以看到处于不同生长阶段的花组成的花序，还有有虫洞的叶子。这就像我们日常生活中可能看到的犬蔷薇的样子，施密尔这样描绘犬蔷薇也是考虑到教学的需求。

除了花朵和带刺茎的细节，作者在这两幅挂图中都描绘了犬蔷薇的果实及其纵剖面。这些鲜红色的果实具有极高的营养价值，因此受到野生动物和草药学家的喜爱。在这两幅挂图的右下角，都有“绒球”，被称为“罗宾的针垫”。“罗宾”这个名字指的是英国民间传说中喜欢恶作剧的罗宾·古德费洛（Robin Goodfellow），以前的人们以为他把“绒球”“种”在了犬蔷薇上。事实上，这是一种常见的瘿，由玫瑰犁瘿蜂的幼虫引起，在夏末的时候出现在犬蔷薇的茎上。在这些纤维状的巢穴中，有 40 ~ 60 只瘿蜂幼虫正在生长，到了秋天，当“罗宾的针垫”变成棕色并且变得干燥时，瘿蜂的幼虫就成熟了，它们会挖开瘿，飞出来。施密尔比荣格、科赫、奎恩泰尔说明得更详细，施密尔专门描绘了罪魁祸首瘿蜂及其幼虫。

后页图

名称：犬蔷薇

作者：奥托·施密尔

语言：德语

国家：德国

系列/书目：《植物学挂图》

图序号：11

出版者：万乐和迈尔（德国莱比锡）

时间：1907年

Schmeils Botanische Wandtafeln № 11: Hundsrose (Rosa canina)
5
4
1
2
6
7
6a
7a

3
10
8
8a
9
W. Heubach
Verlag von Quelle & Meyer in Leipzig.

A·J·Nystrom & Co·
EDUCATIONAL MAP PUBLISHERS

冯·恩格勒创作的挂图画风简洁，也没有文字，在世界范围内被广泛使用。冯·恩格勒是生活在慕尼黑的一名教师，他为小学课堂教学设计了一系列作品。他的插图既不抽象，也不具体。例如，一颗普通的苹果果实，被描绘为一个简单的肉质圆形梨果，适用于各个品种的苹果，无论身处世界何处的人都能一眼辨认出来。与此同时，由于冯·恩格勒对逼真度的要求，他还在果实表面画上了轻微的伤痕。与许多挂图一样，这种现实主义的绘画风格让挂图既具有权威性，又容易理解。

一般来说，冯·恩格勒把每个元素作为独立个体，均匀地分布在白色的背景上。读者在依次观察这幅图的不同部分时，会感觉这幅图看起来很舒服。例如，两对不相邻但需要进行比较的元素：果实的横截面和纵剖面；果实和子房的纵剖面。这为学生提供了苹果解剖结构变化的画像，向学生说明了苹果解剖结构变化的情况。

左图

名称：苹果

作者：冯·恩格勒

绘制者：C. 迪特里希

语言：不详

国家：德国

系列/书目：《冯·恩格勒的自然历史挂图：植物学》

图序号：31

出版者：J. F. 施赖伯（德国埃斯林根）

时间：1897年

阿洛伊斯·波科尼精致的挂图可以放在家里的植物标本室抽屉里，也可以放在高档的植物作品集中，更不用说挂在教室的墙壁上了。对活体植物的研究影响了他的美学观点，以至于他创作的挂图中的植物就像真的一样，包括根和其他的部分。

野草莓原产于欧洲和亚洲，它生长在野外，结出可食用的小果实，具有独特的香味（fragrance）。草莓属（*Fragaria*）的拉丁名称便是由此而来的。就像真正的草莓一样，波科尼所画的草莓沿着垂直和水平方向生长，有着迂回缠绕的藤蔓，上面可以长出草莓苗。

虽然要坚持真实，但波科尼还是采用了对特定部位进行放大——这是植物挂图发挥教学作用的必要条件。一个倒置了的草莓的纵剖面被意外地放在这幅图的右下角，但这一布局可能是为了和花的纵剖面形成对比。位于左侧中间位置的花的纵剖面展现数量众多的胚珠和生机勃勃的花药。

波科尼在草莓叶中添加了两个细节，强调了植物挂图的实用性：左边是叶片上出现了红色斑点，这是一种由真菌引起的广泛传播的草莓病害；在右边，一片原本边缘为均匀的锯齿状的叶子被饥饿的昆虫啃食了一部分。

右图

名称：野草莓

作者：阿洛伊斯·波科尼

语言：不详

国家：德国

系列/书目：《植物学挂图》

图序号：不详

出版者：斯米乔夫（德国纽波特）

时间：1894年

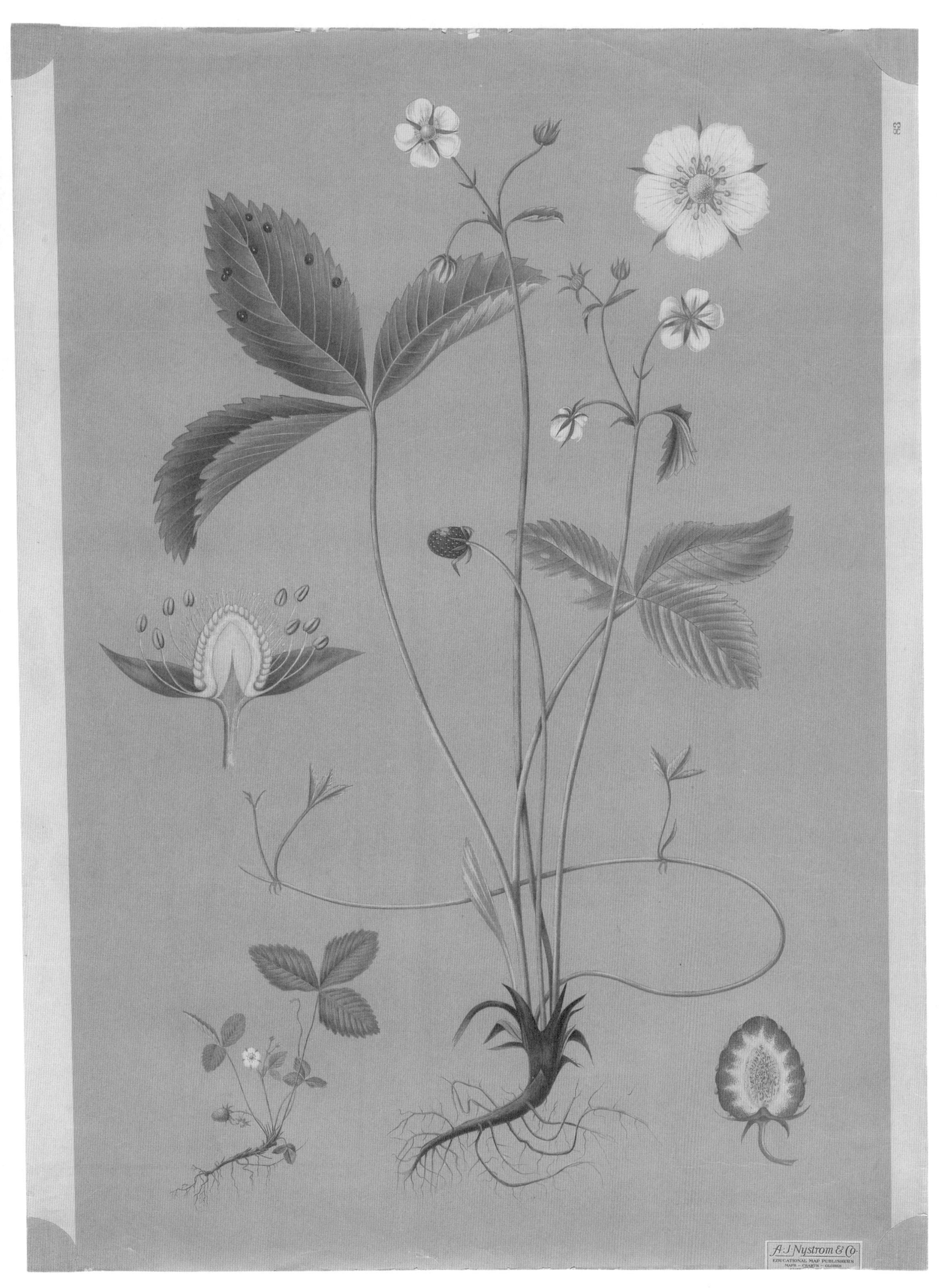
A·J·Nystrom & Co·
EDUCATIONAL MAP PUBLISHERS
MAPS – CHARTS – GLOBES

和阿诺尔德·杜贝尔－伯特和卡洛琳娜·杜贝尔－伯特一样，安德烈·罗西诺和玛德琳娜·罗西诺既是作者又是插画师，但他们的读者主要是法语使用者。他们创作的挂图遍布法国各地。他们能取得这样的成功，归功于他们能够高效率地完成作品，以及解放后的法国的社会环境。为了重振教育，法国将挂图作为帮助新教师的工具。

安德烈·罗西诺和玛德琳娜·罗西诺创作的挂图易于理解，通用性强，编排方式类似故事书，以一种青年学生熟悉的风格呈现。挂图中添加了层次结构严谨的无衬线字体标签，使学生很容易建立对象和名称之间的对应关系。安德烈·罗西诺和玛德琳娜·罗西诺强调的是对象，而不是细节。人们可以很容易数出子房里的 9 枚胚珠和果实里的 9 枚种子。

安德烈·罗西诺和玛德琳娜·罗西诺的绘画准则是浅色背景和简单线条。但在这幅挂图中，位于左侧的带有阴影且包含细节的贯穿挂图的植物是一个例外。这株植物包括茎、叶、花，作为背景，为其他部分风格化的插图提供了很好的对比。

安德烈·罗西诺和玛德琳娜·罗西诺描绘了犬蔷薇。“Eglantier”（犬蔷薇）这个名字对不讲法语的人来说或许听起来颇为雅致，但这个单词其实来源于古法语“aiglantin”，而这个词又源自拉丁语“acus”，其表面意思为针，引申义为玫瑰多刺的茎。在现代法语中，“Eglantier”意指野生蔷薇，尤其指犬蔷薇。

右图

名称：犬蔷薇

作者：安德烈·罗西诺和玛德琳娜·罗西诺

语言：法语

国家：法国

系列/书目：不详

图序号：15

出版者：罗西诺出版社

时间：约20世纪50年代

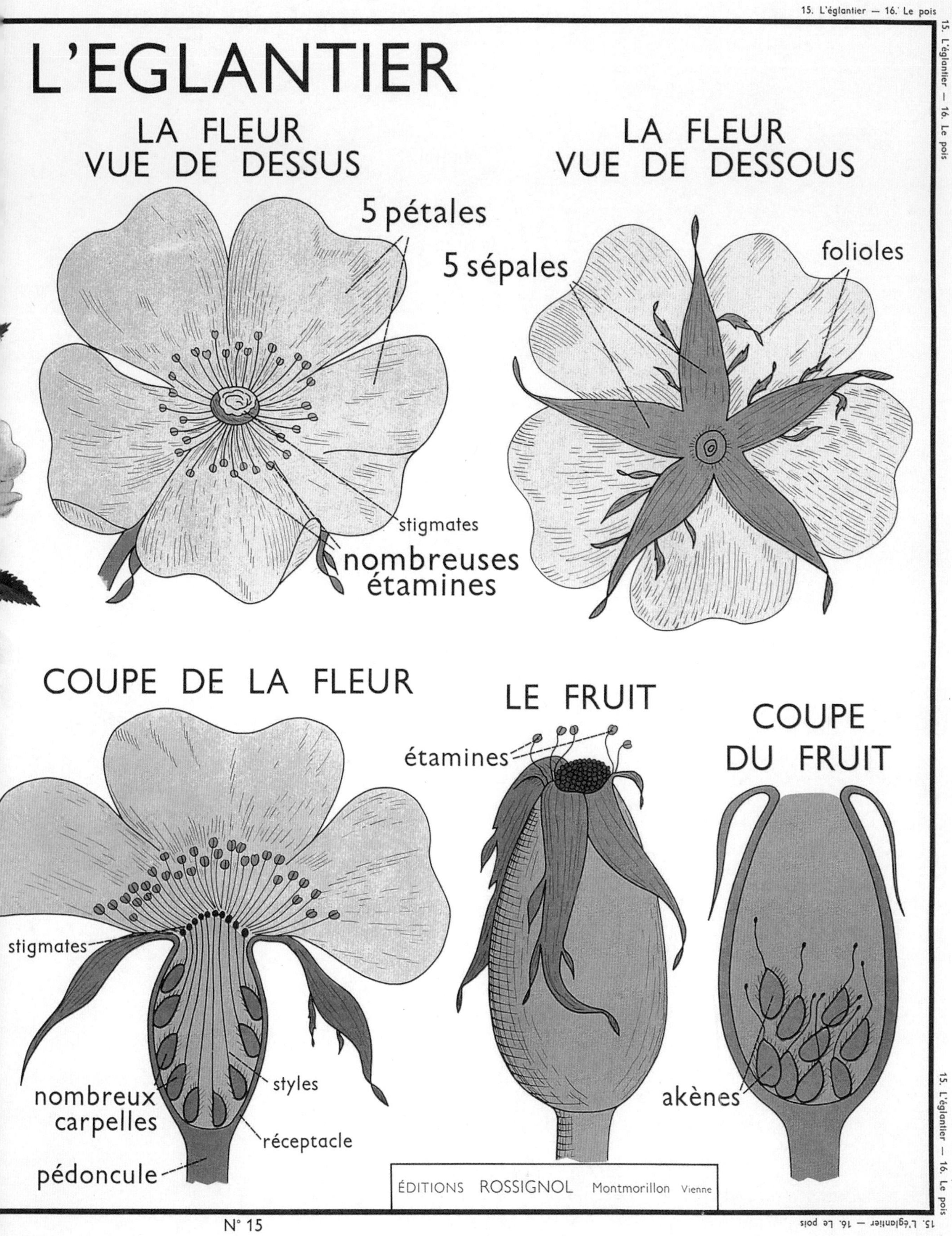

15. L'églantier — 16. Le pois

L'EGLANTIER

LA FLEUR VUE DE DESSUS

5 pétales

stigmates

nombreuses étamines

LA FLEUR VUE DE DESSOUS

5 sépales

folioles

COUPE DE LA FLEUR

stigmates

nombreux carpelles

styles

réceptacle

pédoncule

LE FRUIT

étamines

COUPE DU FRUIT

akènes

ÉDITIONS ROSSIGNOL Montmorillon Vienne

N° 15

15. L'églantier — 16. Le pois

15. L'églantier — 16. Le pois

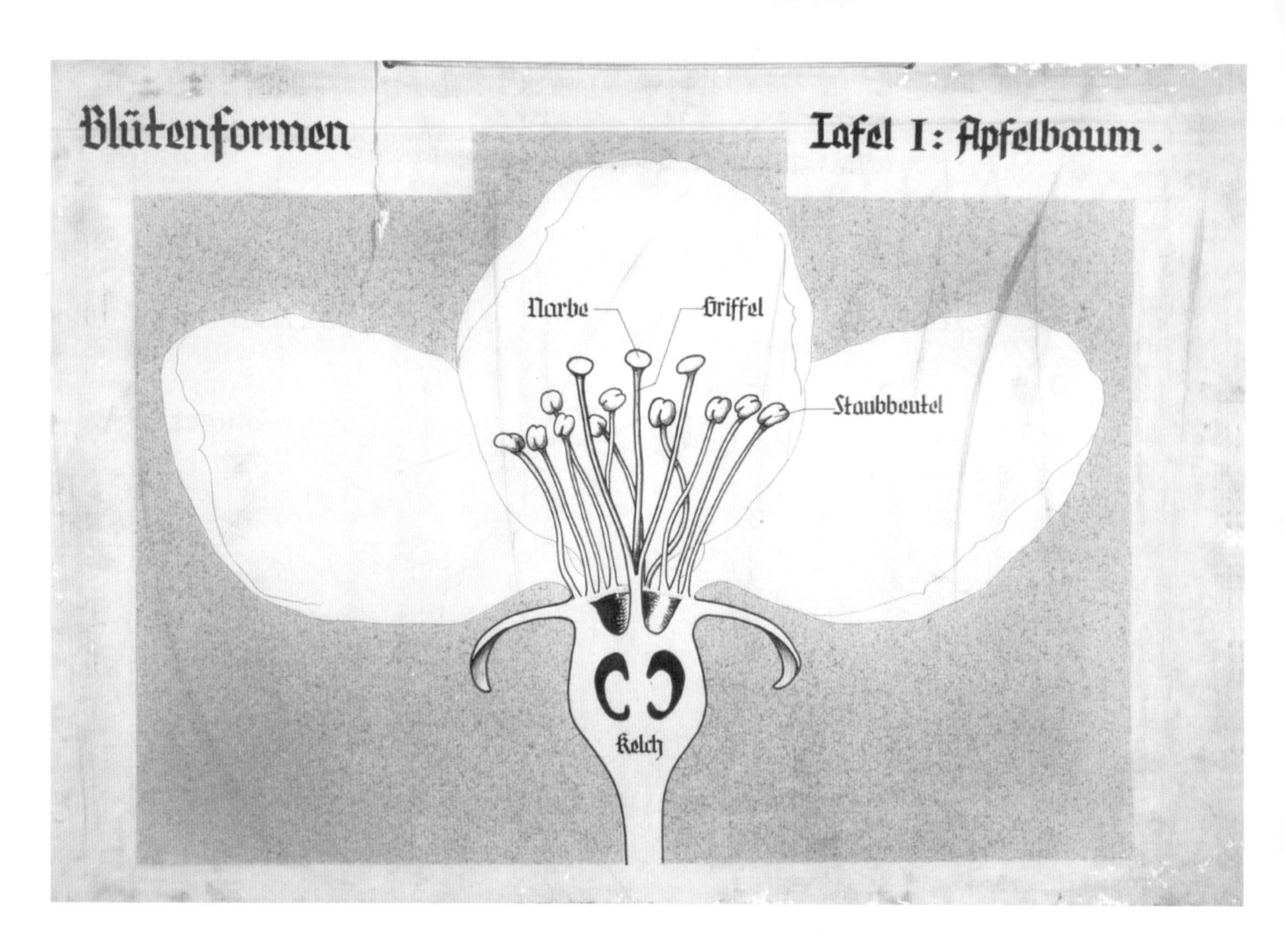
Blütenformen
Tafel I: Apfelbaum.
Narbe
Griffel
Staubbeutel
Kelch

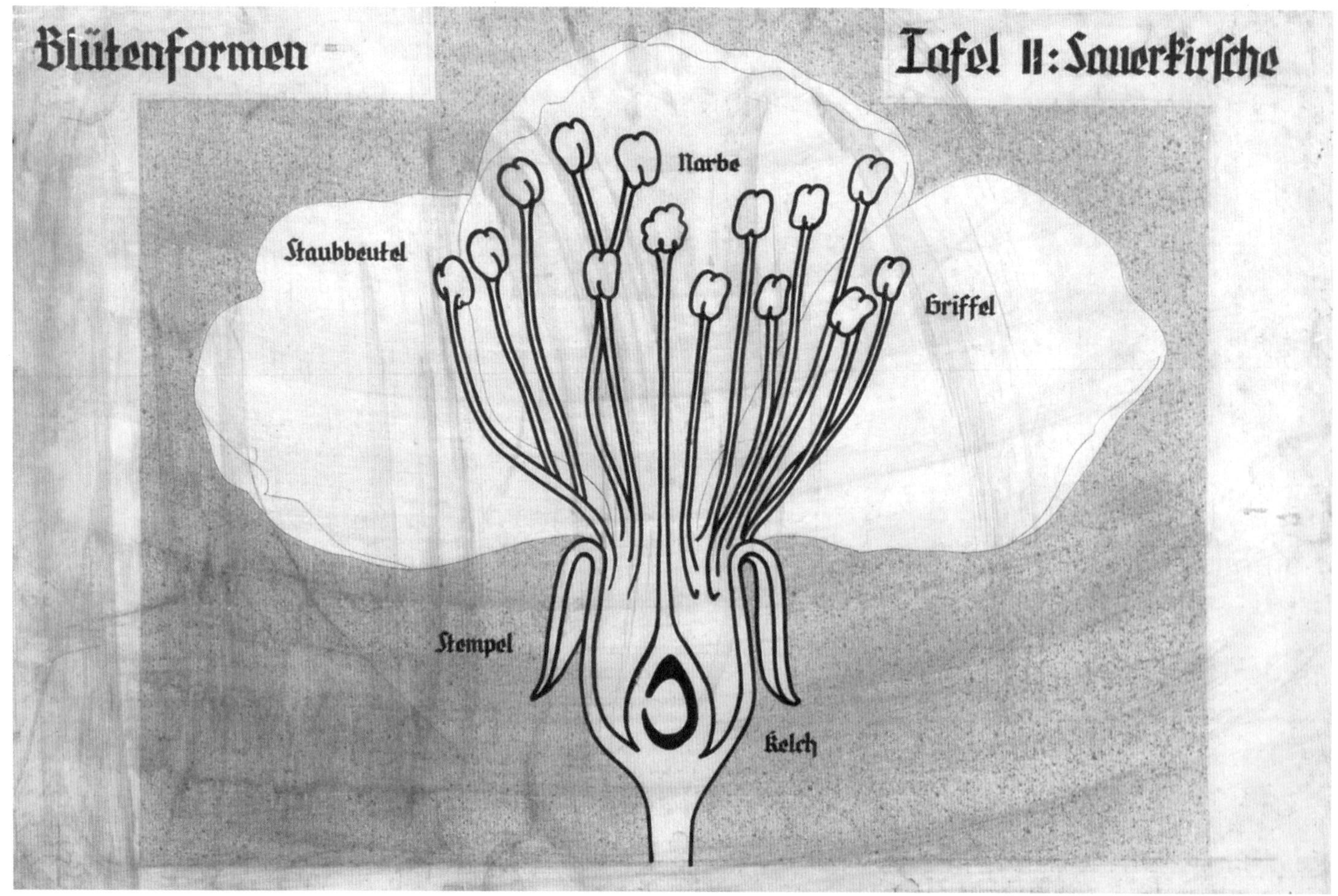
Blütenformen
Tafel II: Sauerkirsche
Narbe
Staubbeutel
Griffel
Stempel
Kelch

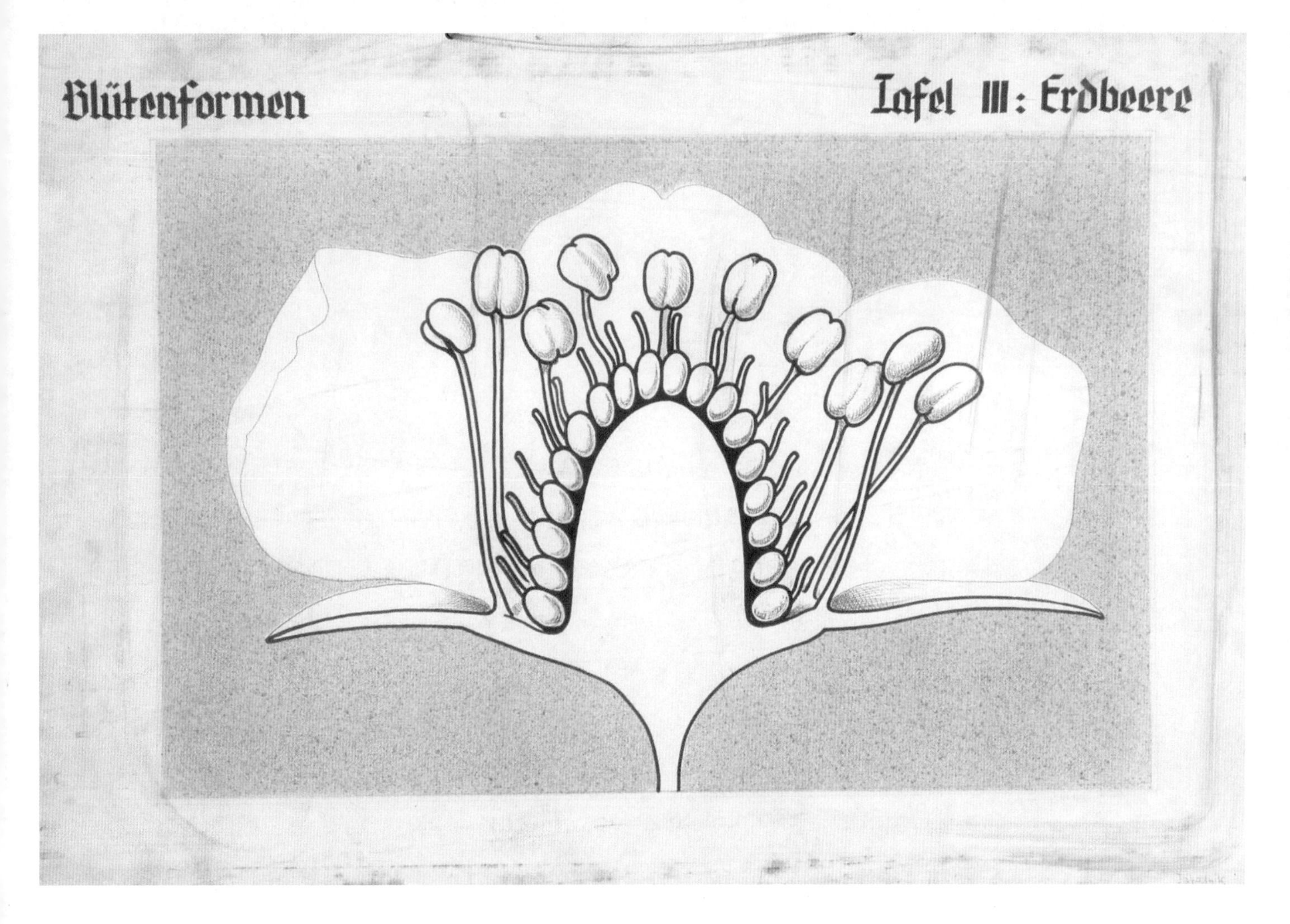

这3幅挂图向我们展示了蔷薇科植物繁殖器官的对比图，分别展示了苹果、欧洲酸樱桃和草莓的花朵。

在3幅挂图中，3朵花都被画成了白色（图中清晰可见的极细轮廓看起来像是学生用铅笔加上去的），这让读者把注意力放在了花药、花丝、柱头、花柱、子房和胚珠上。

这种方式很直观地展示出蔷薇科的3种主要果实：苹果的多籽梨果、樱桃的单籽核果以及草莓膨大的肉质花托上的瘦果。

左图及上图

名称：左上图：苹果；
左下图：欧洲酸樱桃；
上图：草莓

作者：不详

语言：德语

国家：德国

系列/书目：《花的类型》

图序号：1；2；3

出版者：不详

时间：不详

21

茜草科

茜草科共有 609 个属，包括 13 673 种植物。茜草科植物分布广泛，但主要分布在热带地区。虽然茜草科植物主要是木本植物，但它们的习性多变，也包括草本植物、藤本植物，并且已经适应了从干旱的沙漠到潮热的雨林等一系列栖息地。茜草科中咖啡属和金鸡纳属都有很高的经济价值。常见的茜草科观赏植物包括车叶草属、寒丁子属、臭叶木属、拉拉藤属、美耳草属和龙船花属。像栀子花一样，茜草科植物的花常常散发香气。

茜草科植物包括被长期用作红色染料原料的染色茜草，以及侵略性极强的杂草原拉拉藤。巴尔米木是红丁桐属的唯一物种，它的花朵是鲜红色的。它在墨西哥成为一种稀有的植物，因为巴尔米木在那里经常被砍伐用作圣诞树。一些茜草科植物，如蚁寨属和蚁巢木属是具有附生习性的肉质植物，它们被称为“蚁栖植物”，因为它们茎干基部膨大，内有许多的通道与孔室，可供蚂蚁居住。

茜草科植物的特征包括：单叶，通常全缘，对生或轮生，托叶常位于叶柄间；花序多为簇生，由聚伞花序复合而成伞房花序、圆锥花序或穗状花序等；4 ~ 5 枚萼片和花瓣，花冠合瓣，管状、漏斗状、高脚碟状或辐状；4 ~ 5 枚雄蕊对称分布（与花冠裂片互生）；果实多样，为浆果、蒴果、分果或核果。

右图
名称：茜草科植物
作者：艾尔伯特・彼得
语言：德语
国家：德国
系列/书目：《植物挂图》
图序号：22
出版者：保罗・帕雷（德国柏林）
时间：1901年

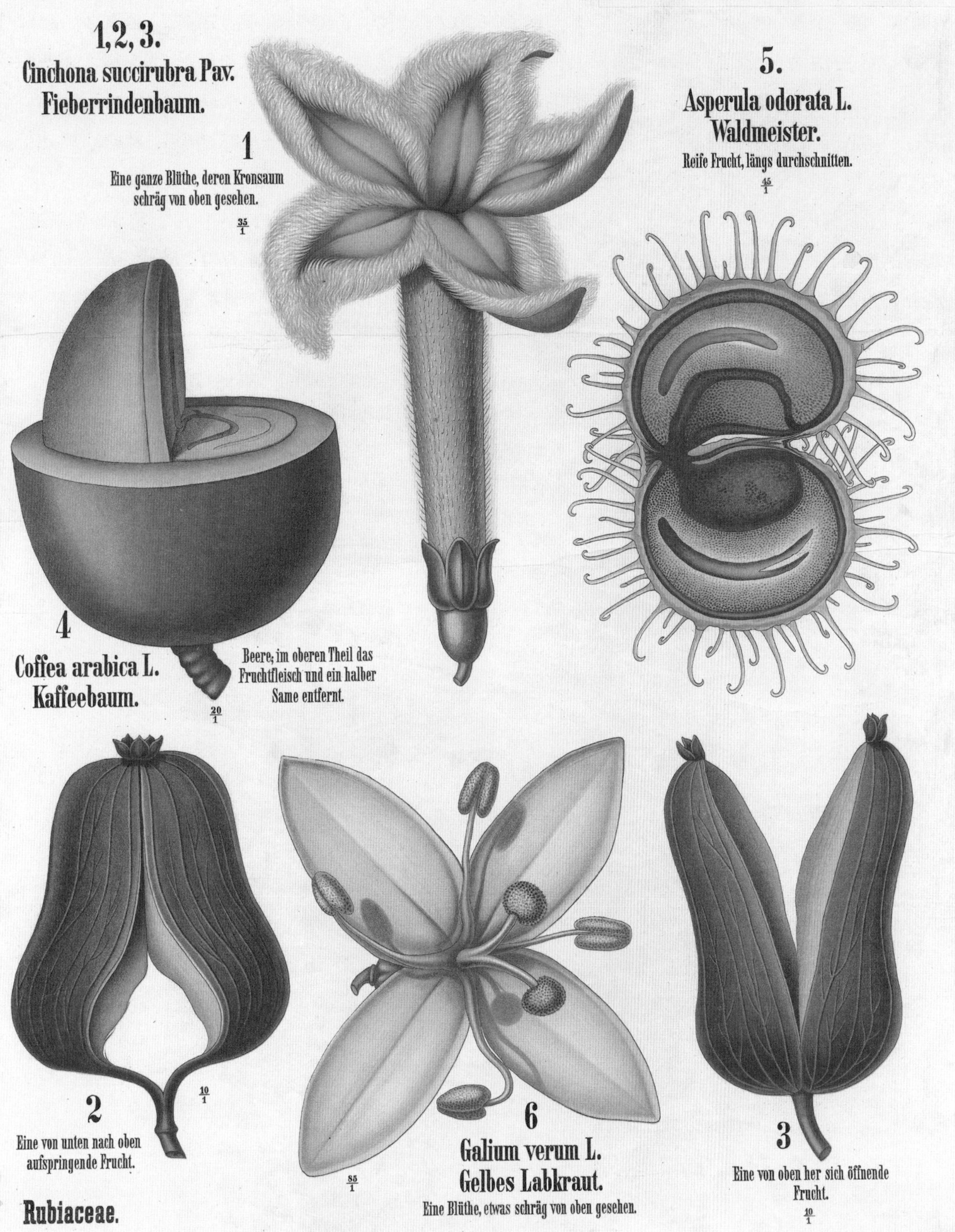
A. Peter, Botanische Wandtafeln. Taf. 22.
Verlagsbuchhandlung Paul Parey in Berlin SW., Hedemannstr. 10.
1,2,3.
Cinchona succirubra Pav.
Fieberrindenbaum.
1
Eine ganze Blüthe, deren Kronsaum schräg von oben gesehen.
35/1
5.
Asperula odorata L.
Waldmeister.
Reife Frucht, längs durchschnitten.
45/1
4
Coffea arabica L.
Kaffeebaum.
20/1
Beere; im oberen Theil das Fruchtfleisch und ein halber Same entfernt.
2
Eine von unten nach oben aufspringende Frucht.
10/1
6
Galium verum L.
Gelbes Labkraut.
Eine Blüthe, etwas schräg von oben gesehen.
85/1
3
Eine von oben her sich öffnende Frucht.
10/1
Rubiaceae.

前页

彼得创作的这幅挂图描绘了不同茜草科植物的花和果实，包括德国本土植物以及异域植物。他选择了香车叶草张开的种子（图 5）作为本土的奇特物种举例，它小巧的钩状短硬毛使其能够附着在经过的动物身上，从而让自己散播开来。另一种德国本土植物蓬子菜的黄色花朵（图 6）以其对称的 4 枚尖形花瓣而闻名。但在这里，彼得巧妙地描绘出了阴影和卷曲的雄蕊，让这朵花从密集的花簇中脱颖而出。

对于异域植物，彼得向我们展示了切开的小果咖啡的红色浆果（图 4），中间的种子就是咖啡豆。鸡纳树以其具有药用价值的树皮而闻名，但彼得重点描绘了它的繁殖相关的结构——长管状的、毛茸茸的花冠和萼片（图 1），从下至上开口的种荚（图 2）和从上至下开口的种荚（图 3）。

对页

当疟疾被欧洲征服者带到南美洲时，人们在金鸡纳树上找到了这种神秘疾病的解药。金鸡纳树是当地的一种植物，因其疗效又被称为“发烧树”。17 世纪中叶，秘鲁总督夫人德・钦琼伯爵夫人饱受疟疾折磨，在喝了金鸡纳树树皮煎制的汤后，她痊愈了。很快，这种药物就被送往欧洲医院，被含糊地称为“秘鲁树皮”，加入各种抗疟疾的制剂中。路易十四国王的御医开出的治疗疟疾的药方为“7 克玫瑰叶、60 毫升柠檬汁和金鸡纳树树皮煎制浓汤，用葡萄酒送服”。

但是在当时，这种树仍不为欧洲人所了解，这毫无疑问地表明药剂师并未提供真正的金鸡纳树树皮。最终，有人确定了这种树的属种。1797 年，一段对金鸡纳树的描述中写道：“这种‘秘鲁树皮’已经被使用了整整一个世纪，但没有人知道它究竟产自哪一种树……这种树非常难以接近，博物学家也很少到达它的原产地……如果不是一些植物学家在原产地看到金鸡纳树，这种无知的状况还将持续下去。”因此，齐佩尔和波尔曼很可能认为金鸡纳树是一种非常重要的植物，需要出现在展示给大众的教学用途挂图中。但奇怪的是，作者并没有提到它有药用价值的树皮，也许他们认为通过种荚（图 5）和花朵（图 1、图 2），人们已经可以把金鸡纳树和其他植物区分开了。

右图

名称：金鸡纳树

作者：赫尔曼・齐佩尔

绘制者：卡尔・波尔曼

语言：德语

国家：德国

系列/书目：《彩色异域作物》

图序号：第一部，17

出版者：弗里德里希・维耶格和佐恩（德国布伦瑞克）

时间：1897年

Ausländische Kulturpflanzen in farbigen Wandtafeln.
I. Abteilung.
Tafel 17.
k
1
2
3
4
5
6
Verlag von FRIEDRICH VIEWEG & SOHN, Braunschweig.
Nach H. ZIPPEL bearbeitet von O. W. THOMÉ, gezeichnet von C. BOLLMANN.
Lith. art. Inst. von C. BOLLMANN, Gera, Reuss j. L.
Fieberrindenbaum (Cinchona Calisaya, var. Jose a Weddell).
Etwas vergrössert
1 Blüte; Vergr. 15. — 2 Geöffnete Blumenkrone mit den Staubblättern; Vergr. 15. — 3 Kelch und Stempel; Vergr. 25. — 4 Querschnitt des Frucl 60. — 5 Vom Grunde scheidewandspaltig aufspringende Kapsel; Vergr. 6. — 6 Same im Längsschnitt; k Keim; Vergr. 25.

小果咖啡原产于埃塞俄比亚的高原。据说那里的牧羊人看到他的羊群在吃了红浆果后变得非常兴奋，他自己试吃了一些后，感到精神振奋。很快，当地的人们都开始咀嚼这种红色的浆果。尽管这个故事可能是虚构的，但人们对咖啡豆的迷恋跨越了红海，朝圣者在前往麦加的途中种下了咖啡的种子。到了 15 世纪，咖啡文化已经在土耳其、波斯、埃及和北非蔚然成风。

1890 年前后，当这张挂图在德国被绘制出来的时候，小果咖啡在拉丁美洲和加勒比地区被广泛种植。这幅挂图描绘了一个咖啡种植园丰收的场景，而在左上角的一段树枝显示了咖啡果成熟的过程：从花苞到散发着茉莉花香味的花朵，浆果的颜色从浅绿色到深红色。成熟的果实被摇下树枝落入篮子或手工采摘，果实中包含两粒种子，它们就是可随时磨煮成咖啡的咖啡豆。

与施密尔对于植物生态系统的描述类似，这个系列的挂图描绘了经济作物被收获的场景。这个系列的挂图并没有特别强的指导性，只是特别描绘了环境而已。

右图

名称：小果咖啡

作者：不详

语言：不详

国家：德国

系列/书目：《戈林-施密特异域作物》

图序号：1

出版者：F. E. 瓦克斯穆特（德国莱比锡）

时间：1890年

C16

茄 科

茄科共有 115 个属，包括 2 678 种植物。它们分布在全球各地，但主要集中在热带，尤其是南美洲的热带。茄科植物的形态差异很大，既有一年生草本植物，也有多年生草本植物，还有灌木、小乔木和攀缘植物。虽然茄科中有一些人们经常食用的植物，如茄子、灯笼果、辣椒、甜椒、马铃薯、黏果酸浆和番茄，但有些茄科植物也以其毒性而闻名。事实上，大多数茄科植物只有绿色的部分是有毒的，但也有一些著名的致命植物例外，比如颠茄。

不过，一些有毒的茄科植物也具有药用价值，比如颠茄属、木曼陀罗属、软木茄属和赛莨菪属的一些植物。茄科植物中的烟草属具有重要商业价值。在过去，尼古丁被广泛用于制造杀虫剂。茄科植物中蓝英花属、木曼陀罗属、鸳鸯茉莉属、夜香树属、曼陀罗属、烟草属、矮牵牛属和酸浆属，是广受欢迎的园林植物。

茄科植物的特征包括：叶互生或在开花枝段上大小不等的二叶双生，无托叶，单叶或羽状复叶，通常有茄科植物独有的气味；合轴分枝（顶芽在生长发育一段时间后停止生长，促使下方腋芽发育形成粗壮的侧枝）；茎通常被毛，有些具刺；萼片、花瓣、雄蕊通常均为 5 枚，萼片有时融合并包围果实；花冠常为 5 裂；果实为蒴果或浆果。

右图
名称：马铃薯
作者：冯・恩格勒
绘制者：C. 迪特里希
语言：不详
国家：德国
系列/书目：《冯・恩格勒的自然历史挂图：植物学》
图序号：6
出版者：J. F. 施赖伯（德国埃斯林根）
时间：1897年

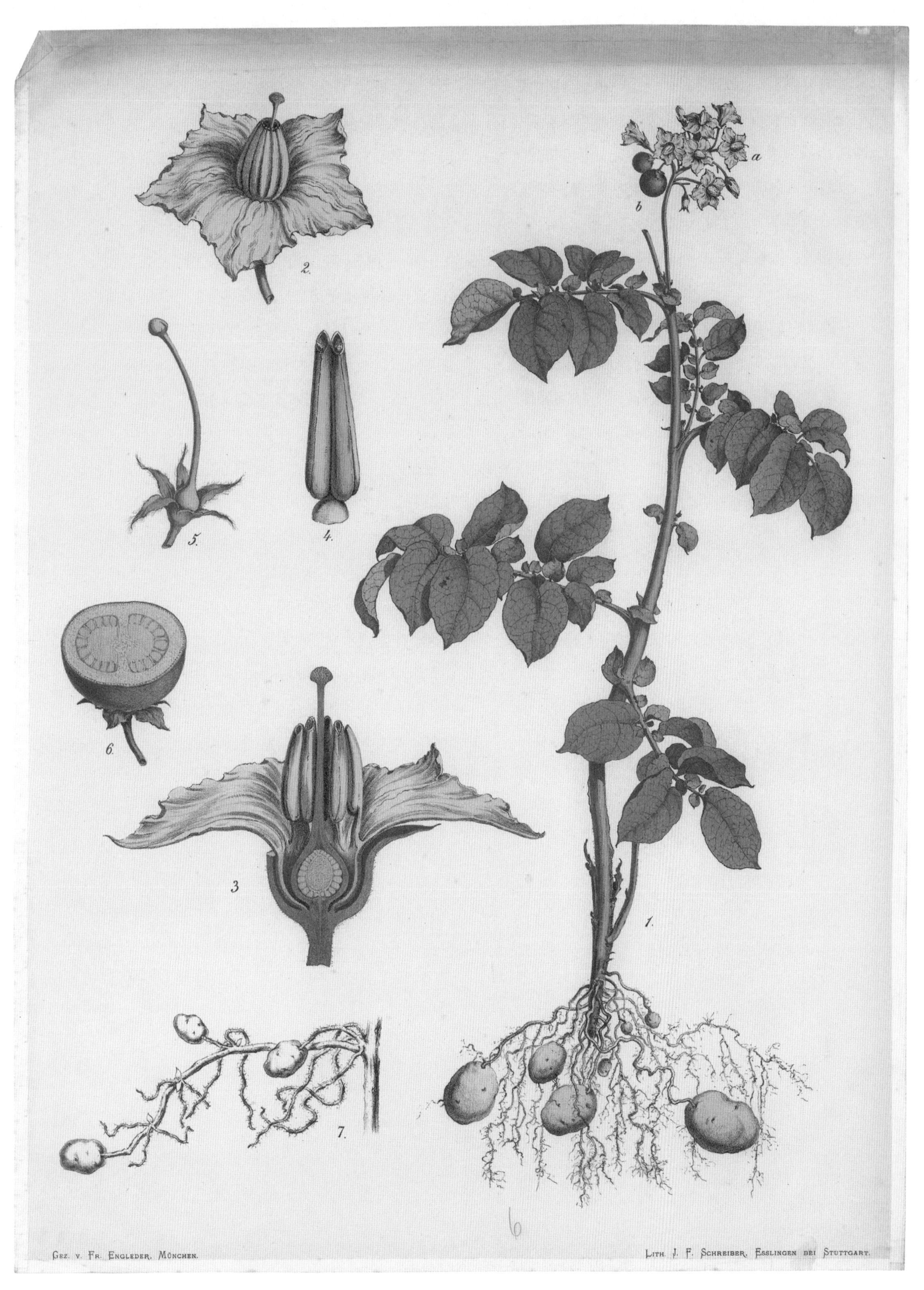
2.
5.
4.
6.
3
7.
1.
a
b
Gez. v. Fr. Engleder, München.
Lith. J. F. Schreiber, Esslingen bei Stuttgart.

前页

冯·恩格勒展示了从地下块茎到花朵（图 1a）和含有数百粒种子的番茄状果实（图 1b）的完整马铃薯植株。考虑到马铃薯是世界上最重要的作物之一，冯·恩格勒把他的注意力放在马铃薯的繁殖器官而不是块茎上的做法让人感觉奇怪。虽然马铃薯可以有性繁殖，但在农业上，利用马铃薯的块茎进行无性繁殖是常态。

然而，如果你想培养一个新的马铃薯品种，就必须利用花和果实了——在不考虑基因突变的情况下，无性繁殖只会产生和母体基因完全一样的克隆体，而有性繁殖则能增加种群的遗传多样性。马铃薯非常适合这种情况：当它结果后，它的后代往往会存在巨大的差异。然后种植者可以选择他们中意的幼苗，通过进一步的育种来改良植株，或者通过无性繁殖克隆植株。

警告：像大部分茄科植物一样，几乎马铃薯的所有部位（包括它的未成熟的绿色块茎）都是有毒的，它那看起来很诱人的果实也不例外。

对页

乍一看，人们不免会感到惊奇，尽管辣椒的深红色果实是整株植物上最有经济价值的部分，但在齐佩尔和波尔曼创作的这幅挂图中，果实并没有被凸显出来。辣椒的果实含有辣椒素（capsaicin），这“使辣椒拥有火辣的味道”，而辣椒属（*Capsicum*）的拉丁名也因此而来。辣椒的果实（图 4）被画在花（图 1）的上方；在球状子房周围形成环状的奇怪的雄蕊结构（图 2）被放大展示，这些雄蕊就像是花瓣王冠上镶嵌的宝石；一个尚未发育成熟的子房两侧分别有一列胚珠（图 3）；中空的果实被横向剖开，露出了数量众多的种子（图 5）。在这幅挂图中，开着花的辣椒的剪枝占据中心位置，它刚刚开始长出绿色的果实，这些尚未发育成熟的果实已经沉甸甸地向下垂了。

回想一下，这幅挂图确实是为教育而设计的。当学生可能还没有认出辣椒的花和叶的时候，为什么要再突出他们已经熟悉的辣椒的果实呢？有人也许会认为这幅挂图似乎有所欠缺，但是这幅图配套的说明性文字概括地指出：“辣椒的果实在自然状态下是没有气味的，但是干燥和压碎后的果实的气味非常刺激，它会使人剧烈地打喷嚏、喉咙有灼烧感以及让人持续燥热……同时，它还会刺激消化器官。大量服用辣椒会导致皮肤发红甚至引起炎症。”

右图
名称：辣椒
作者：赫尔曼·齐佩尔
绘制者：卡尔·波尔曼
语言：德语
国家：德国
系列/书目：《彩色异域作物》
图序号：第三部，15
出版者：弗里德里希·维耶格和佐恩（德国布伦瑞克）
时间：1897年

Ausländische Kulturpflanzen in farbigen Wandtafeln.

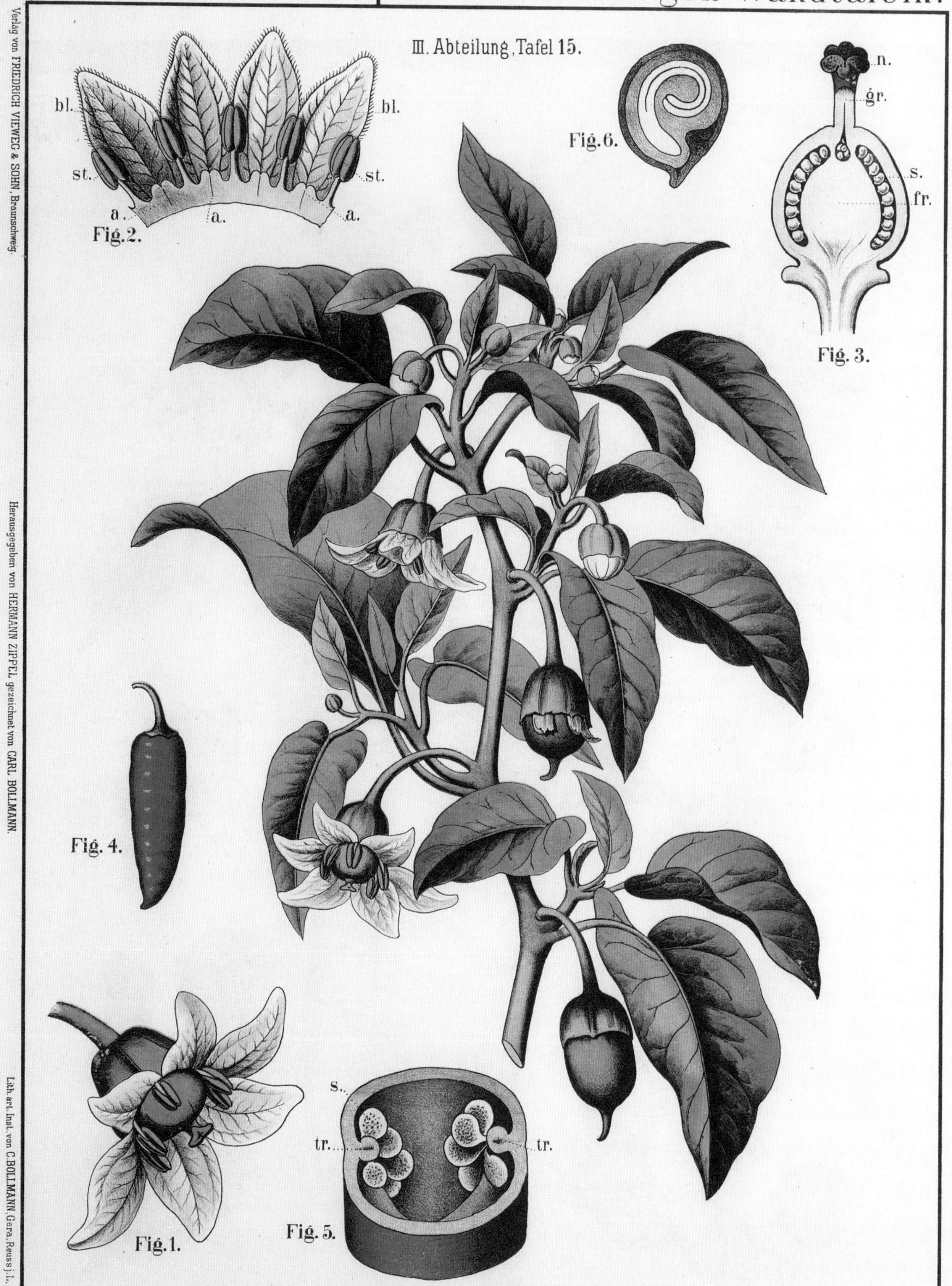

Verlag von FRIEDRICH VIEWEG & SOHN, Braunschweig.
Herausgegeben von HERMANN ZIPPEL gezeichnet von CARL BOLLMANN.
Lith. art. Inst. von C. BOLLMANN, Gera, Reuss j. L.

Siehe die ausführliche Beschreibung im Textbande!

Spanischer Pfeffer (Capsicum longum DC.), sehr vergrössert.

Fig **1.** Einzelne Blüte, sehr vergr.; **2.** Teil der Blumenkrone, ausgebreitet; **3.** Längsdurchschnitt des Fruchtknotens; **4.** Frucht, natürl. Grösse; **5.** dieselbe im Querdurchschnitt, sehr vergr.; **tr.** Samenträger, **s.** Samen.

115
OTAKAR ZEJBRLÍK

作为茄科植物中危害作用较大的两种植物，天仙子和曼陀罗在几个世纪以来被人们不断记载和描述。1831 年的一篇医学文献写道：“曼陀罗会使人中毒，产生恶心、谵妄、失去知觉、嗜睡、疯狂和愤怒、丧失记忆、抽搐、有窒息感、四肢瘫痪、出冷汗、极度口渴、瞳孔放大等症状，导致颤抖，甚至死亡。”作者警示人们，天仙子“整株植物都散发着强烈恶臭的麻醉气味，并富含一种散发同样气味的黏稠汁液，它的根有一种甜味，因此有时会被误认为是防风草的根”。这两种被禁止种植的物种是植物挂图的热门主题之一——如果人们不能识别它们，就可能在日常生活中遇到危险。因此，我们在这幅图中看到了欧塔科·泽里克对这两个物种从根到果的全面描绘。

左图

名称： 天仙子和曼陀罗

作者： 欧塔科·泽里克

语言： 捷克语

国家： 捷克

系列/书目：《药用植物》

图序号： 不详

出版者： 库尔帕克与库恰尔斯克公司

时间： 1943年

在描绘曼陀罗的时候，波科尼只给我们展示了其重要的部分：一株开花的植物，让读者看到含苞待放的花朵和盛放的花朵、大量叶子、幼果及成熟的开裂的果实、茎的断面和植物的根系。再加上花的纵剖面和含有种子的果实的横切面，一幅有着波科尼一如既往的雅致且简洁风格的挂图就完成了。

右图

名称：曼陀罗

作者：阿洛伊斯·波科尼

语言：不详

国家：德国

系列/书目：《植物学挂图》

图序号：不详

出版者：斯米乔夫（德国纽波特）

时间：1894年

A·J·Nystrom & Co·
EDUCATIONAL MAP PUBLISHERS
MAPS – CHARTS – GLOBES
CHICAGO, ILLINOIS

齐佩尔和波尔曼创作的关于烟草的挂图的内容完全符合读者的期待，图中有花（图1），花冠和雄蕊（图2），子房的纵剖面和花柱、柱头（图3），花萼和蒴果（图4），种子（图5）及其纵剖面（图6）。一株包括了茎、叶、花的烟草被放在这幅挂图的中心位置，它有着聚伞花序、漏斗状花及叶柄，“上部为深绿色，下部为略浅，整个植株被腺毛，有少许黏感”，突出展示了烟草的特征。

比齐佩尔和波尔曼创作的挂图更有趣的是他们给挂图配套的文本，他们把烟草的影响编入其中。一如往常，他们先从烟草的基本形态开始介绍，“蒴果为椭球形，越往上越窄，整体比花萼长”；再到种植，“烟草在赤道以北和以南15° ~ 35° 长势最好”；最后到消费，作者开始给出自己的评价。在题为“烟草的成分”的部分中，他们写道：“所有种类的烟草叶子在新鲜的时候都有或多或少令人作呕的气味，且尝起来很苦，因为其中含有有毒物质。”在题为“烟草的使用方法与影响”的部分中，他们评论道：“吸烟、嚼烟和吸鼻烟都是众所周知的使用烟草的方法，烟草带来的兴奋感有一定的麻醉作用，能够刺激神经，并使神经变得麻木。烟草越新鲜，效果越强。刚刚开始吸烟的人会体会到呕吐、腹泻、头痛、麻木、恐惧（害怕烟草）等麻醉作用；长期吸烟者可以慢慢适应麻醉作用……因此未成年人应当远离烟草！”关于烟草的流行历史，他们写道：“水手，尤其是北美洲的男性群体，经常咀嚼烟草。”他们最后介绍了烟草是如何传入德国的，“吸烟的习惯从西班牙很快传播过来。这种习惯是在三十年战争期间由外国军队带到德国的，开始只有水手和海军陆战队员吸烟，不久之后，上层阶级很快也开始吸烟了”。

右图

名称：烟草

作者：赫尔曼·齐佩尔

绘制者：卡尔·波尔曼

语言：德语

国家：德国

系列/书目：《彩色异域作物》

图序号：第一部，2

出版者：弗里德里希·维耶格和佐恩（德国布伦瑞克）

时间：1897年

Ausländische Kulturpflanzen in farbigen Wandtafeln.
I. Abteilung.
Tafel 2.
1
2
3
4
5
6
e
k
Verlag von FRIEDRICH VIEWEG & SOHN, Braunschweig.
Nach H. ZIPPEL bearbeitet von O. W. THOMÉ, gezeichnet von . BOLLMANN.
Virginischer Tabak (Nicotiana Tabacum Linné
1 Blüte; Vergr. 2½. — 2 Geöffnete, ausgebreitete Blumenkrone mit den Staubblättern; Vergr. 3. — 3 Stempel und unterer Teil der Blüte; letzterer nebst Fr
4 Im Kelche sitzende, aufgesprungene Kapsel; Vergr. 5. — 5 Same; Vergr. 48. — 6 Same im Längsschnitt: k Keimling, e Samen
Tabak

23

葡萄科

葡萄科只有 16 个属，包括 985 种植物，但是其中有一种从农业时代就备受人们喜爱的植物——葡萄。葡萄科植物原产于北半球或者热带地区，葡萄属从北美洲到东亚地区都有分布，但地中海沿岸地区的人们最早食用葡萄，并用其酿酒、制成葡萄干。古罗马人和希腊人甚至将葡萄“封神”——罗马神话里的巴克斯和希腊神话里的狄俄尼索斯都是葡萄酒之神。

葡萄科的园林植物大多叶片茂盛，比如栎叶粉藤、五叶地锦和地锦。虽然大多数葡萄科植物为木质攀缘植物，但有些白粉藤属植物和所有的葡萄瓮属植物都是多肉植物，包括来自纳米比亚沙漠的濒危植物葡萄瓮。它有着外形怪异的像树干一样的淡黄色茎基。

葡萄科植物的特征包括：叶对生，有卷须；叶浅裂或全裂，单叶、羽状或掌状复叶；枝干外表皮通常会在老化后脱落；通常有 5 枚萼片、5 枚花瓣，以及 5 枚与花瓣对生的雄蕊；聚伞花序顶生或叶对生；果实为肉质浆果，成串结出。

右图

名称：葡萄属

作者：阿洛伊斯・波科尼

语言：不详

国家：德国

系列/书目：《植物学挂图》

图序号：不详

出版者：斯米乔夫（德国纽波特）

时间：1894年

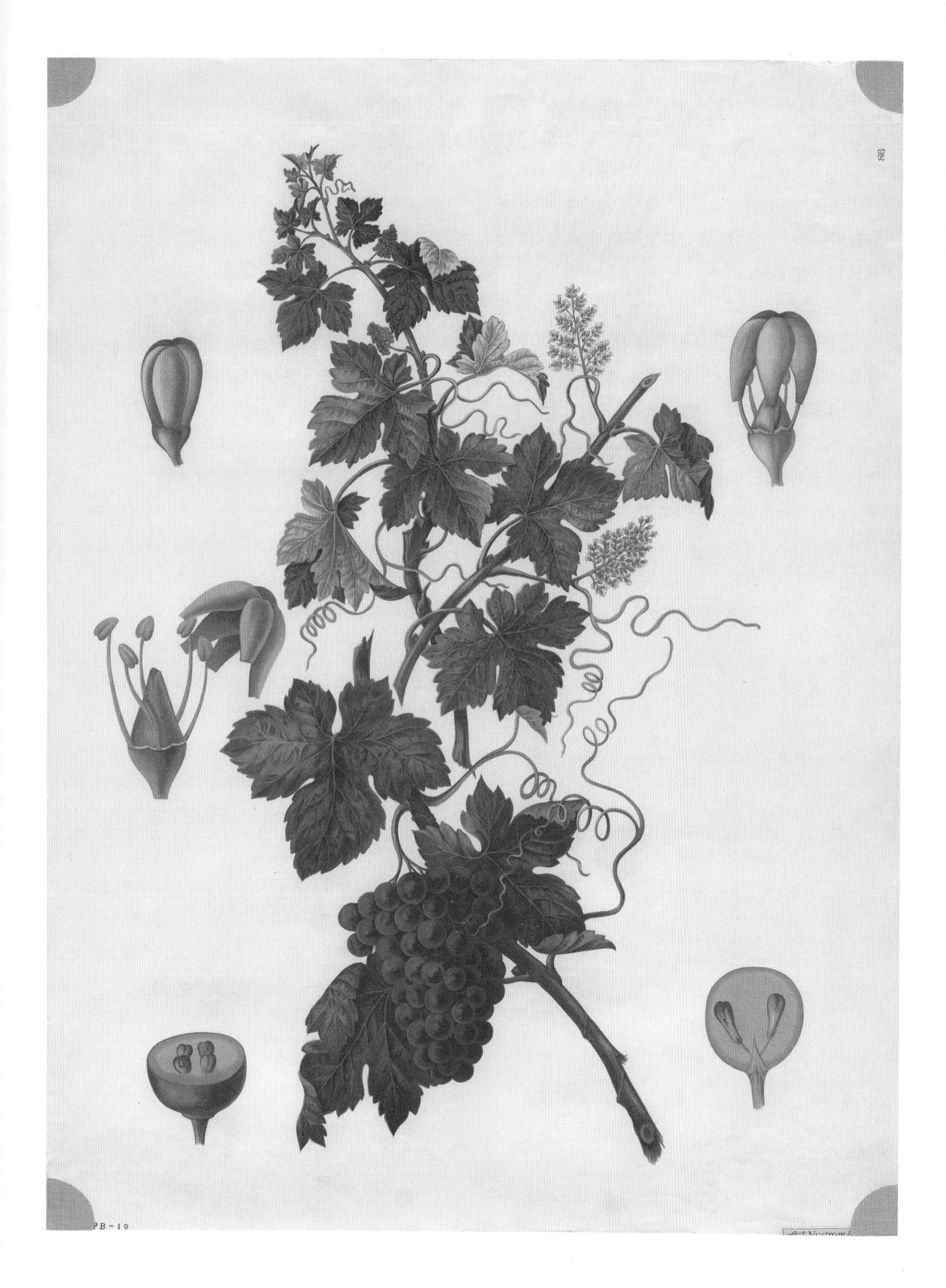

前页

阿洛伊斯·波科尼在精致的淡黄色背景上绘制了这幅挂图，这很容易让人们忘记他创作的挂图是挂在教室里做教学展示用的。这幅没有标注重点、缩放比例、出版者的挂图应该很适合放在皇家植物图集或是画廊中。但由于波科尼的挂图缺乏说明，所以更需要我们进行深度研究。

例如这里，波科尼别具一格地描绘了葡萄，他把3个处于不同阶段的花冠分别放在葡萄的周围。葡萄的花有5枚很小的花瓣，长约5毫米，为灰绿色，看起来像是常见的蓓蕾。随着葡萄的花渐渐发育，它也显示出其独特的结构。它的花瓣在顶端结合在一起，就像倒置的皇冠。当葡萄的花准备繁殖时，这顶“皇冠”会作为一个整体从花的基部脱落，露出里面的5枚雄蕊。在这幅挂图的右上角，葡萄的花序露出带着黄色“光环”的雄蕊。聚伞花序将发育成成串的葡萄，就像这幅挂图底部展示的样子。

对页

接下来的3幅挂图都对葡萄根瘤蚜进行了研究，这反映了了解这种害虫的必要性。它造成了那场19世纪晚期摧毁欧洲大部分葡萄园的可怕的“葡萄瘟疫”。

葡萄根瘤蚜是一种体形微小的吸吮汁液的昆虫，它以葡萄的汁液为食，在叶上形成虫瘿，在根上形成小瘤根。它的生命周期极为复杂，多达18个阶段。它有四种形态——有性型、叶瘿型、根瘤型和有翅型。这幅挂图揭示了这四种形态。

有性型蚜虫的生命周期开始于位于葡萄嫩叶下侧的虫卵（图中左上方），小卵孵化成雄蚜，大卵孵化成雌蚜，雄蚜和雌蚜孵化后立即交配，雄蚜随后死亡，雌蚜则在树皮上产下可以越冬的卵，然后死亡。

当春天来临，成功越冬的卵孵化，若虫会爬到嫩叶上进食，在叶瘿中孤雌产卵，这就是叶瘿型蚜虫。叶瘿型蚜虫产的卵孵化出的若虫会转移到其他叶片上，或者转移到根部进食。

根瘤型蚜虫会侵害根部吸食营养，它们分泌的有毒物质会阻止根部的伤口愈合，葡萄根也因此失去了防御能力，各种微生物都能无障碍地进出伤口，其根系逐渐腐烂，导致整棵葡萄枯萎、死亡。这些若虫每年可以繁殖7代左右。这些后代会感染邻近植株的根部。秋季孵化的若虫将在根部冬眠，直到次年春天，葡萄的汁液多起来的时候苏醒。然后，这个循环又开始了，新的卵被产在葡萄嫩叶的背面。

有翅型蚜虫通常出现在潮湿的地区。它们的生长周期开始是相同的，只是若虫在羽化前爬出地面，就可以飞到未受感染的植株上，产下有性卵。

右图

名称：葡萄根瘤蚜的生长周期

作者：不详

语言：德语

国家：德国

系列/书目：不详

图序号：不详

出版者：波普和奥尔特曼，巴登州葡萄栽培研究所（德国巴登州）

时间：不详

Entwicklungskreislauf der Reblaus.

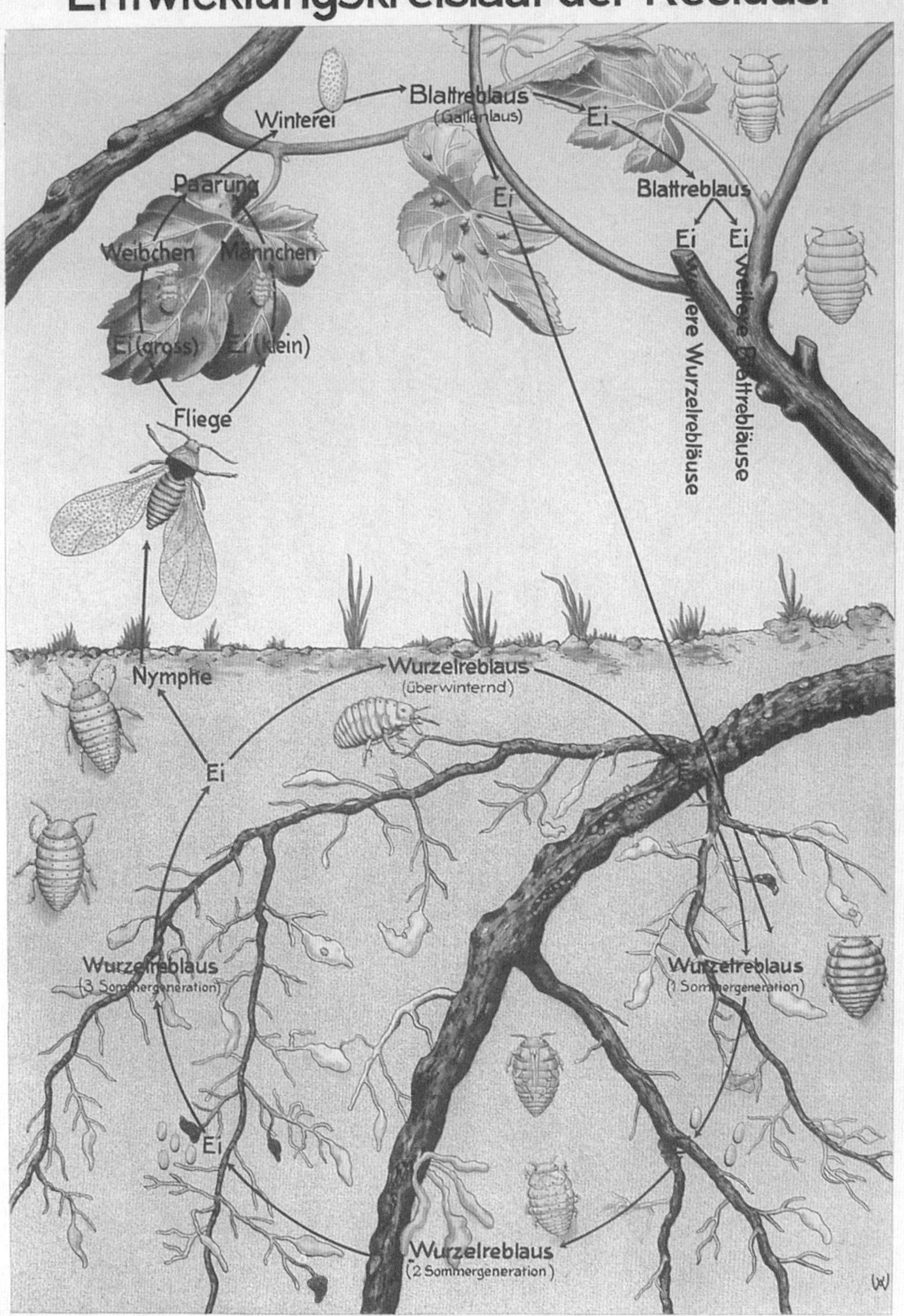

Graph. Kunstanstalt / Poppen & Ortmann / Freiburg i. B. Badisches Weinbauinstitut Freiburg i. B.

Dr. Ahles, Wandtafeln der Pflanzenkra

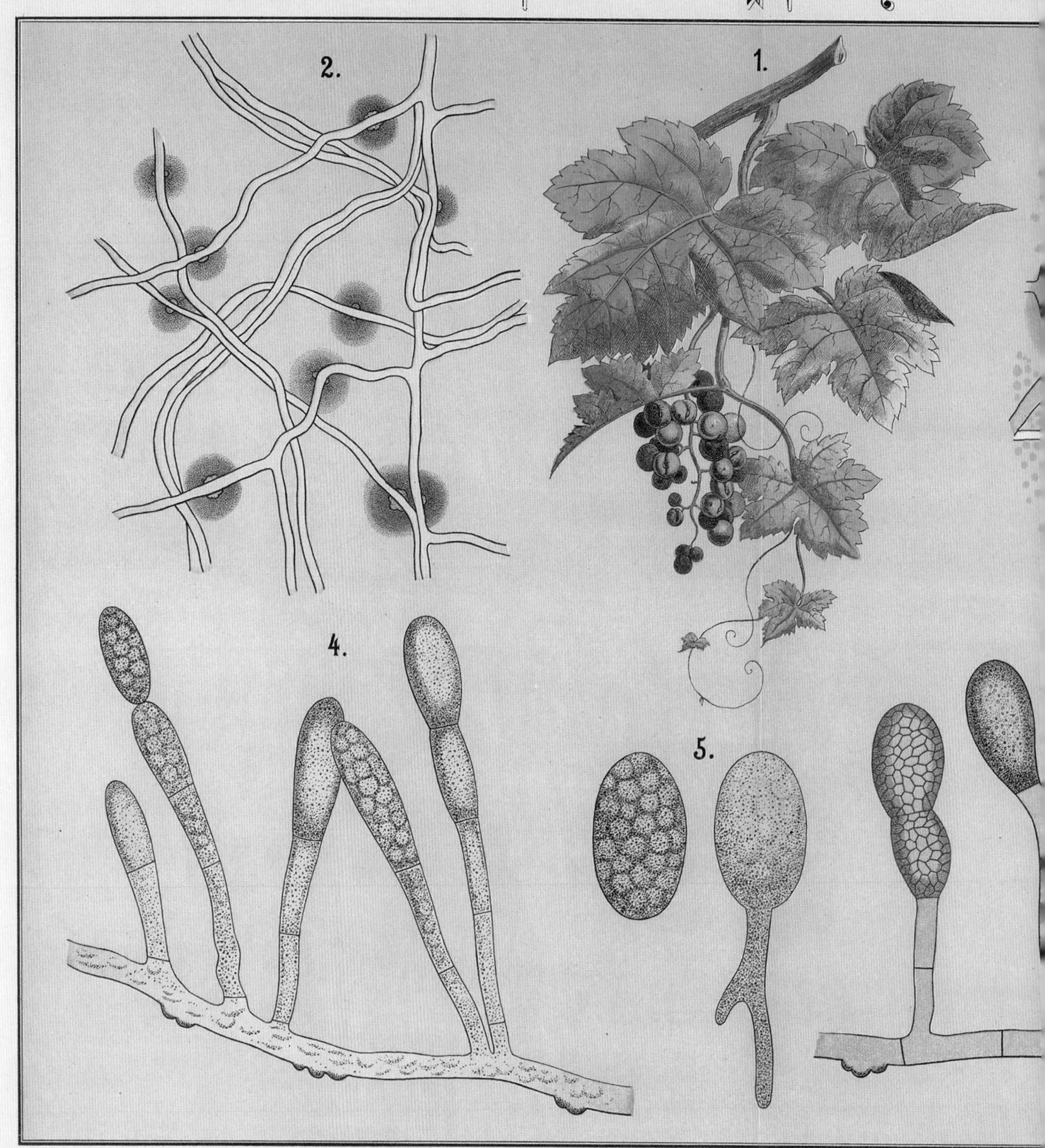

Die Traubenkrankheit.

Verlag v. Eugen Ulmer, Ravensburg.

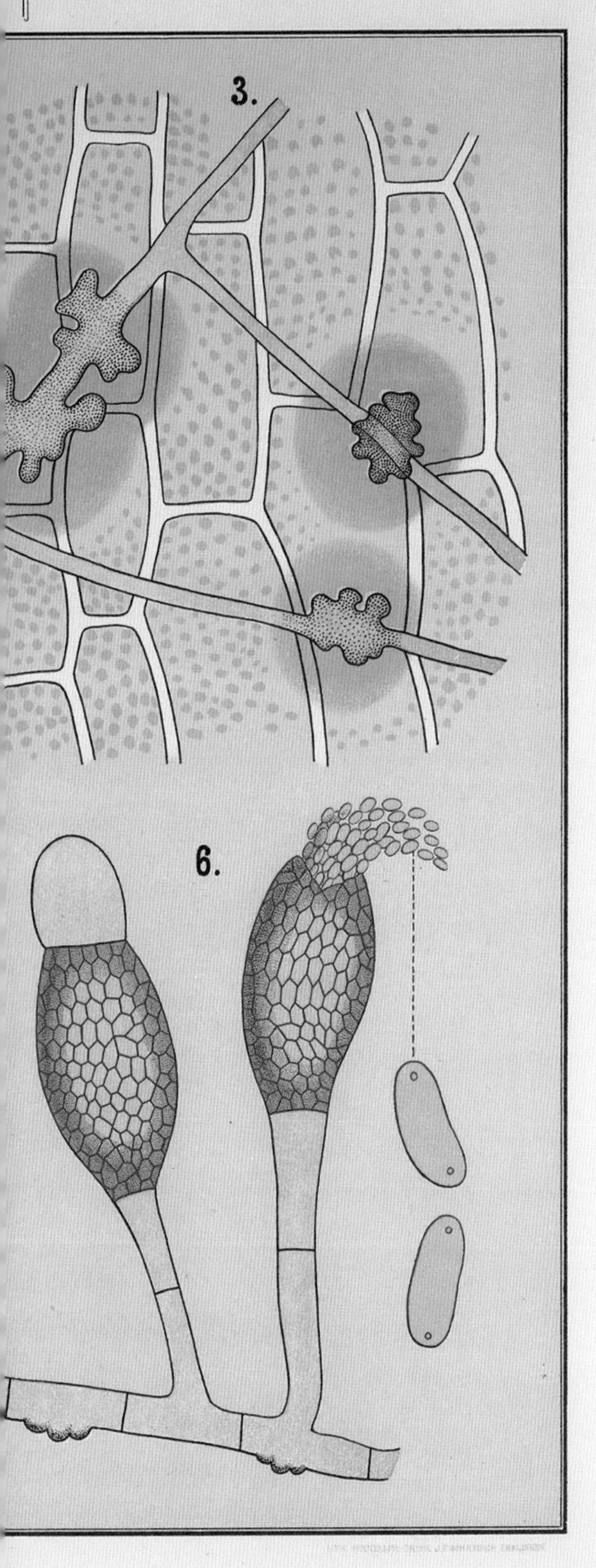

威廉·阿勒斯研究了葡萄根瘤蚜在细胞层面的危害。图 1 是受到虫害影响后的葡萄的样子，它的叶片已经变色了。图 2 ~ 图 6 是在显微镜下观察到的景象。叶子上的虫瘿是叶瘿型蚜虫造成的。雌虫藏于虫瘿中。它的卵在产下几天后就会开始孵化（图 6）。通过逐步放大，威廉·阿勒斯把葡萄根瘤蚜对葡萄造成的令人惊悚的损害展现在读者面前。

左图

名称：葡萄病害

作者：威廉·阿勒斯

语言：德语

国家：德国

系列/书目：《植物病害挂图：附说明，涵盖农业四大害：麦角菌和玉米锈病、马铃薯和葡萄病害》

图序号：2

出版者：尤金·乌尔姆（德国拉文斯堡）

时间：1874年

虽然齐佩尔和波尔曼的挂图名称为葡萄，但他们也详细描绘了葡萄根瘤蚜。他们画了被害虫侵袭过的果实（图 1）、花朵开放的花序（图 2）、戴着“皇冠”的花冠（图 3）、“皇冠”脱落后露出蜜腺（图 d）的花（图 4）、能够隐约看到葡萄果实样子的子房的纵剖面（图 5）以及葡萄的种子（图 6）。这幅挂图的其他部分描述了葡萄根瘤蚜，从被葡萄根瘤蚜若虫侵袭后肿胀的根（图 7）开始，后面的是葡萄根瘤蚜生命周期的不同形态。

右图

名称：葡萄

作者：赫尔曼·齐佩尔

绘制者：卡尔·波尔曼

语言：德语

国家：德国

系列/书目：《彩色异域作物》

图序号：第二部，21

出版者：弗里德里希·维耶格和佐恩（德国布伦瑞克）

时间：1897年

Ausländische Kulturpflanzen in farbigen Wandtafeln.

II. Abteilung. Tafel 21.

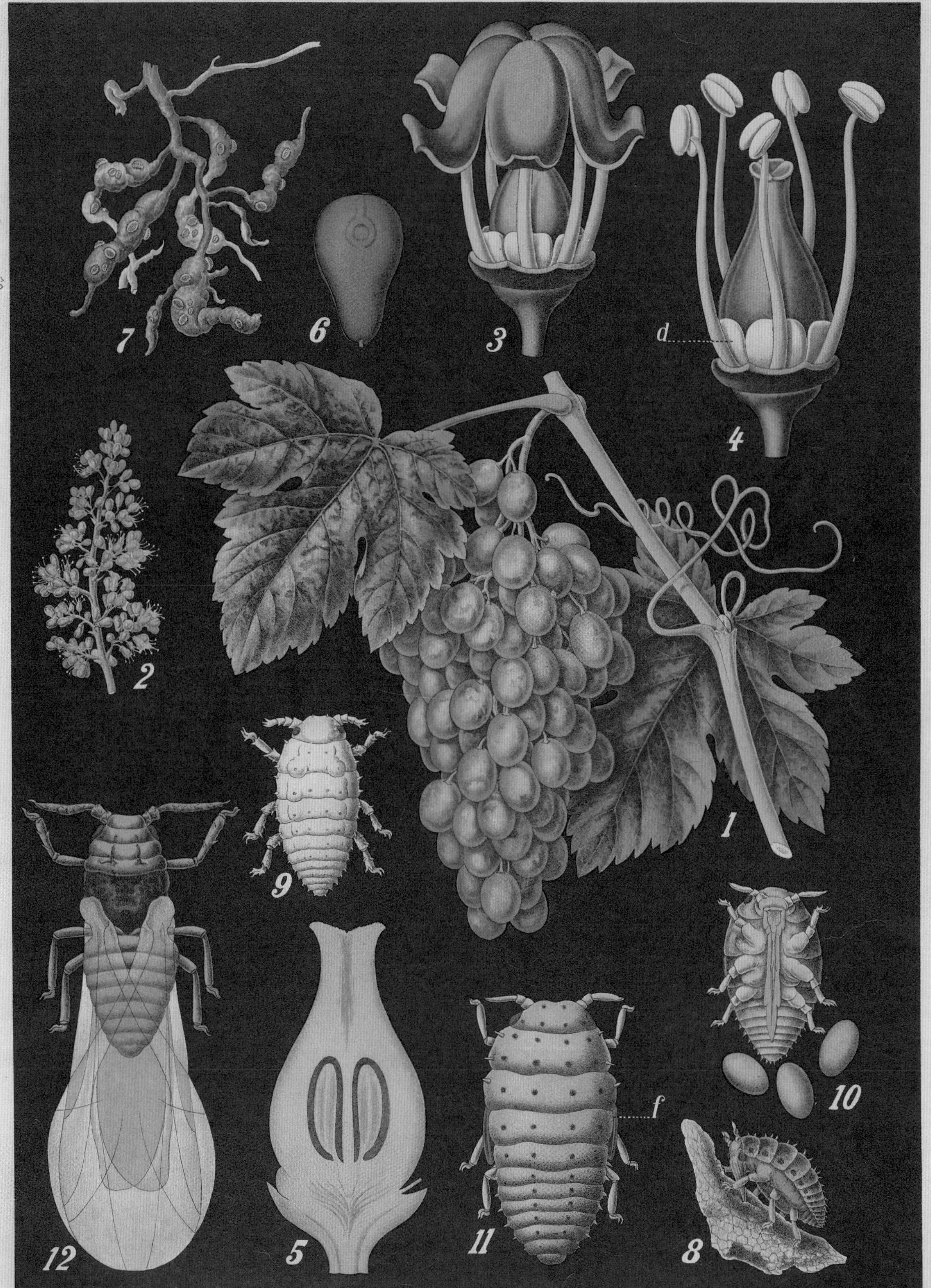

Verlag von FRIEDR. VIEWEG & SOHN, Braunschweig. Nach H. ZIPPEL bearbeitet von O. W. THOMÉ, gezeichnet von CARL BOLLMANN. Lith.-art. Inst. von CARL BOLLMANN, Gera, Reuss j. L.

Weinrebe (Vitis vinifera Linné).

1. Fruchttragender Zweig einer Malagatraube; *etwas vergrößert.* — 2. Blütenstand; *Vergr. 2.* — 3. Aufspringende Blüte; *Vergr. 25.* — 4. Blüte nach Abwerfen der Krone; d) Drüsenring; *Vergr. 30.* — 5. Längsschnitt durch den Fruchtknoten; *Vergr. 45.* — 6. Rückseite des Samens mit dem kreisförmigen Nabelfleck; *Vergr. 10.* — 7. Wurzel mit Anschwellungen, sogenannten Nodositäten, mit Rebläusen besetzt; *vergr.* — 8. Saugende Reblaus; *stark vergrößert.* — 9. Erwachsene Reblaus mittleren Alters im Sommer; *stark vergrößert.* — 10. Alte, eierlegende Reblaus; *stark vergrößert.* — 11. Nymphe mit den Flügelansätzen *f*; *stark vergrößert.* — 12. Geflügelte Reblaus; *stark vergrößert.* — Figur 12 nach Zwirner.

24

其 他

许多教学用途的植物挂图包括了不同科的植物。在这些挂图中，不同科的植物或者植物的某一部分按照特定顺序被组合起来，创作者这样做或许是为了比较不同科或属的植物的叶或者花的不同形态，或许是为了研究不同植物大相径庭的繁殖机制，或许是为了用简单视觉化的方式让学生了解一些有经济价值或濒危的植物。

与前文中的挂图一样，这个部分的挂图也兼具教学价值和美学价值。如果想要了解不同种类植物的诸如果实等部位的多样性，还有什么比亲眼看到它们更好的方法呢？这些被艺术家们精心制作的用于教学的挂图是如此美妙，令人赏心悦目。

对页

你知道不同形状的叶吗？在学习了这幅涵盖面广的挂图后，你就会了解叶、花、根和树干了。

右图

名称：日本政府组织创作的植物挂图

作者：小野职悫

核对：久保弘道

绘者：加藤竹斋

语言：日语及英语（植物术语）

国家：日本

系列/书目：不详

图序号：不详

出版者：不详

时间：1873年

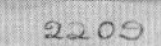

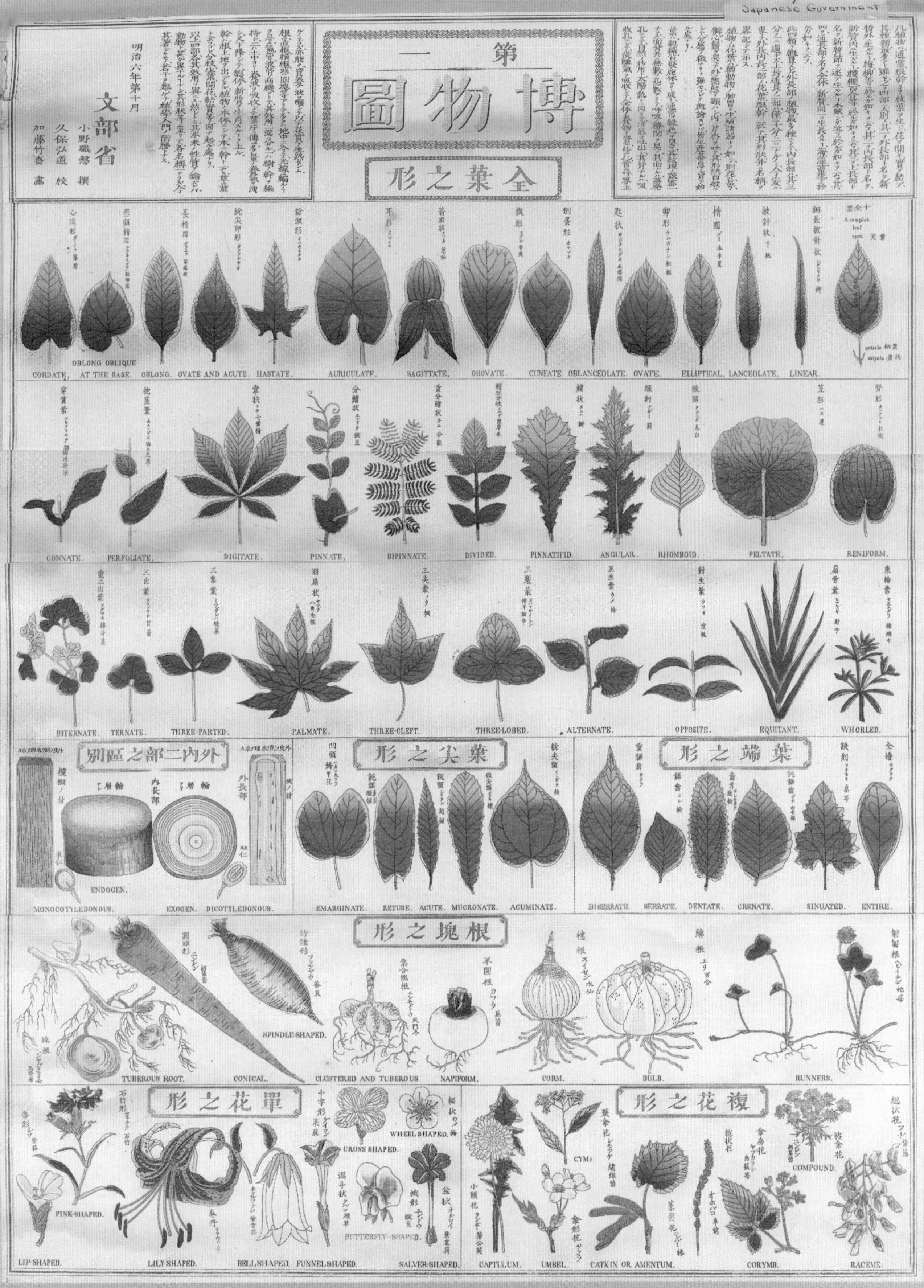

Botanical Chart by Japanese Government
博物圖
第一
全葉之形
明治六年第十月
文部省
小野職愨 撰
久保弘道 校
加藤竹斎 畫
CORDATE.
OBLONG OBLIQUE AT THE BASE.
OBLONG.
OVATE AND ACUTE.
HASTATE.
AURICULATE.
SAGITTATE.
OBOVATE.
CUNEATE.
OBLANCEOLATE.
OVATE.
ELLIPTICAL.
LANCEOLATE.
LINEAR.
A complet leaf
CONNATE.
PERFOLIATE.
DIGITATE.
PINNATE.
BIPINNATE.
DIVIDED.
PINNATIFID.
ANGULAR.
RHOMBOID.
PELTATE.
RENIFORM.
BITERNATE.
TERNATE.
THREE-PARTED.
PALMATE.
THREE-CLEFT.
THREE-LOBED.
ALTERNATE.
OPPOSITE.
EQUITANT.
WHORLED.
外內二部之區別
ENDOGEN.
MONOCOTYLEDONOUS.
EXOGEN.
DICOTYLEDONOUS.
葉尖之形
EMARGINATE.
RETUSE.
ACUTE.
MUCRONATE.
ACUMINATE.
葉端之形
BISERRATE.
SERRATE.
DENTATE.
CRENATE.
SINUATED.
ENTIRE.
根塊之形
TUBEROUS ROOT.
CONICAL.
SPINDLE-SHAPED.
CLUSTERED AND TUBEROUS
NAPIFORM.
CORM.
BULB.
RUNNERS.
單花之形
PINK-SHAPED.
LIP-SHAPED.
LILY SHAPED.
BELL SHAPED.
FUNNEL SHAPED.
CROSS SHAPED.
WHEEL SHAPED.
BUTTERFLY-SHAPED.
SALVER-SHAPED.
複花之形
CAPTULUM.
UMBEL.
CYME.
CATKIN OR AMENTUM.
CORYMB.
COMPOUND.
RACEME.

这幅有着水渍的褪色的挂图是许多精美而古老的挂图凄凉命运的代表。但是它也提醒我们，这些挂图并不是被挂在走廊或被置于玻璃框里保护起来的艺术品，而是因为在教室或者讲堂里被反复使用而磨损的具有实用价值的物品。

这幅挂图所在的系列一共有 9 幅挂图，是沃尔特·胡德·菲奇（Walter Hood Fitch）在草图——由与沃尔特·胡德·菲奇齐名的约翰·史蒂文斯·亨斯洛（John Stevens Henslow）教授和他的女儿安妮·巴纳德（Anne Barnard）共同创作——的基础上修改完成的。大家可不要被这幅挂图破旧的外表所误导，如果仔细观察，你就会发现这幅挂图对植物的描绘可谓细致入微。这幅挂图的左边有许多重要缩写标签，右边是重要名词的指南。

亨斯洛是新式教育方法的先驱及忠实推崇者，他组织学生实地考察，让他们在自然环境中观察研究植物；他还将他画的挂图带到课堂上，鼓励学生用辩证的眼光去审视挂图描绘的植物。但亨斯洛最为人所知的身份应该是生物学家查尔斯·达尔文（Charles Darwin）的导师，达尔文是亨斯洛在剑桥大学当植物学教授时的学生。1831 年，亨斯洛听从妻子的劝阻，放弃了参加远航的想法，推荐达尔文代替他登上小猎犬号——为期 5 年的探险征途对达尔文提出进化论有着非常重要的意义。在航海途中，达尔文与亨斯洛保持联络，并寄给亨斯洛许多植物标本。

右图

名称：显花植物

作者：沃尔特·胡德·菲奇

语言：英语

国家：英国

系列/书目：《亨斯洛教授的植物挂图：由沃尔特·胡德·菲奇为教育委员会科学和艺术系部绘制》

图序号：8

出版者：天与子出版社（英国伦敦）

时间：1857年

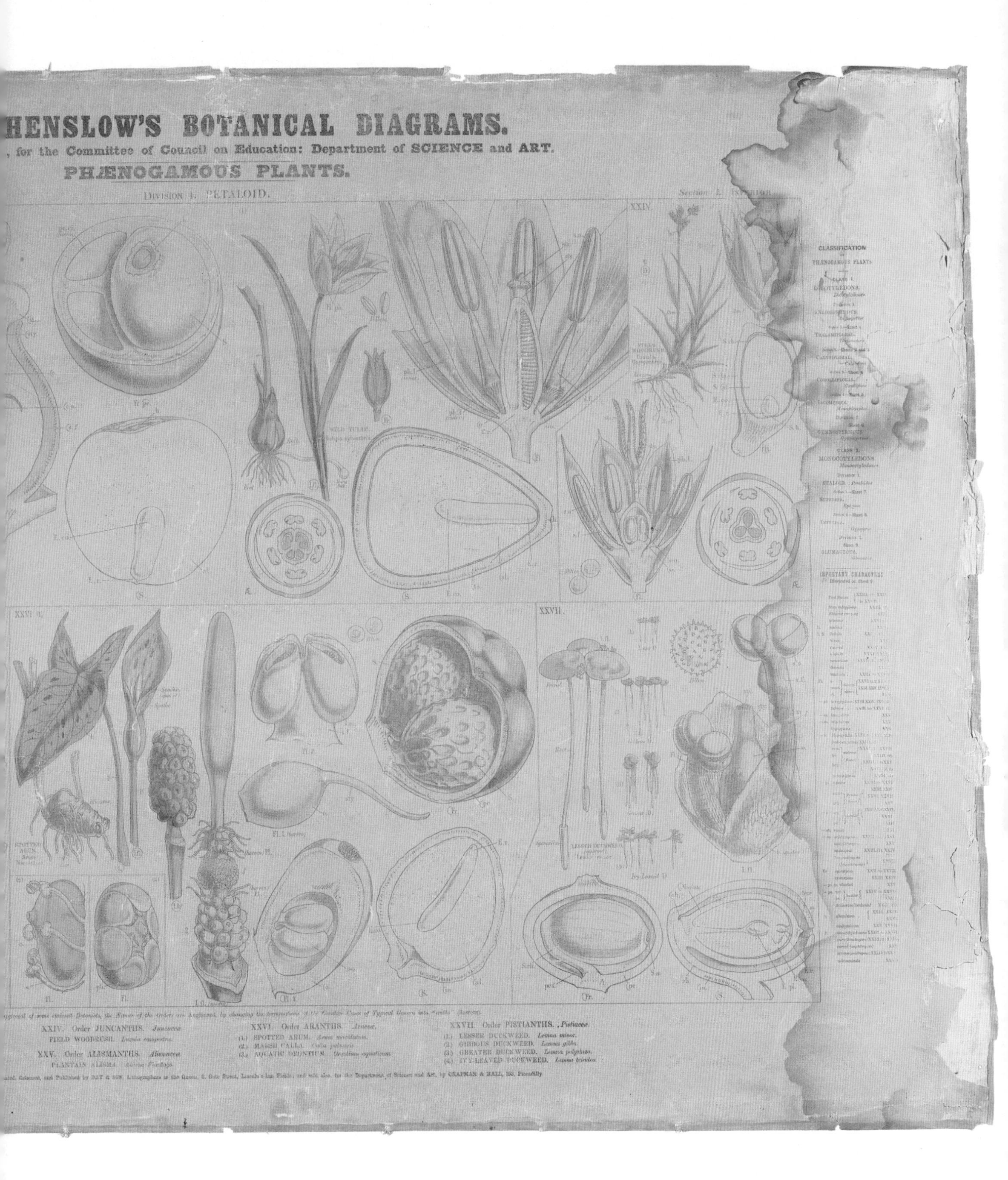
HENSLOW'S BOTANICAL DIAGRAMS.
, for the Committee of Council on Education: Department of SCIENCE and ART.
PHÆNOGAMOUS PLANTS.
Division 1. PETALOID.
XXIV. Order JUNCANTHS. Juncaceæ
FIELD WOODRUSH. Luzula campestris.
XXV. Order ALISMANTHS. Alismaceæ
XXVI. Order ARANTHS. Araceæ.
(1.) SPOTTED ARUM.
(2.) MARSH CALLA.
(3.) AQUATIC ORONTIUM.
XXVII. Order PISTIANTHS. Pistiaceæ.
(1.) LESSER DUCKWEED. Lemna minor.
(2.) GIBBOUS DUCKWEED. Lemna gibba.
(3.) GREATER DUCKWEED. Lemna polyrhiza.
(4.) IVY-LEAVED DUCKWEED. Lemna trisulca.

这幅精致的来自瑞典的挂图是在“乌普萨拉职业学校的家政老师格特鲁德·卡尔伯格（Gertrud Carlberg）监督下”绘制的，图中描绘了“有用的植物”。虽然挂图中的每种植物都是以缩小版挂图的形式呈现的，但每种植物都被描绘得非常详细，细节被处理得很精致，因此卡尔伯格老师在职业学校的学生应该很容易就能够辨认出香料是源于哪种植物。很明显，这幅挂图并不只在瑞典使用，因为图中的文本中除了原本就有的瑞典语，还包括了英语、法语、西班牙语和德语，当然也包括了植物的拉丁语名称。

让我们来看一下图中有哪些植物。最上面一行从左到右为：啤酒花、茴芹、页蒿和茴香；中间一行从左到右为：罂粟、白芥、芫荽和辣椒；最下面一行从左到右为：小豆蔻、刺山柑、月桂和番红花。

右图

名称：常用植物：香料1

作者：格特鲁德·卡尔伯格，

由尼尔斯·卡尔森（Nils Karlson）和M. Y. 里希特（M. Richter）拟制

语言：瑞典语、英语、法语、西班牙语和德语

国家：瑞典

系列/书目：不详

图序号：不详

出版者：贡纳·赛耶茨公司（瑞典斯德哥尔摩）

时间：不详

BC: 3

UNDER ÖVERINSEENDE AV
GERTRUD CARLBERG
LÄRARINNA VID FACKSKOLAN I HUSLIG EKONOMI I UPPSALA
UTARBETAD AV
NILS KARLSON OCH M. RICHTER
ÖVERLÄRARE VETENSKAPL. TECKNARE

NYTTOVÄXTER

KRYDDOR 1.

SVENSKA SKOLMATERIELFÖRLAGET
GUNNAR SAIETZ A.-B.
STOCKHOLM

SPICES I EPICES I ESPECIAS I GEWÜRZE I

Humle

Humulus lupulus *L.*

Hops Houblon Lupulo Hopfen

Anis

Pimpinella anisum *L.*

Aniseed Anis Anis Anis

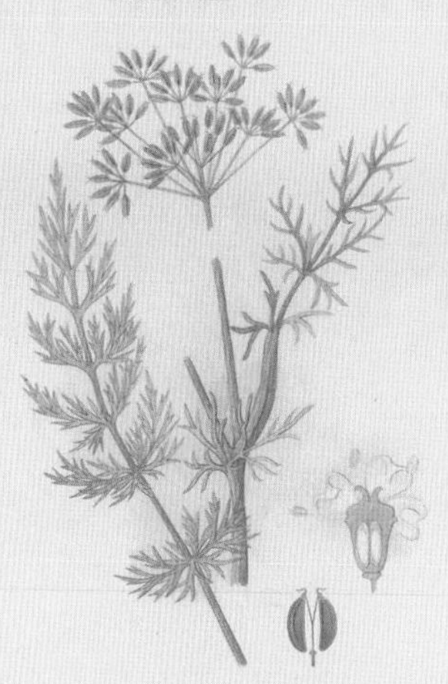

Kummin

Carum carvi *L.*

Caraway Kummel Comino Kümmel

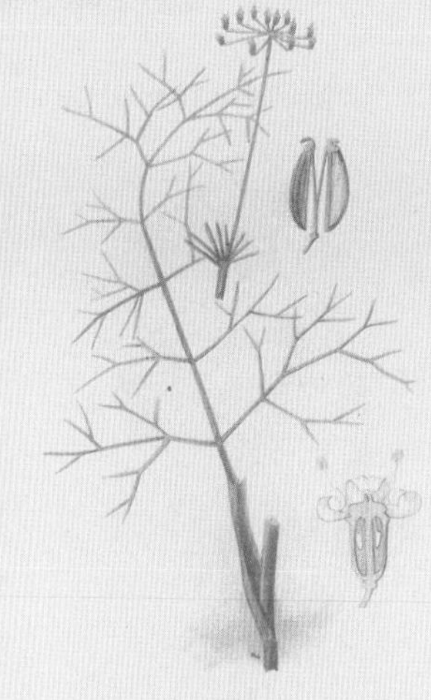

Fänkål

Foeniculum vulgare Mill.

Fennel Fenouil Hinojo Fenchel

Vallmo

Papaver somniferum *L.*

Poppy Pavot Adormidera Schlafmohn

Senap

Sinapis alba *L.*

Mustard Moutarde Mostaza blanca Weisser Senf

Koriander

Coriandrum sativum

Coriander Coriandre Cilantro Koriander

Spansk peppar (Paprika)

Capasicum annuum L.

Paprica Poivre d'Espagne Pimiento rojo Paprika

Kardemumma

Elettaria cardamomum *Whit. et Matt.*

Cardamon Cardamome Cardamomo malabarico Kardamom

Kapris

Capparis spinosa *L.*

Caper Capres Alcaparra Kaper

Lagerbär

Laurus nobilis *L.*

Bayberry Baie de laurier Laurel comun Lorbeer

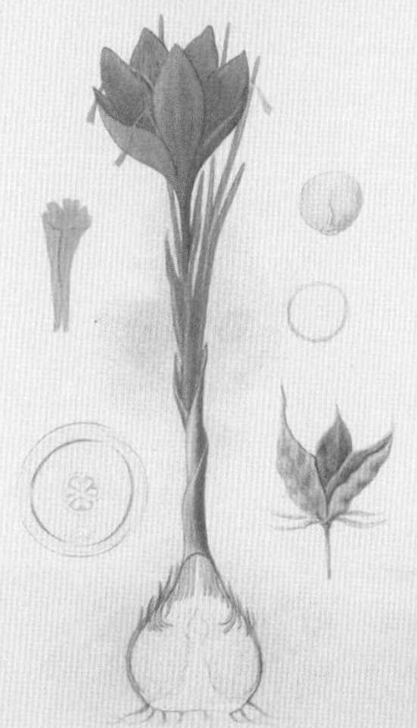

Saffran

Crocus sativus *L.*

Saffron Safran Azafran comun Safran

USE PLANTS PLANTES UTILES PLANTAS ECONOMICAS NUTZPFLANZEN

Die in Deutschland vollkommen

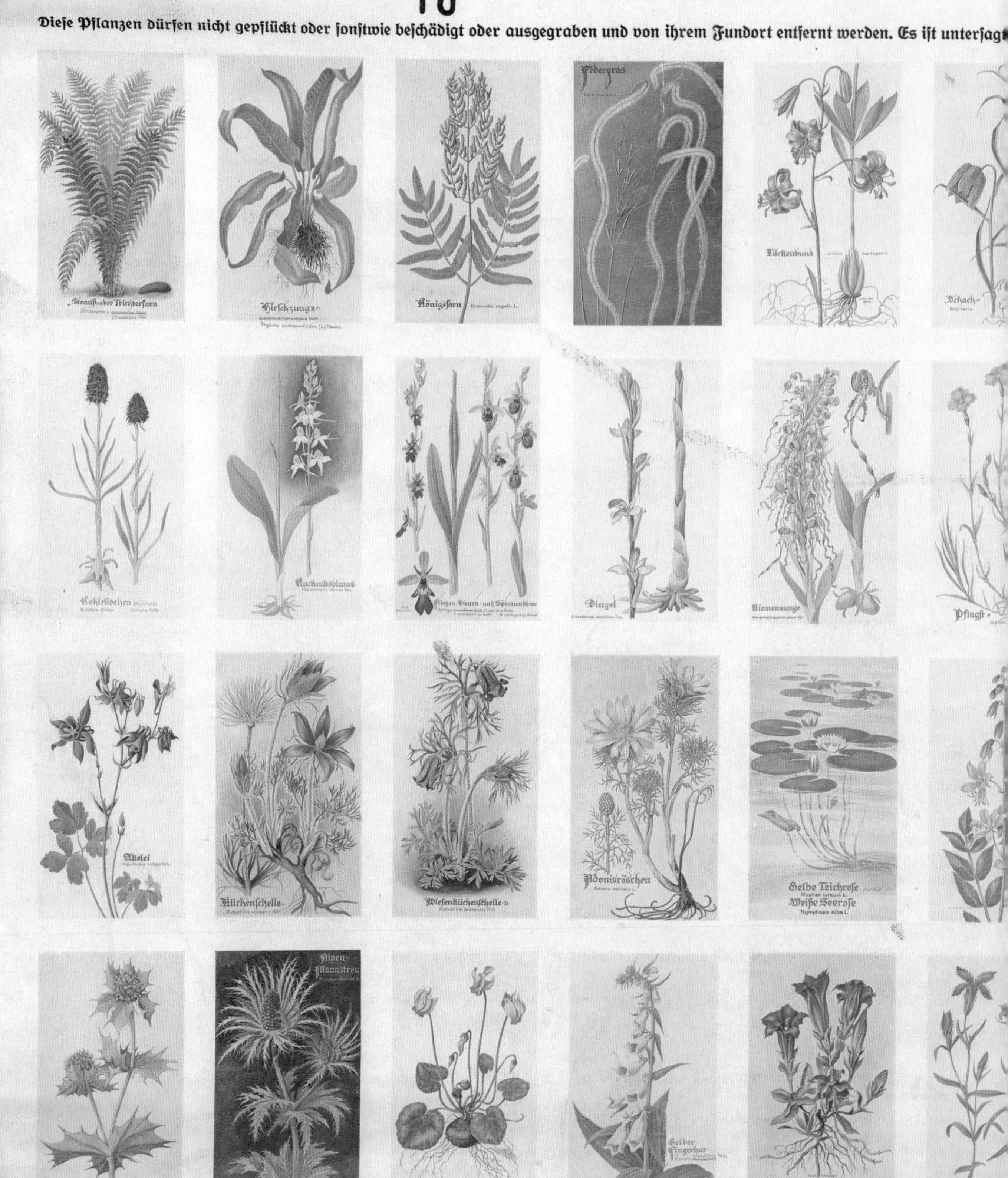

Herausgegeben von
der Reichsstelle für Naturschutz, Berlin

Helft alle mit am Schutz der

或许你会很惊讶，在20世纪30年代，人们就已经十分关注生态环境问题了。雨果・本穆雷（Hugo Bermuhler）和德意志帝国自然保护局出版的这幅图上明确恳请“帮助所有人保护我们的自然环境”，也写有更严厉的禁令，“这些植物不得被采摘或以其他方式损坏，或被从它们所在地移至他处”，“禁止运输、购买、出售、私自保留”。

这是一幅美丽的挂图，它用德语和拉丁语描述了36种濒危植物。然而，这幅挂图的经典之处在于，如果仔细观察，你会发现，一位学生按照新的分类方法写了植物的拉丁名。很难说这些有用的标记是什么时候完成的，但它证明了植物分类学不断变化的本质，也证明了课堂是这些挂图的用武之地。

左图

名称：完全受保护的植物

作者：施罗德（Schröder）

语言：德语

国家：德国

系列/书目：不详

图序号：不详

出版者：雨果・本穆雷和德意志帝国自然保护局（德国柏林）

时间：1936年

BOTANIQUE.
PL. 8.
a
b
c
s
r
d
e
f
g
h
i
j
k
l
m
n
o
p
PLANCHES MURALES D'HISTOIRE NATURELLE
PAR M. ACHILLE COMTE,
PUBLIÉES PAR VICTOR MASSON ET FILS A PARIS
Deuxième Edition
A. COMTE DELINEAVIT
DESSINÉ SUR PIERRE & IMP. CHEZ CHARPENTIER A NANTES.

对页和后页的2幅挂图展示了对相似主题的2种不同处理方式。左图为阿西尔·孔德（Achille Comte）创作的《树叶的不同形态》，后页为内莉·博登海姆（Nelly Bodenheim）创作的《杯状叶》。孔德笔下的树叶在黑色背景上显得格外醒目，所有的线条都很硬朗，构图也很对称，而博登海姆则表现出一种更自由的感觉，叶几乎是随机地分布在挂图的空间中，仿佛它们只是掉落在白色的画布上。

如果我们了解2位作者的背景和意图，就会明白这2幅挂图存在差异的原因了。孔德是一名优秀的学者，他放弃了成功的医生生涯，在查理曼皇家学院担任博物学教授，他的余生都在教书。博登海姆是一位艺术家。在她职业生涯的早期，20世纪初，她与雨果·德·弗里斯合作，绘制了许多植物挂图。但对她来说，植物学只是众多学科中的一门，她的艺术抱负无疑更大。她在阿姆斯特丹艺术学院学习，是名为“阿姆斯特丹少女（Amsterdamse Joffers）”的艺术团体的成员。“阿姆斯特丹少女”是一个女性艺术家团体，成员主要是画家，风格上与荷兰印象派相似。

因此，我们就可以理解：孔德创作的整洁有序的配有详细文本的挂图是专门为教学而设计的；博登海姆的创作挂图也具有教学价值，但她作为一名艺术家，把美学价值放在了首位。

左图

名称：树叶的不同形态

作者：阿西尔·孔德

语言：法语

国家：法国

系列/书目：《博物挂图》

图序号：8

出版者：维克托·马松父子出版社（法国巴黎）

时间：1869年

ERFL. 93.
Bekers.
P 11

左图

名称：杯状叶

作者：内莉·博登海姆

语言：荷兰语

国家：荷兰

系列/书目：不详

图序号：不详

出版者：不详

时间：1899年

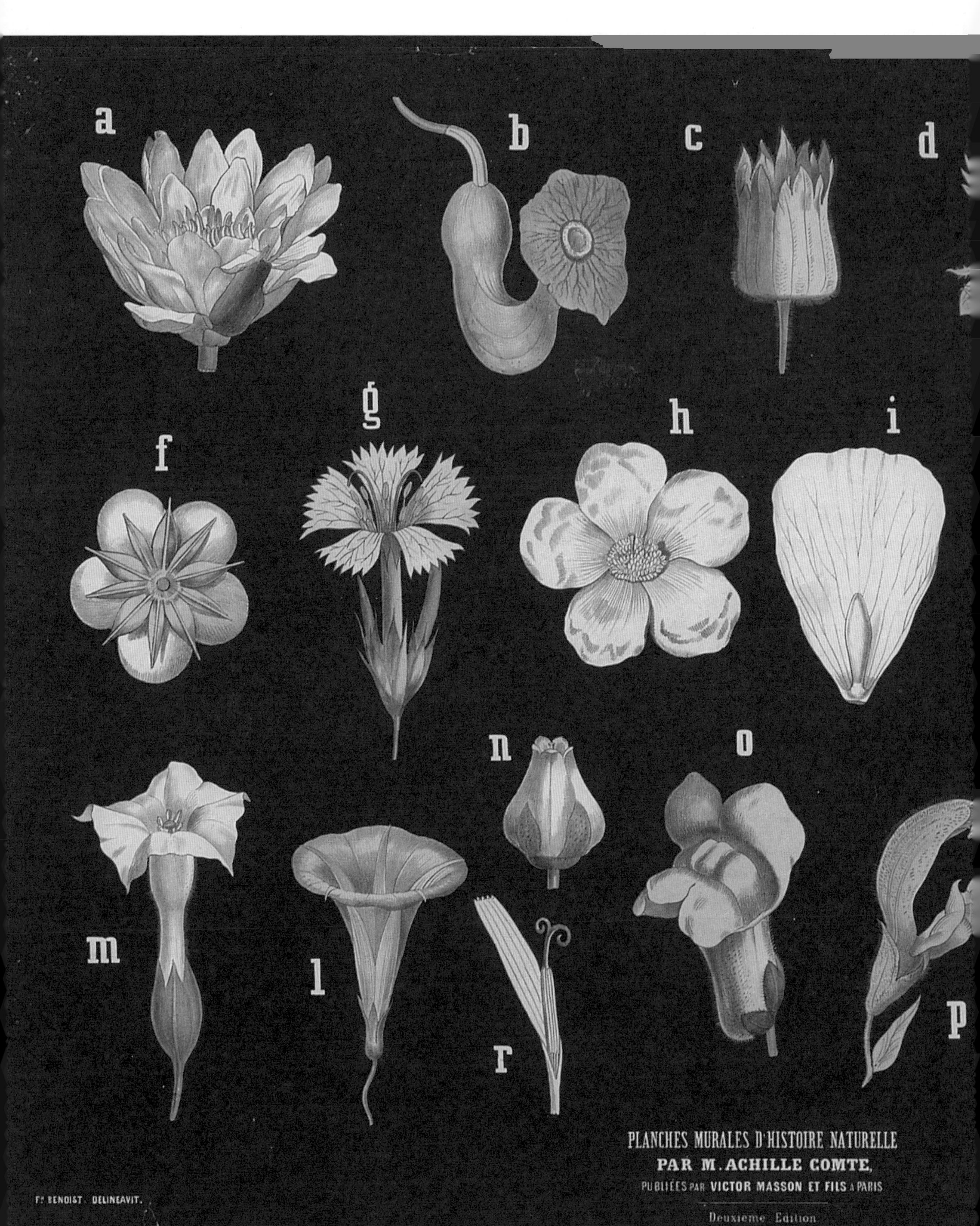
a
b
c
d
f
g
h
i
n
o
m
l
r
p
PLANCHES MURALES D'HISTOIRE NATURELLE
PAR M. ACHILLE COMTE,
PUBLIÉES PAR VICTOR MASSON ET FILS À PARIS
Deuxième Édition
Fr BENOIST. DELINEAVIT.

阿西尔·孔德创作的挂图既令人印象深刻又引人注目。在这幅挂图中，明亮的颜色和黑色的背景形成鲜明对比，非常美丽，并且很好地突出了植物（通常来说）最华丽的部分——花被。

左图

名称：不同形态的花被

作者：阿西尔·孔德

语言：法语

国家：法国

系列/书目：《博物挂图》

图序号：13

出版者：维克托·马松父子出版社（法国巴黎）

时间：1869年

这幅挂图在某种意义上来说更加节制，它的配色只有黑色、白色、绿色和黄色，但是很明显植物繁殖器官的每个部分都被尽可能地突出了。通过这种方式，这幅经典的挂图很好地展示了将不同科植物放在同一幅挂图中的优点。同时，它也是科学与美学结合的植物挂图的典范。这样精美的挂图背后是孔德尽最大努力找到适合的不同种类的植物，他不仅仔细选择植物，而且精心排序。

这幅挂图的底部描绘了花粉粒的形状（图 s、t、u）。被安排在南瓜花花药的纵剖面（图 p）上的白睡莲的花瓣渐变成雄蕊（图 o）的图示像是一顶王冠，旁边是不同形态的花粉囊（图 q、r）。在这幅挂图的底部，孔德还展示了包含被纵剖的子房的报春花的雌蕊（图 v）、柱头（图 x、1）、两种不同类型的花柱（图 y、z）、摘除花瓣的花（图 2）、蜜腺（图 3）。

孔德在这幅挂图中充分展示了植物繁殖器官的多样性，从 a ~ z（还包括 1 ~ 3），但是他好像忘记了字母“w”，这不免让人觉得有点奇怪。

右图

名称：不同形态的植物繁殖器官

作者：阿西尔·孔德

语言：法语

国家：法国

系列/书目：《博物挂图》

图序号：14

出版者：维克托·马松父子出版社（法国巴黎）

时间：1869年

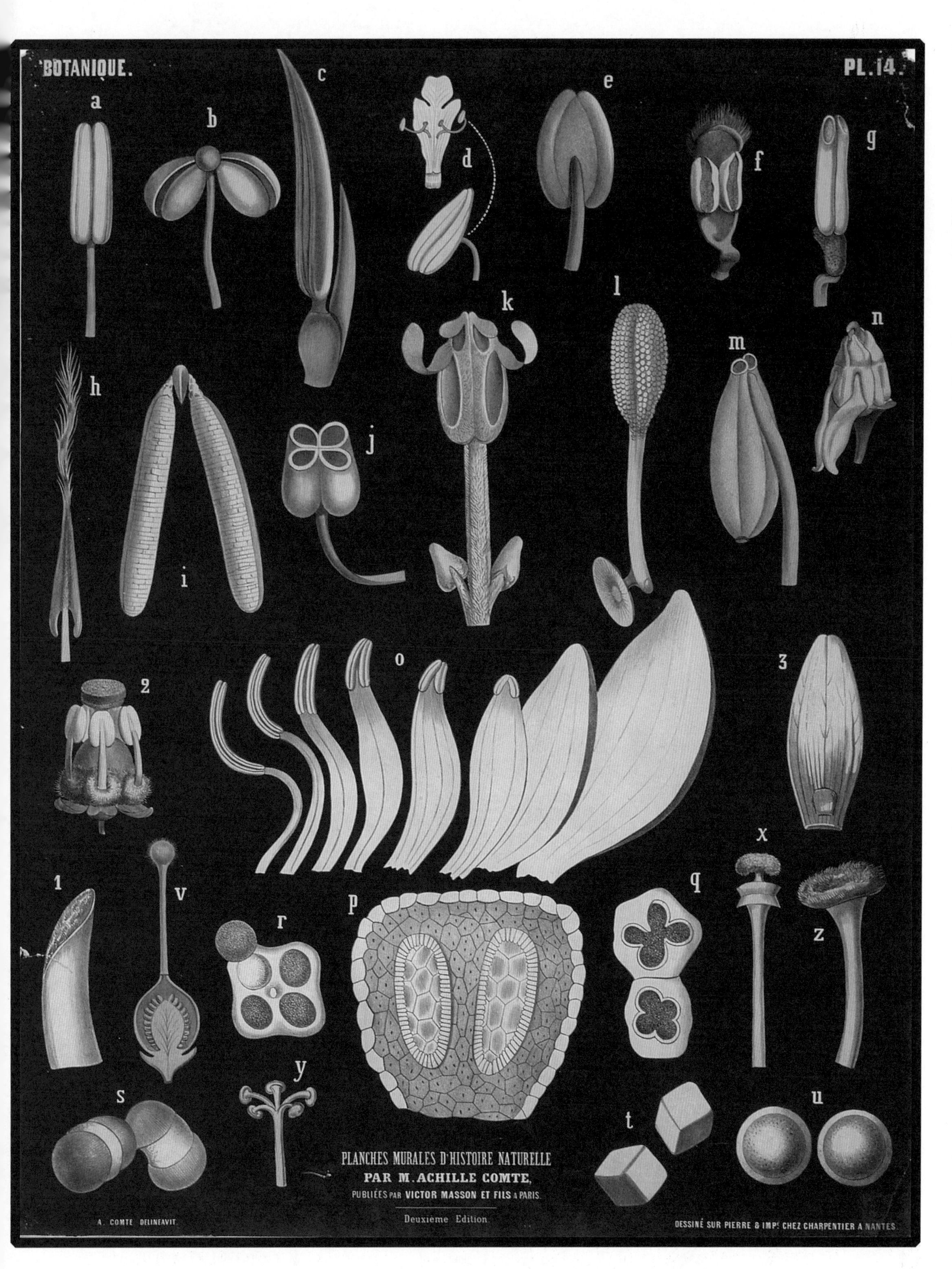
BOTANIQUE.
PL. 14.
PLANCHES MURALES D'HISTOIRE NATURELLE
PAR M. ACHILLE COMTE,
PUBLIÉES PAR VICTOR MASSON ET FILS A PARIS.
Deuxième Edition
A. COMTE DELINEAVIT.
DESSINÉ SUR PIERRE & IMPᴱ CHEZ CHARPENTIER A NANTES.

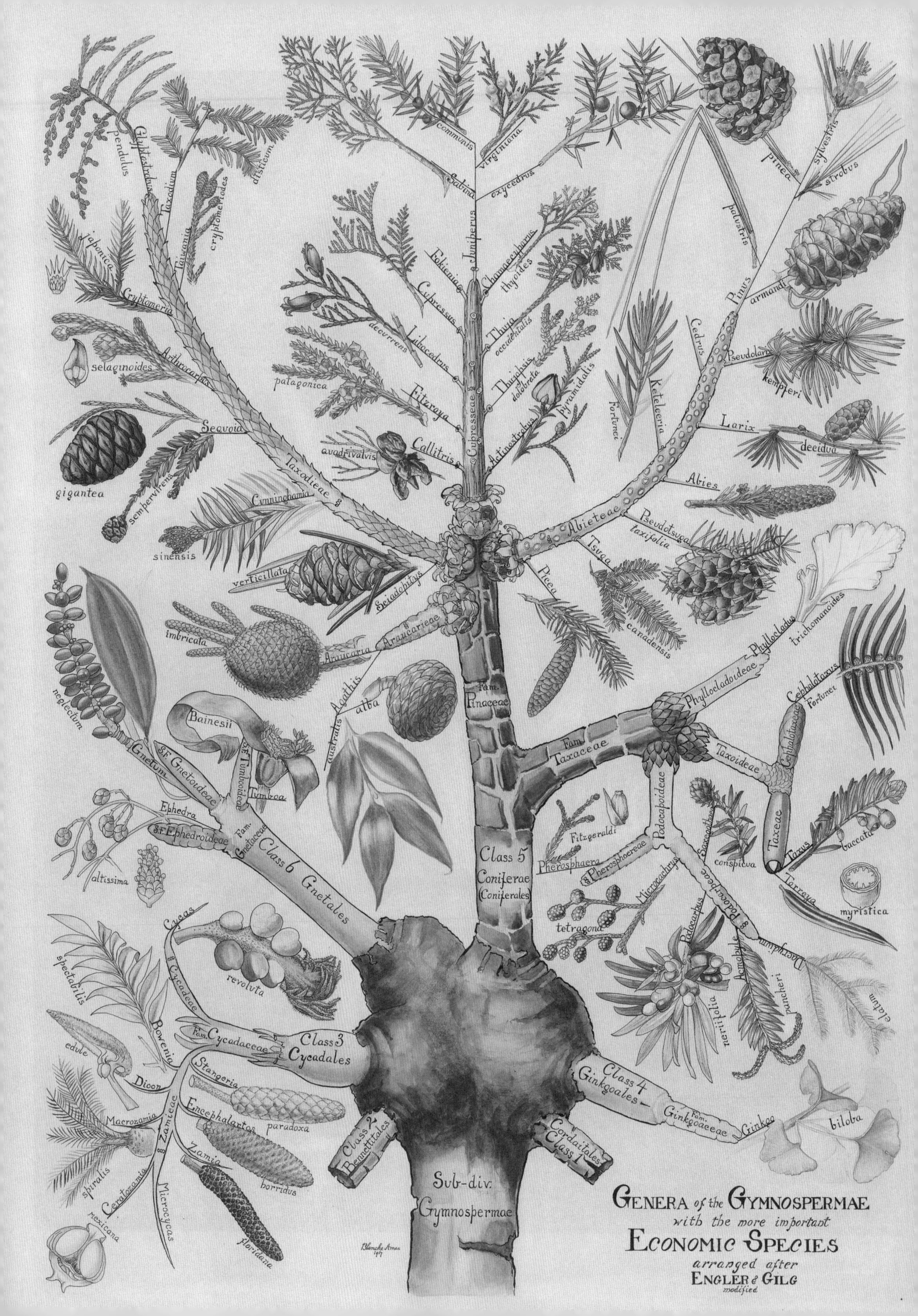

Glyptostrobus
pendulus
Taxodium
distichum
cryptomerioides
Taiwania
japonica
Cryptomeria
selaginoides
Arthrotaxis
Sequoia
gigantea
sempervirens
Taxodieae
Cunninghamia
sinensis
verticillata
Sciadopitys
communis
virginiana
Sabina
oxycedrus
Juniperus
Fokienia
Chamaecyparis
thyoides
Cupressus
Thuja
occidentalis
decurrens
Libocedrus
Thujopsis
dolabrata
patagonica
Fitzroya
pyramidalis
Actinostrobus
Callitris
quadrivalvis
Cupresseae
pinea
sylvestris
strobus
palustris
Pinus
armandi
Cedrus
Pseudolarix
kaempferi
Keteleeria
Fortunei
Larix
decidua
Abies
Abieteae
Pseudotsuga
taxifolia
Tsuga
Picea
canadensis
trichomanoides
Phyllocladus
Phyllocladoideae
imbricata
Araucaria
Araucarieae
Agathis
australis
alba
Fam. Pinaceae
neglectum
Bainesii
S.F. Tumboideae
Tumboa
Gnetum
S.F. Gnetoideae
Ephedra
S.F. Ephedroideae
Fam. Gnetaceae
Class 6 Gnetales
altissima
Fam. Taxaceae
Taxoideae
Cephalotaxus
Fortunei
Cephalotaxeae
Taxeae
Taxus
baccata
Torreya
myristica
Podocarpoideae
Fitzgeraldi
Pherosphaera
S.F. Pherosphaereae
Saxegothaea
conspicua
Microcachrys
tetragona
Podocarpeae
Podocarpus
Dacrydium
elatum
nerifolia
Acmopyle
pancheri
Class 5 Coniferae (Coniferales)
Cycas
revoluta
Cycadeae
spectabilis
Bowenia
Fam. Cycadaceae
Class 3 Cycadales
edule
Dioon
Stangeria
paradoxa
Encephalartos
horridus
Macrozamia
Zamieae
spiralis
Ceratozamia
mexicana
Zamia
floridana
Microcycas
Class 2 Bennettitales
Class 4 Ginkgoales
Fam. Ginkgoaceae
Ginkgo
biloba
Cordaitales Class 1
Sub-div. Gymnospermae
GENERA of the GYMNOSPERMAE
with the more important
ECONOMIC SPECIES
arranged after
ENGLER & GILG
modified

以布兰奇·埃姆斯（Blanche Ames）这些精致的挂图来结束我们对植物挂图的探索之旅，是再好不过的选择了。布兰奇·埃姆斯是一位博物学家。她的丈夫奥克斯·埃姆斯（Oakes Ames）在20世纪初任教于美国哈佛大学，教授“植物经济学”课程。布兰奇·埃姆斯为他的课程绘制了很多挂图。布兰奇·埃姆斯经常和奥克斯·埃姆斯一起探索自然，她用挂图的方式展示奥克斯·埃姆斯收集的植物（奥克斯·埃姆斯把他收藏的超过64 000件植物标本捐赠给了哈佛大学）。她的素描和水彩画与她丈夫的标本一并被哈佛大学收藏。她的作品中包括了几幅她为原本存放于柏林的标本所绘的插图，而这些标本在1943年被毁于战火。

这2幅图与我们之前看到的挂图都不一样，它们既没有绘制不同物种的不同形态，也没有比较不同植物的不同部位，而是以“树”的形式展示了植物的关系——也可以说是植物的“族谱”。既然谈到植物分类学，我们就应该慎重对待这样的风险：花费大量时间和精力绘制了一幅精美的挂图，完成不久后却发现植物分类已经改变，而我们创作的挂图也不再准确。既然意识到这种问题的严重性，我们就可以欣赏布兰奇·埃姆斯创作的挂图，并认识到其中包含的教育、历史和美学价值。

对页的挂图展示的是有重要经济价值的裸子植物的“族谱”。布兰奇·埃姆斯先按照目来划分——包括已灭绝的本内苏铁目和科达目，在图中用灰色残枝表示——然后是科、属、种。这样的布局清晰、直接地形成对比，使我们能够以一种简单的方式理解不同的属的植物有哪些共同之处让它们被归为一个科，而又有什么不同之处让它们被归为不同的属。

后页的挂图与对页的图属于同一系列，描绘了合瓣花亚纲（合瓣花亚纲意指“合生花瓣”，与离瓣花亚纲的离生花瓣相对）中有重要经济价值的植物。我们可以在这幅图的最左侧看到合瓣花亚纲的上一级——双子叶植物纲。

谈及合瓣花亚纲和离瓣花亚纲，就不得不提到持续变化的植物分类。合瓣花亚纲和离瓣花亚纲不再被人们青睐，因为这种分类方式对进化分类学来说也几乎没有价值。这些术语只是描述性的，基于这样一种理解，即这些不同的特征必须与一个共同的祖先有关，而实际上并非如此。这种分类方式是基于人们的观察，这两个亚纲中拥有不同特征的植物被简单地描述为分别拥有共同的祖先，不过事实并非如此。

但这也不意味着这幅挂图一无是处。从历史的角度来讲，它证明了随着人类掌握的知识不断增加，人类对于事物的理解也越来越接近本质；从教学的角度来讲，它提供了一种在不同科属之间对比相似的植物结构的方法；从美学的角度来讲，布兰奇·埃姆斯的作品中所显示出的技巧与美感也让人折服。

左图

名称：裸子植物中较重要的经济植物，经恩格勒和吉尔格修改

作者：布兰奇·埃姆斯

语言：英语

国家：美国

系列/书目：《埃姆斯图集》

图序号：不详

出版者：不详

时间：1917年

后页图

名称：合瓣花亚纲经济植物，按照恩格勒和勃兰特分类系统排列

作者：布兰奇·埃姆斯

语言：英语

国家：美国

系列/书目：《埃姆斯图集》

图序号：不详

出版者：不详

时间：1917年

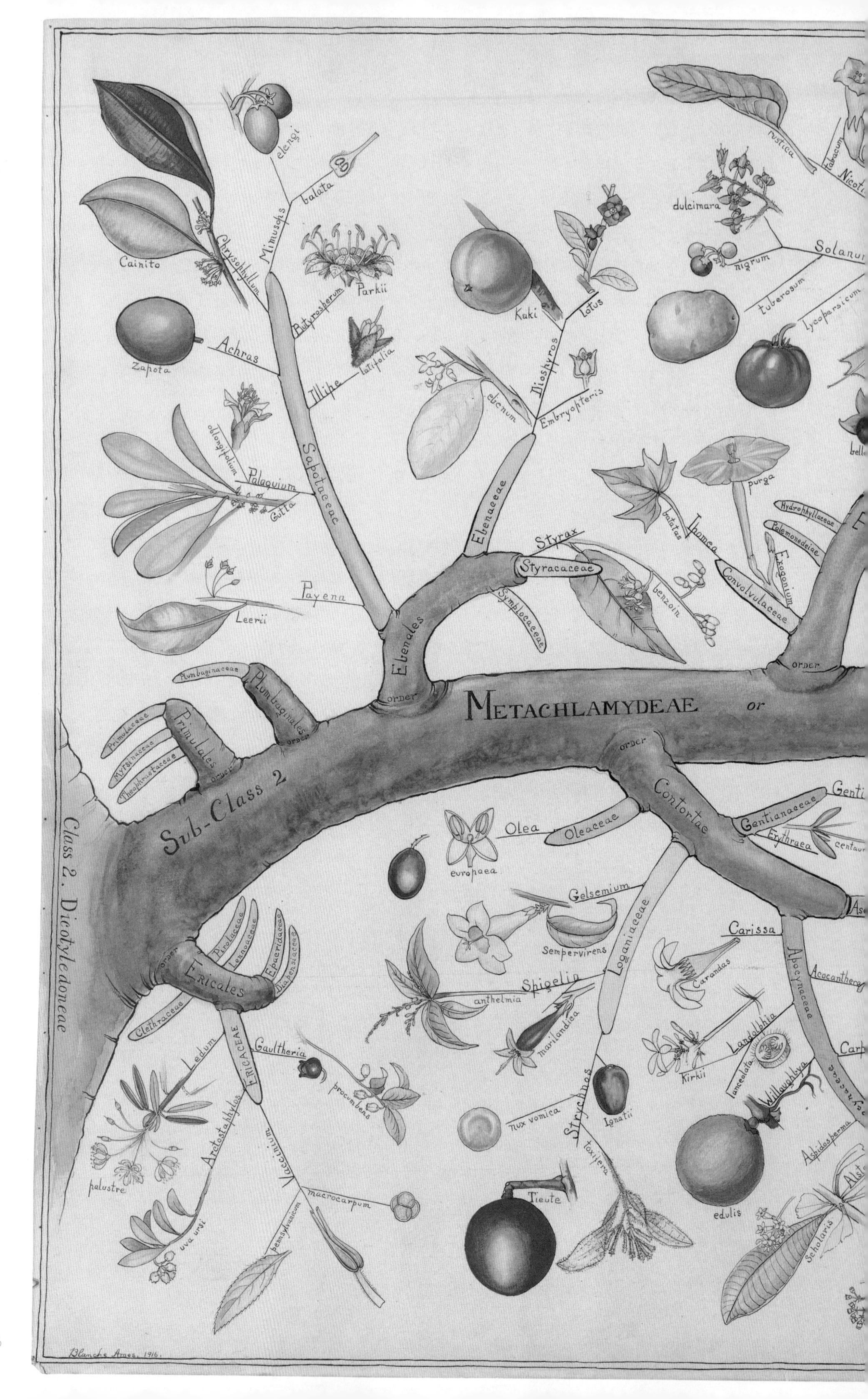

Cainito
Chrysophyllum
elengi
Mimusops
balata
Parkii
Butyrospermum
Achras
Zapota
Illipe
latifolia
Sapotaceae
oblongifolium
Palaquium
Gutta
Payena
Leerii
Kaki
Lotus
Diospyros
ebenum
Embryopteris
Ebenaceae
Styrax
Styracaceae
Symplocaceae
benzoin
Ebenales
order
Plumbaginaceae
Plumbaginales
order
Primulaceae
Myrsinaceae
Theophrastaceae
Primulales
order
METACHLAMYDEAE or
Sub-Class 2
Class 2. Dicotyledoneae
rustica
Tabacum
dulcimara
nigrum
tuberosum
Lycopersicum
purga
batatas
Ipomea
Convolvulaceae
Exogonium
Hydrophyllaceae
Polemoniaceae
order
order
Contortae
Gentianaceae
Erythraea
Olea
Oleaceae
europaea
Gelsemium
Sempervirens
Loganiaceae
Carissa
Carandas
Apocynaceae
Spigelia
anthelmia
marilandica
Strychnos
nux vomica
Ignatii
toxifera
Tieute
Landolphia
Kirkii
lanceolata
Willughbya
edulis
Aspidosperma
Scholaris
order
Ericales
Pirolaceae
Lennoaceae
Epacridaceae
Diapensiaceae
Clethraceae
Ericaceae
Gaultheria
procumbens
Ledum
palustre
Arctostaphylos
uva ursi
Vaccinium
macrocarpum
pensylvanicum
Blanche Ames. 1916.

Economic Plants
of the
Metachlamydeae
arranged according to the
system of
Engler & Prantl

致 谢

在此对以下图片提供、藏品所属单位以及相关的工作人员对本书的编纂工作提供的友好帮助表示衷心的感谢：延斯·简·安德森、玛丽－劳蕾·鲍德门特、乔斯·比伦斯、丽莎·德塞雷、安妮塔·迪杰斯特拉、埃琳·德尔夫特拉、弗兰斯·范·德·霍文、莫妮克·贾斯帕斯、黛比·盖尔、简·沃林·豪斯曼、西斯卡·阿克曼、诺伯特·基利安博士、西斯·范·德·李斯特、萨斯基亚·斯佩尔、伊冯·德·威特、萨拉·缪尔、玛格丽特·佩萨拉－格兰伦德、伊丽莎白·普莱斯、英国皇家生物学会会士莱斯利·罗伯逊博士、菲利普·罗西尼奥尔、凯莉·罗伊、史蒂芬·希农、米兰·斯卡利茨基、鲁德·维尔斯特拉和艾丽奥诺拉·简。

丹麦奥胡斯，奥胡斯大学，艾姆德鲁普校区，奥胡斯大学图书馆
荷兰阿姆斯特丹，阿姆斯特丹大学，特色馆藏
德国柏林，柏林－达勒姆植物园和植物博物馆
法国第戎市，勃艮第大学
美国明尼苏达州诺斯菲尔德，卡尔顿学院，古尔德图书馆
美国匹兹堡，卡内基－梅隆大学，亨特植物文献研究所
捷克布拉格，捷克生命科学大学，自然资源管理与生态工程学院，植物学和植物生理学系
荷兰代尔夫特，代尔夫特理工大学，微生物学档案馆
意大利特伦托，乔瓦尼·普拉蒂古籍馆
荷兰格罗宁根，格罗宁根大学博物馆
美国马萨诸塞州剑桥，哈佛大学，经济植物学档案馆
乔斯·比伦斯贸易公司
De Kantlijn.com 网站
美国纽约，纽约植物园，卢埃斯特·默兹图书馆
新西兰达尼丁，奥塔哥大学，霍肯图书馆
美国弗吉尼亚州林奇堡，伦道夫学院
罗西诺出版社
意大利罗韦雷托，罗韦雷托市立博物馆
荷兰乌得勒支，乌得勒支大学博物馆
荷兰瓦格宁根，瓦格宁根大学博物馆，特色馆藏

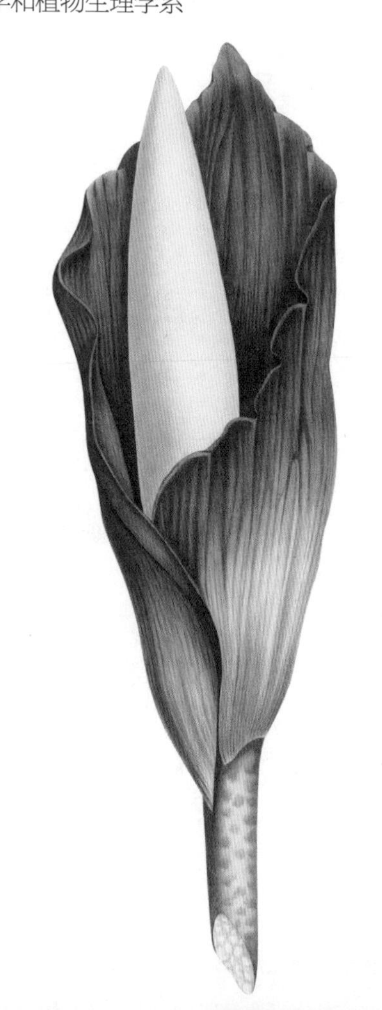

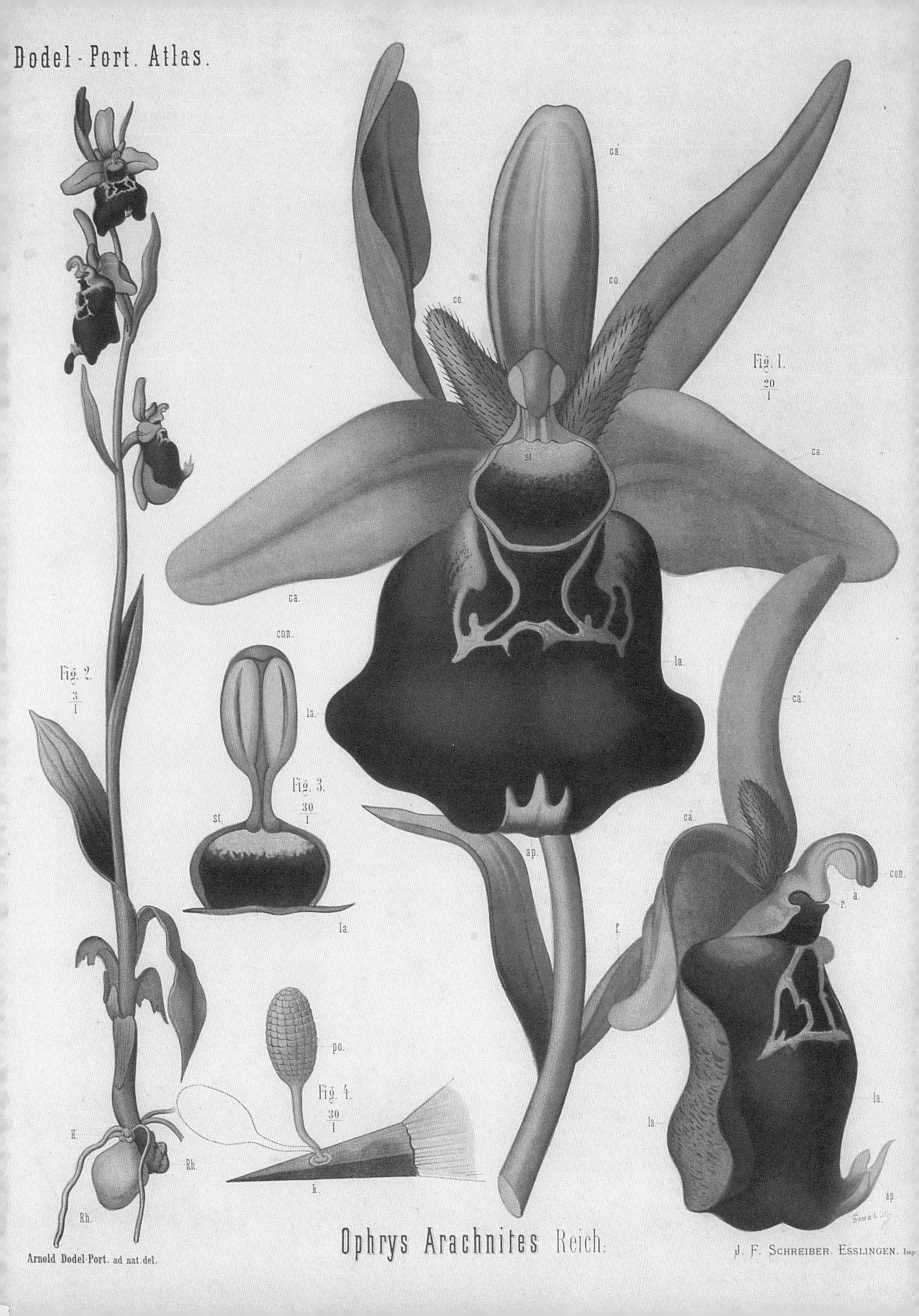

Dodel-Port. Atlas.
cà.
co.
co.
Fig. 1.
20
1
st.
ca.
ca.
con.
la.
Fig. 2.
3
1
la.
cà.
Fig. 3.
30
1
st.
ap.
cà.
con.
a.
r.
la.
f.
po.
Fig. 4.
30
1
K.
Rh.
Rh.
k.
la.
la.
ap.
Arnold Dodel-Port. ad nat. del.
Ophrys Arachnites Reich.
J. F. Schreiber. Esslingen. Imp.